电气控制线路

基础·控制器件·识图·接线与调试

韩雪涛　主编　　　吴瑛　韩广兴　副主编

U0222084

化学工业出版社

·北京·

本书采用彩色图解形式，从工控应用角度出发，从基础讲起，带领读者轻松入门，系统学习电气控制原理、电路构成、控制器件与传感器应用，电动机各类型顺序控制线路原理、控制过程，典型机电控制线路，数控设备与机器人控制线路，农用控制线路，PLC、变频器控制线路，高、低压供配电控制线路，照明控制线路，各类型检测控制线路，以及各类型电气安全控制线路。几乎覆盖电气控制相关的各个方面，以期帮助读者全面学习，提升技能。

书中提供了大量典型的控制系统及线路实例和视频讲解，读者可以举一反三，直接用于电气控制设计以及解决工作岗位现场安装、操作、控制等方面遇到的问题。

本书可供电气技术人员、初学者、电工及电气维修人员阅读，也可供相关专业的院校师生参考。

图书在版编目（CIP）数据

电气控制线路：基础·控制器件·识图·接线与调试 / 韩雪涛主编. —北京：化学工业出版社，2019.10（2023.11重印）
ISBN 978-7-122-34921-7

Ⅰ.①电… Ⅱ.①韩… Ⅲ.①电气控制 - 控制电路 Ⅳ.① TM571.2

中国版本图书馆 CIP 数据核字（2019）第 148049 号

责任编辑：刘丽宏　李军亮　　　　　　　　　文字编辑：陈　喆
责任校对：边　涛　　　　　　　　　　　　　装帧设计：王晓宇

出版发行：化学工业出版社（北京市东城区青年湖南街13号　邮政编码100011）
印　　装：北京缤索印刷有限公司
787mm×1092mm　1/16　印张24½　字数610千字　2023年11月北京第1版第11次印刷

购书咨询：010-64518888　　　　　　　　　　售后服务：010-64518899
网　　址：http://www.cip.com.cn
凡购买本书，如有缺损质量问题，本社销售中心负责调换。

定　　价：108.00元

随着科技的发展，电气控制在社会生产中占据的地位越来越重要，几乎所有的电气设备都离不开电气控制。

电气控制线路是由电子元器件及电气功能部件按照特点方式连接在一起，实现控制、保护、驱动、测量等相应功能的电路。电气控制线路功能各异，电路也千差万别，为了帮助电气控制领域的技术人员和初学全面学习电气控制线路的相关知识和技能，编写了本书。

本书从电气控制基础入门讲起，采用彩色图解形式，详细介绍了各类型电气控制系统的控制原理、电气线路识图与接线、调试与维修，帮助读者轻松入门。

书中系统讲解了电气控制原理、电路构成、控制器件与传感器应用，电动机各类型顺序控制线路原理、控制过程，典型机电控制线路，数控设备与机器人控制线路，农用控制线路，PLC、变频器控制线路，高、低压供配电控制线路，照明控制线路，各类型检测控制线路，以及各类型电气安全控制线路。全书内容覆盖电气控制相关的各个方面，以期帮助读者全面学习，提升技能。

全书从工控系统实际需要出发，提供大量典型的控制系统及线路实例和视频讲解，读者可以举一反三，直接用于电气控制设计以及解决工作岗位现场安装、操作、控制等方面遇到的问题。

本书由数码维修工程师鉴定指导中心组织编写，由全国电子行业专家韩广兴教授亲自指导，编写人员有行业工程师、高级技师和一线教师，使读者在学习过程中如同有一群专家在身边指导，将学习和实践中需要注意的重点、难点一一化解，大大提升学习效果。另外，本书充分结合多媒体教学的特点，图书不仅充分发挥图解的特点，还在重点难点处附印二维码，学习者可以通过手机扫描书中的二维码，通过观看教学视频同步实时学习对应知识点。数字媒体教学资源与书中知识点相互补充，帮助读者轻松理解复杂难懂的专业知识，确保学习者在短时间内获得最佳的学习效果。另外，读者可登录数码维修工程师的官方网站（www.chinadse.org）获得超值技术服务。

本书由韩雪涛任主编，吴瑛、韩广兴任副主编，参加本书编写的还有张丽梅、宋明芳、朱勇、吴玮、吴惠英、张湘萍、高瑞征、韩雪冬、周文静、吴鹏飞、唐秀鸯、王新霞、马梦霞、张义伟、冯晓茸。

编者

读者通过学习与实践还可参加相关资质的国家职业资格或工程师资格认证，可获得相应等级的国家职业资格或数码维修工程师资格证书。如果读者在学习和考核认证方面有什么问题，可通过以下方式与我们联系：
数码维修工程师鉴定指导中心
网址：http://www.chinadse.org
联系电话：022-83718162/83715667/13114807267
E-mail:chinadse@163.com
地址：天津市南开区榕苑路 4 号天发科技园 8-1-401
邮编 300384

目录

视频页码

70, 80, 93, 105

第四章　单相交流电动机控制线路

第五章　直流电动机控制线路

第六章　步进电动机驱动控制线路

第七章　伺服电动机驱动控制线路

第八章 机电控制线路

第九章 数控设备与机器人控制线路

第十章 农机控制线路

視频页码

317, 336, 338, 345

第十四章　高压供配电控制线路

第十五章　照明控制线路

第十六章　电气安全控制线路

第十七章 指示、检测、遥控线路

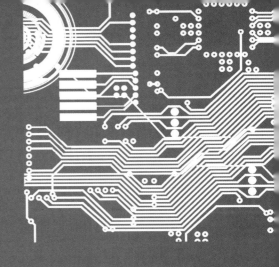

第一章
电气控制基础

一、电气控制线路及组成

电气控制线路是由电子元器件及电气功能部件按照特定方式连接在一起，实现控制、保护、驱动、测量等相应功能的电路。

图 1-1 为直流电动机驱动电路模型，该电路主要由 +12V 蓄电池、电源开关、熔断器、启动按钮、限流电阻器及指示灯和直流电动机组成。其中 +12V 蓄电池是整个直流电动机驱动电路的动力源，为驱动控制电路供电。当开启电源开关、按动启动按钮后，+12V 蓄电池便会为电路中的直流电动机供电，直流电动机驱动运转，同时指示灯也会点亮。若电路出现过载情况，连接在电路中的熔断器便会熔断而切断电路，从而对电路中各功能部件起到保护作用。

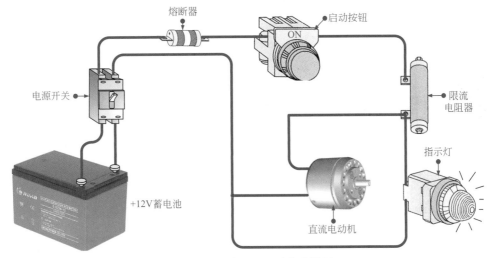

图 1-1　直流电动机驱动电路模型

图 1-2 为三相交流电动机控制线路模型，该电气控制线路采用交流 380V 电源为控制电路中的三相交流电动机供电。

在控制线路中，交流 380V 电压经动力干线送往各分支线路。总断路器用以控制动力干线的电源通断状态。而各分支线路的电源通断是由带过电流保护装置的分支开关控制的。当分支开关接通后，动力干线的电源便会经分支开关为三相交流电动机供电。一旦线路出现过电流情况，分支开关便会断开，从而对整个驱动电路进行保护。

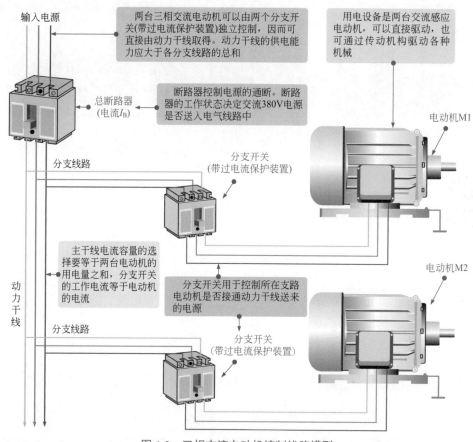

图 1-2　三相交流电动机控制线路模型

二、用电气符号标识电路

在电气控制线路中，所有的电气元器件都应采用国家标准统一规定的图形符号和文字符号标识。

1. 图形符号

当我们看到一张电气控制线路图时，其所包含的不同元器件、装置、线路及安装连接等并不是这些物理部件的实际外形，而是由每种物理部件对应的图样或简图进行体现的，我们把这种"图样"和"简图"称为图形符号。

图形符号是构成电气控制线路图的基本单元,就像一篇文章中的"词汇"。因此我们若要理解电气控制线路的原理,首先要正确地了解、熟悉和识别这些符号的形式、内容、含义,以及它们之间的相互关系。

图 1-3 为典型电气控制线路中的图形符号标识。

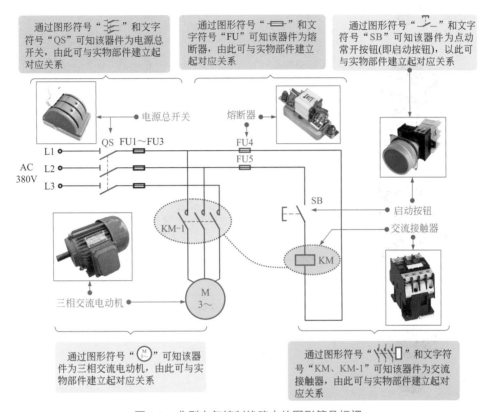

图 1-3 典型电气控制线路中的图形符号标识

电气控制线路中常用电气元器件和设备的图形符号如表 1-1 ~ 表 1-5 所示。

表 1-1 电气控制线路中低压电气设备的图形符号

电气部件类型	典型实物外形	名称和图形符号			
电源开关		QF 断路器(电源总开关)	QS 隔离开关(电源总开关)		
按钮开关		SB 不闭锁的常开按钮	SB 不闭锁的常闭按钮	SB-1 SB-2 复合按钮	SB 可闭锁的按钮

电气部件类型	典型实物外形	名称和图形符号
限位开关		SQ-1　SQ-2
转换开关		先断后合的转换开关　无自动复位的旋转开关 SA　不闭锁的旋转开关 SA　万能转换开关
交流接触器		KM线圈　常开主触点 KM-1　常开辅助触点 KM-2　常闭辅助触点 KM-3 KM线圈　常闭主触点 KM-1　常开辅助触点 KM-2　常闭辅助触点 KM-3
直流接触器		KM线圈　常开触点 KM-1　常闭触点 KM-2
中间继电器		KA线圈　常开触点 KA-1　或　KA线圈　常闭触点 KA-1
时间继电器		KT通电延时线圈　KT-1延时闭合的常开触点　KT-2延时断开的常闭触点　或　KT通电延时线圈　KT-1延时断开的常开触点　KT-2延时闭合的常闭触点 缓慢释放继电器线圈　延时闭合、断开触点（无论吸合释放均延时）

续表

电气部件类型	典型实物外形	名称和图形符号
过热保护继电器		FR 热继电器驱动元件　FR-1 常闭触点　或　FR 热继电器驱动元件　FR-1 常闭触点
过电流继电器		$I>$ KA　KA-1 常开触点　或　$I>$ KA　KA-1 常闭触点
欠电流继电器		$I<$ KA　KA-1 常开触点　或　$I<$ KA　KA-1 常闭触点
过电压继电器		$U>$ KV　KV-1 常开触点　或　$U>$ KV　KV-1 常闭触点
欠电压继电器		$U<$ KV　KV-1 常开触点　或　$U<$ KV　KV-1 常闭触点
速度继电器		n KS-1 常开触点　或　n KS-1 常闭触点
压力继电器		p KP-1 常开触点　或　p KP-2 常闭触点

表 1-2　电气控制线路中高压电气设备的图形符号

电气部件类型	典型实物外形	名称和图形符号	电气部件类型	典型实物外形	名称和图形符号
高压断路器		FU 熔断器式开关（跌落式熔断器）　QF 高压断路器	高压熔断器		FU 普通高压熔断器
高压隔离开关		QS 高压隔离开关　熔断器式隔离开关	高压负荷隔离开关		QL 高压负荷隔离开关　高压熔断器式负荷隔离开关
电流互感器		TA 或	电压互感器		TV 或
电力变压器		T	避雷器		F
电抗器		L	电力电容器		C
发电站和变电所	—	发电站　规划的　运行的　水力发电站　火力发电站　规划的 运行的 规划的 运行的	变电所/配电所	—	变电所、配电所　规划的　运行的

表 1-3　电气控制线路中常用电子元器件的图形符号

类型	名称和图形符号
电阻器	熔断器　普通电阻器　热敏电阻器　压敏电阻器　湿敏电阻器 气敏电阻器　熔断电阻器　可变电阻器　电位器　光敏电阻器
电容器	普通电容器　双联可调电容器　电解电容器　微调电容器　单联可调电容器
电感器	普通电感器　带磁芯的电感器　可调电感器　带抽头的电感器
二极管	光敏二极管　稳压二极管　变容二极管　双向稳压管　双向触发二极管　发光二极管　普通二极管
晶体管	NPN型晶体管　　PNP型晶体管　　光敏晶体管
场效应晶体管	N沟道结型场效应晶体管　P沟道结型场效应晶体管　N沟道增强型场效应晶体管　P沟道增强型场效应晶体管　N沟道耗尽型场效应晶体管　P沟道耗尽型场效应晶体管 耗尽型双栅P沟道场效应晶体管　耗尽型双栅N沟道场效应晶体管
晶闸管	阳极侧受控单向晶闸管　可关断晶闸管（阴极受控）　双向晶闸管　阴极侧受控单向晶闸管　可关断晶闸管（阳极受控）

表 1-4　电气控制线路中常用功能部件的图形符号

类型	名称和图形符号
电声器件	照明灯　指示灯　闪光灯　电喇叭　电铃　蜂鸣器　报警器　电动汽笛　扬声器
灯控或电控开关	电源插座　开关　带指示灯的开关　双极开关　拉线开关　定时开关　传声器（声控开关中用）　触摸金属片（触摸开关用）
电动机	电动机的一般符号　直线电动机的一般符号　步进电动机的一般符号　直流并励电动机　直流串励电动机　三相笼式感应电动机　单相同步电动机
普通变压器	变压器的一般符号　双绕组变压器　三绕组变压器　单相自耦变压器

表 1-5　电气控制线路中其他常用的图形符号

类型	名称和图形符号
导线和连接	软连接线　屏蔽导线　同轴电缆　端子　连接点　导线的连接　导线的不连接　插头和插座
交直流	直流　交流　交直流　具有交流分量的整流电路　电源正极　电源负极
仪器仪表	仪器仪表一般符号　电流表　电压表　功率表　检流计　电度表

2. 文字符号

文字符号是电气控制线路中常用的一种标识，主要包括字母和数字，一般标注在电路中的电气设备、装置和元器件图形符号的附近，以标识其名称、功能状态或特征。在电气控制线路中，若想了解电路功能和控制过程，应先建立图形符号与电气设备或部件的对应关系及了解文字标识的含义，图1-4为典型电气控制线路中的文字符号。

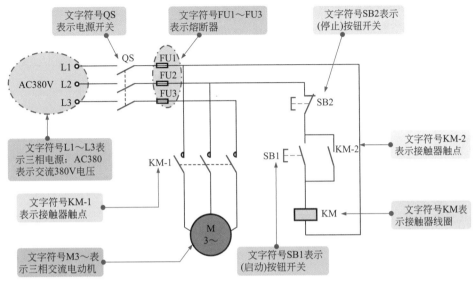

图 1-4　典型电气控制线路中的文字符号

通常基本文字符号一般分为单字母符号和双字母符号。其中，单字母符号按拉丁字母将各种电气设备、装置、元件划分为 23 个大类，每大类用一个大写字母表示。如"R"表示电阻器类，"S"表示开关选择器类。在电气电路中，单字母优先选用。

双字母符号由一个表示种类的单字母符号与另一个字母组成。通常单字母符号在前，另一个字母在后。如"F"表示保护器件类，"FU"表示熔断器；"G"表示电源类，"GB"表示蓄电池（"B"为蓄电池的英文 Battery 的首字母）；"T"表示变压器类，"TA"表示电流互感器（"A"为电流表的英文 Ammter 的首字母）。

电气控制线路中常用电气元器件和设备的文字符号如表 1-6 ～表 1-11 所示。

表 1-6　电气控制线路中常用电气元器件和设备的基本文字符号

设备、装置和元器件种类	基本文字符号		对应中文名称
	单字母	双字母	
组件部件	A	—	分立元件放大器
		—	激光器
		—	调节器
		AB	电桥
		AD	晶体管放大器
		AF	频率调节器
		AG	给定积分器

设备、装置和元器件种类	基本文字符号		对应中文名称
	单字母	双字母	
组件 部件	A	AJ	集成电路放大器
		AM	磁放大器
		AV	电子管放大器
		AP	印制电路板、脉冲放大器
		AT	抽屉柜、触发器
		ATR	转矩调节器
		AR	支架盘、电动机扩大机
		AVR	电压调节器
变换器 （从非电量到电量或从电量到非电量）	B	—	热电传感器、热电池、光电池、测功计、晶体转换器
		—	送话器
		—	拾音器
		—	扬声器
		—	耳机
		—	自整角机
		—	旋转变压器
		—	模拟和多级数字
		—	变换器或传感器
		BC	电流变换器
		BO	光电耦合器
		BP	压力变换器
		BPF	触发器
		BQ	位置变换器
		BR	旋转变换器
		BT	温度变换器
		BU	电压变换器
		BUF	电压 - 频率变换器
		BV	速度变换器
电容器	C	—	电容器
		CD	电流微分环节
		CH	斩波器

设备、装置和元器件种类	基本文字符号		对应中文名称
	单字母	双字母	
二进制单元延迟器件存储器件	D	—	数字集成电路和器件、延迟线、双稳态元件、单稳态元件、磁芯存储器、寄存器、磁带记录机、盘式记录机、光器件、热器件
		DA	与门
		D（A）N	与非门
		DN	非门
		DO	或门
		DPS	数字信号处理器
其他元器件	E	—	本表其他地方未提及的元件
		EH	发热器件
		EL	照明灯
		EV	空气调节器
保护器件	F	—	过电压放电器件、避雷器
		FA	具有瞬时动作的限流保护器件
		FB	反馈环节
		FF	快速熔断器
		FR	具有延时动作的限流保护器件
		FS	具有延时和瞬时动作的限流保护器件
		FU	熔断器
		FV	限压保护器件
发电机电源	G	—	旋转发电机、振荡器
		GS	发生器、同步发电机
		GA	异步发电机
		GB	蓄电池
		GF	旋转式或固定式变频机、函数发生器
		GD	驱动器
		G-M	发电机 - 电动机组
		GT	触发器（装置）
信号器件	H	—	信号器件
		HA	声响指示器
		HL	光指示器、指示灯
		HR	热脱口器

续表

设备、装置和元器件种类	基本文字符号		对应中文名称
	单字母	双字母	
继电器接触器	K	—	继电器
		KA	瞬时接触继电器、瞬时有或无继电器、中间继电器、电流继电器
		KC	控制继电器
		KG	气体继电器
		KL	闭锁接触继电器、双稳态继电器
		KM	接触器
		KMF	正向接触器
		KMR	反向接触器
		KP	极化继电器、簧片继电器、功率继电器
		KT	延时有或无继电器、时间继电器
		KTP	温度继电器、跳闸继电器
		KR	逆流继电器
		KVC	欠电流继电器
		KVV	欠电压继电器
电感器电抗器	L	—	感应线圈、线路陷波器、电抗器（并联和串联）
		LA	桥臂电抗器
		LB	平衡电抗器
电动机	M	—	电动机
		MC	笼型电动机
		MD	直流电动机
		MS	同步电动机
		MG	可做发电机或电动用的电动机
		MT	力矩电动机
		MW（R）	绕线转子电动机
模拟集成电路	N		运算放大器、模拟/数字混合器件
测量设备试验设备	P	—	指示器件、记录器件、计算测量器件、信号发生器
		PA	电流表
		PC	（脉冲）计数器
		PJ	电度表（电能表）
		PLC	可编程控制器
		PRC	环形计数器
		PS	记录仪器、信号发生器
		PT	时钟、操作时间表
		PV	电压表
		PWM	脉冲调制器

续表

设备、装置和元器件种类	基本文字符号		对应中文名称
	单字母	双字母	
电力电路的开关器件	Q	QF	断路器
		QK	刀开关
		QL	负荷开关
		QM	电动机保护开关
		QS	隔离开关
电阻器	R	—	电阻器
		—	变阻器
		RP	电位器
		RS	测量分路表
		RT	热敏电阻器
		RV	压敏电阻器
控制电路的开关选择器	S	—	拨号接触器、连接极
		SA	控制开关、选择开关、电子模拟开关
		SB	按钮开关、停止按钮
		—	机电式有或无传感器
		SL	液体标高传感器
		SM	主令开关、伺服电动机
		SP	压力传感器
		SQ	位置传感器
		SR	转速传感器
		ST	温度传感器
变压器	T	TA	电流互感器
		TAN	零序电流互感器
		TC	控制电路电源用变压器
		TI	逆变压器
		TM	电力变压器
		TP	脉冲变压器
		TR	整流变压器
		TS	磁稳压器
		TU	自耦变压器
		TV	电压互感器

续表

设备、装置和元器件种类	基本文字符号		对应中文名称
	单字母	双字母	
调制器变换器	U	—	鉴频器、编码器、交流器、电报译码器
		UR	变流器、整流器
		UI	逆变器
		UPW	脉冲调制器
		UD	解调器
		UF	变频器
电子管晶体管	V	—	气体放电管、二极管、晶体管、晶闸管
		VC	控制电路用电源的整流器
		VD	二极管
		VE	电子管
		VZ	稳压二极管
		VT	晶体三极管、场效应晶体管
		VS	晶闸管
		VTO	门极关断晶闸管
传输通道波导天线	W	—	导线、电缆、波导、波导定向耦合器、偶极天线、抛物面天线
		WB	母线
		WF	闪光信号小母线
端子插头插座	X	—	连接插头和插座、接线柱、电缆封端和接头、焊接端子板
		XB	连接片
		XJ	测试塞孔
		XP	插头
		XS	插座
		XT	端子板
电气操作的机械装置	Y	—	气阀
		YA	电磁铁
		YB	电磁制动器
		YC	电磁离合器
		YH	电磁吸盘
		YM	电动阀
		YV	电磁阀
终端设备混合变压器滤波器均衡器限幅器	Z	—	电缆平衡网络、压缩扩展器、晶体滤波器、网络

表 1-7　电气控制线路中常用的辅助文字符号

序号	文字符号	名称	序号	文字符号	名称	序号	文字符号	名称
1	A	电流	25	F	快速	49	PU	不接地保护
2	A	模拟	26	FB	反馈	50	R	记录
3	AC	交流	27	FW	正，向前	51	R	右
4	A，AUT	自动	28	GN	绿	52	R	反
5	ACC	加速	29	H	高	53	RD	红
6	ADD	附加	30	IN	输入	54	R，RST	复位
7	ADJ	可调	31	INC	增	55	RES	备用
8	AUX	辅助	32	IND	感应	56	RUN	运转
9	ASY	异步	33	L	左	57	S	信号
10	B，BRK	制动	34	L	限制	58	ST	起动
11	BK	黑	35	L	低	59	S，SET	置位，定位
12	BL	蓝	36	LA	闭锁	60	SAT	饱和
13	BW	向后	37	M	主	61	STE	步进
14	C	控制	38	M	中	62	STP	停止
15	CW	顺时针	39	M	中间线	63	SYN	同步
16	CCW	逆时针	40	M，MAN	手动	64	T	温度
17	D	延时（延迟）	41	N	中性线	65	T	时间
18	D	差动	42	OFF	断开	66	TE	无噪声（防干扰）接地
19	D	数字	43	ON	闭合	67	V	真空
20	D	降	44	OUT	输出	68	V	速度
21	DC	直流	45	P	压力	69	V	电压
22	DEC	减	46	P	保护	70	WH	白
23	E	接地	47	PE	保护接地	71	YE	黄
24	EM	紧急	48	PEN	保护接地与中性线共用			

表 1-8　特殊用途的文字符号

序号	名称	文字符号		序号	名称	文字符号	
		新符号	旧符号			新符号	旧符号
1	交流系统中电源第一相	L1	A	11	接地	E	D
2	交流系统中电源第二相	L2	B	12	保护接地	PE	—
3	交流系统中电源第三相	L3	C	13	不接地保护	PU	—
4	中性线	N	0	14	保护接地线和中性线共用	PEN	—
5	交流系统中设备第一相	U	A	15	无噪声接地	TE	—
6	交流系统中设备第二相	V	B	16	机壳或机架	MM	—
7	交流系统中设备第三相	W	C	17	等电位	CC	—
8	直流系统电源正极	L+	—	18	交流电	AC	JL
9	直流系统电源负极	L-	—	19	直流电	DC	ZL
10	直流系统电源中间线	M	Z				

表 1-9　常见表示颜色的文字符号

颜色	文字符号	颜色	文字符号
红	RD	棕	BN
黄	YE	橙	OG
绿	GN	绿黄	GNYE
蓝（包括浅蓝）	BU	银白	SR
紫、紫红	VT	青绿	TQ
白	WH	金黄	GD
灰、蓝灰	GY	粉红	PK
黑	BK	—	—

表 1-10　表示电气仪表类型及名称的文字符号

名称	文字符号	名称	文字符号
安培表（电流表）	A	频率表	Hz
毫安表	mA	波长表	λ
微安表	μA	功率因数表	$\cos\varphi$
千安表	kA	相位表	φ
安培小时表	Ah	欧姆表	Ω
伏特表（电压表）	V	兆欧表	$M\Omega$

续表

名称	文字符号	名称	文字符号
毫伏表	mV	转速表	n
千伏表	kV	小时表	h
瓦特表（功率表）	W	温度表（计）	θ（$t°$）
千瓦表	kW	极性表	$\pm$
乏表（无功功率表）	var		
电度表（瓦时表）	Wh	和量仪表（如电量和量表）	ΣA
乏时表	varh		

表 1-11 典型电气仪表上表示量程、用途的文字符号（万用表）

文字符号	含义	用途	备注
DCV	直流电压	直流电压测量	用 V 或 V- 表示
DCA	直流电流	直流电流测量	用 A 或 A- 表示
ACV	交流电压	交流电压测量	用 V 或 V～表示
OHM（OHMS）	欧姆	阻值的测量	用 Ω 或 R 表示
BATT	电池	用于检测表内电池电压	国产 7050、7001、7002、7005、7007 等指针万用表设有该量程
OFF	关、关机	关机	—
MDOEL	型号	该仪表的型号	—
HEF	晶体三极管直流电流放大倍数测量插孔与挡位		—
COM	模拟地公共插口		—
ON/OFF	开 / 关		—
HOLD	数据保持		—
MADE IN CHINA	中国制造		—

三、点动控制

在电气控制线路中，点动控制是指通过点动按钮实现受控设备的启、停控制，即按下点动按钮，受控设备通电启动；松开启动按钮，受控设备断电停止。

图 1-5 为典型点动控制线路，该控制线路由点动按钮 SB1 实现电动机的点动控制。

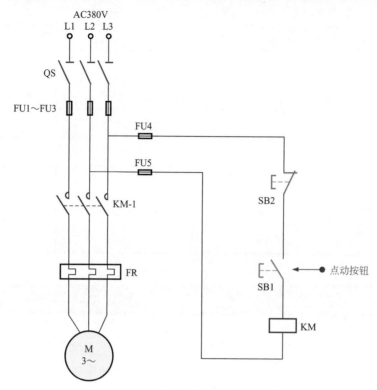

图1-5 典型点动控制线路

● 合上电源总开关 QS 为电路工作做好准备。

● 按下点动按钮 SB1，交流接触器 KM 线圈得电，常开主触点 KM-1 闭合，电动机启动运转。

● 松开点动按钮 SB1，交流接触器 KM 线圈失电，常开主触点 KM-1 复位断开，电动机停止运转。

 自锁控制

在电动机控制线路中，按下启动按钮，电动机在交流接触器控制下通电工作；当松开启动按钮后，电动机仍可以保持连续运行的状态。这种控制方式被称为自锁控制。

自锁控制方式常将启动按钮与交流接触器常开辅助触点并联。这样，在接触器线圈得电后，接触器通过自身的常开辅助触点保持回路一直处于接通状态（即状态保持）。这样，即使松开启动按钮，交流接触器也不会失电断开，电动机仍可保持运行状态。

图1-6为典型自锁控制线路，该控制线路中由点动按钮 SB1 和交流接触器常开辅助触点 KM-1 实现自锁控制。

由图1-6可以看到，自锁控制线路具有使电动机连续运转的功能。

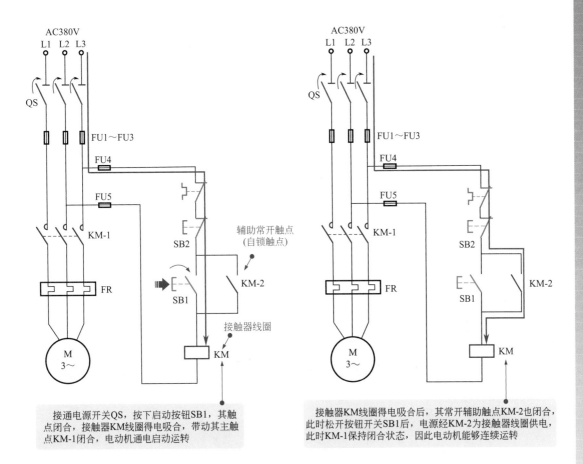

接通电源开关QS，按下启动按钮SB1，其触点闭合，接触器KM线圈得电吸合，带动其主触点KM-1闭合，电动机通电启动运转

接触器KM线圈得电吸合后，其常开辅助触点KM-2也闭合，此时松开按钮开关SB1后，电源经KM-2为接触器线圈供电，此时KM-1保持闭合状态，因此电动机能够连续运转

图 1-6　典型自锁控制线路

提示

自锁控制线路还具有欠电压和失压（零压）保护功能。

● 欠电压保护功能：当电气控制线路中的电源电压由于某种原因下降时，电动机的转矩将明显降低，此时会影响电动机的正常运行，严重时还会导致电动机出现堵转情况，进而损坏电动机。在采用自锁控制线路中，当电源电压低于接触器线圈额定电压的 85% 时，接触器的电磁系统所产生的电磁力无法克服弹簧的反作用力，衔铁释放，主触点将断开复位，自动切断主电路，实现欠电压保护。

值得注意的是，电动机控制线路多为三相供电，交流接触器连接在其中一相中，只有其所连接相出现欠电压情况，才可实现保护功能。若电源欠电压出现在未接接触器的相线中，则无法实现欠电压保护。

● 失压（零压）保护功能：采用自锁控制后，当外界原因突然断电又重新供电时，由于自锁触点因断电而断开，控制电路不会自行接通，可避免事故的发生，起到失压（零压）保护作用。

五、互锁控制

互锁控制是为保证电气设备安全运行而设置的，也称为联锁控制。在电气控制线路中，常见的互锁控制主要有按钮互锁和接触器（继电器）互锁两种形式。

1. 按钮互锁控制

按钮互锁控制是指由按钮实现互锁控制，即当一个按钮按下接通一个线路的同时，必须断开另外一个线路。

按钮互锁控制通常由复合按钮开关来实现，如图 1-7 所示。

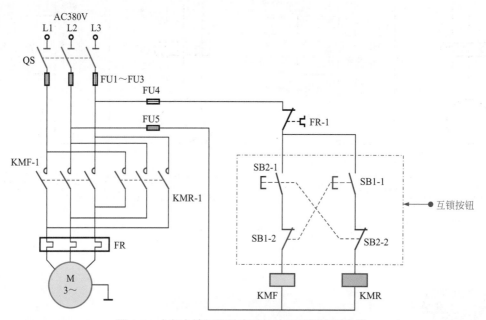

图 1-7　由复合按钮开关实现的按钮互锁控制线路

图解

● 从图 1-7 可以看到，当按下复合按钮 SB2 时，其常开触点 SB2-1 闭合，交流接触器 KMF 线圈得电；同时，其常闭触点 SB2-2 断开，确保 KMR 线圈在任何情况下都不会得电，进而实现"锁定"功能。

● 当按下复合按钮 SB1 时，其常开触点 SB1-1 闭合，交流接触器 KMR 线圈得电；同时，其常闭触点 SB1-2 断开，确保 KMF 线圈在任何情况下都不会得电，进而也实现"锁定"功能。

2. 接触器（继电器）互锁控制

接触器（继电器）互锁控制是指两个接触器（继电器）通过自身的常闭辅助触点，相互制约对方的线圈不能同时得电动作。

接触器（继电器）互锁控制通常由其常闭辅助触点实现，如图1-8所示。

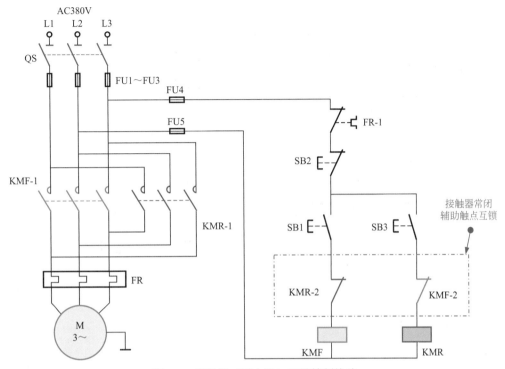

图1-8　接触器（继电器）互锁控制线路

● 从图1-8可以看到，交流接触器KMF的常闭辅助触点串接在交流接触器的KMR线路中。当电路接通电源，按下启动按钮SB1时，交流接触器KMF线圈得电，其主触点KMF-1得电，电动机启动正向运转；同时，KMF的常闭辅助触点KMF-2断开，确保交流接触器KMR线圈不会得电，由此可有效避免因误操作而使两个接触器同时得电，出现电源两相短路事故。

● 同样，交流接触器KMR的常闭辅助触点串接在交流接触器的KMF线路中。当电路接通电源，按下启动按钮SB3时，交流接触器KMR线圈得电，其主触点KMR-1得电，电动机启动反向运转；同时，KMR的常闭辅助触点KMR-2断开，确保交流接触器KMF线圈不会得电。由此，实现交流接触器的互锁控制。

互锁控制通常应用在电动机正反转控制线路中。

六、顺序控制

在电气控制线路中，顺序控制是指受控设备在电路的作用下按一定的先后顺序启动、停止或全部停止。

例如，图1-9为电动机的顺序启动和反顺序停机控制线路。

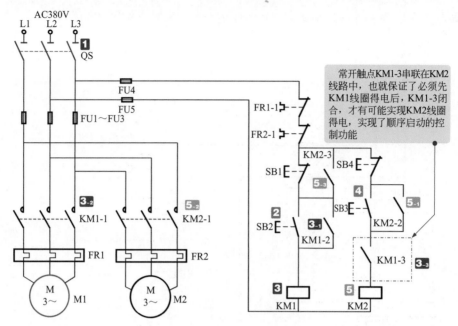

图 1-9　电动机的顺序启动和反顺序停机控制线路

图解

1 合上电源总开关 QS 为电路工作做好准备。

2 按下启动按钮 SB2。

3 交流接触器 KM1 线圈得电。

　　3₋₁ 常开辅助触点 KM1-2 接通，实现自锁功能。

　　3₋₂ 常开主触点 KM1-1 接通，电动机 M1 开始运转。

　　3₋₃ 常开辅助触点 KM1-3 接通，为电动机 M2 启动做好准备，也用于防止接触器 KM2 线圈先得电而使电动机 M2 先运转，起到顺序启动的作用。

4 当需要电动机 M2 启动时，按下启动按钮 SB3。

5 交流接触器 KM2 线圈得电。

　　5₋₁ 常开辅助触点 KM2-2 接通，实现自锁功能。

　　5₋₂ 常开主触点 KM2-1 接通，电动机 M2 开始运转。

　　5₋₃ 常开辅助触点 KM2-3 接通，锁定停机按钮 SB1，防止当启动电动机 M2 时，按动电动机 M1 的停止按钮 SB1，而关断电动机 M1，确保反顺序停机功能。

提示

　　顺序控制线路的特点：若电路需要实现 A 接触器工作后才允许 B 接触器工作，则在 B 接触器线圈电路中串入 A 接触器的常开触点。

　　若电路需要实现 B 接触器线圈断电后才允许 A 接触器线圈断电，则应将 B 接触器的常开触点并联在 A 接触器的停止按钮两端。

七、 自动循环控制

在电气控制线路中，自动循环控制是指受控设备在控制电路作用下，按照设定的时间间隔进行有规律的自动启动→停止→启动→停止循环工作。

自动循环控制一般借助时间继电器实现。例如，图1-10为典型电动机的自动循环控制线路。

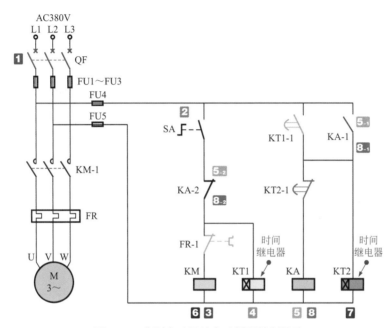

图 1-10 典型电动机的自动循环控制线路

图解

1 合上断路器 QF 为电路工作做好准备。

2 操作转换开关 SA 至闭合状态。

2 → **3** 交流接触器 KM 线圈得电，其主触点 KM-1 闭合，电动机启动运转。

2 → **4** 时间继电器 KT1 线圈得电，其延时闭合的常开触点 KT1-1 延时一定时间后闭合。

4 → **5** KA 线圈得电。

      5₋₁ 常开触点 KA-1 闭合，实现自锁功能。

      5₋₂ 常闭触点 KA-2 断开。

5₋₂ → **6** KM 线圈失电，其主触点复位断开，电动机停转。

4 → **7** KT2 线圈得电，其延时断开的常闭触点 KT2-1 延时一段时间后断开。

7 → **8** KA 线圈失电。

      8₋₁ 常开触点 KA-1 复位断开。

      8₋₂ 常闭触点 KA-2 复位闭合。

8₋₂ → 交流接触器 KM 线圈得电，开始下一轮启动和自动停止的循环控制。

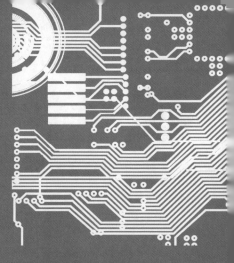

第二章
电子控制器件与传感器的应用

电源开关与按钮开关及其控制

在电气控制线路中开关种类多样，常见有电源开关和按钮开关。

1. 电源开关及其控制

电源开关在电工电路中主要用于接通用电设备的供电电源，实现电路的闭合与断开。图 2-1 为电源开关（三相断路器）在电气控制线路中的连接关系。从图中可以看到，该电源

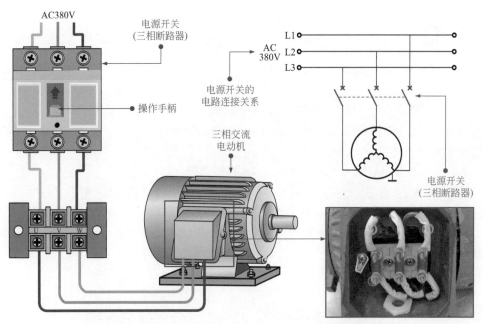

图 2-1　电源开关（三相断路器）在电气控制线路中的连接关系

开关采用的是三相断路器，通过断路器控制三相交流电动机电源的接通与断开，实现对三相交流电动机运转与停机的控制。

在电工电路中，电源开关有两种状态，即不动作（断开）时和动作（闭合）时。

● 当电源开关不动作时，内部触点处于断开状态，三相交流电动机不能启动。

● 在合上电源开关后，内部触点处于闭合状态，三相交流电动机通电后启动运转。

图 2-2 为电源开关在电气控制线路中的控制关系。

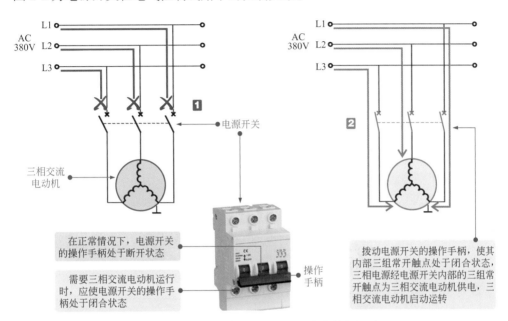

图 2-2　电源开关在电气控制线路中的控制关系

图解

1 电源开关未动作时，内部三组常开触点处于断开状态，切断三相交流电动机的三相供电电源，三相交流电动机不能启动运转。

2 拨动电源开关的操作手柄，内部三组常开触点处于闭合状态，三相电源经电源开关内部的三组常开触点为三相交流电动机供电，三相交流电动机启动运转。

2. 按钮开关及其控制

按钮开关在电气控制线路中主要用于发出远距离控制信号或指令去控制继电器、接触器或其他负载设备，实现控制电路的接通与断开，进而实现对负载设备的控制。图 2-3 为按钮开关的实物外形及电路符号。

按钮开关根据内部结构的不同可分为不闭锁按钮开关和可闭锁按钮开关。

● 不闭锁按钮开关是指按下按钮开关时内部触点动作，松开按钮时内部触点自动复位。

● 可闭锁按钮开关是指按下按钮开关时内部触点动作，松开按钮时内部触点不能自动复位，当再次按下按钮开关时内部触点才可复位。

按钮开关是电路中的关键控制部件，不论是不闭锁按钮开关还是闭锁按钮开关，根据电路需要都可以分为常开、常闭和复合三种形式。下面以不闭锁按钮开关为例介绍三种形式的控制功能。

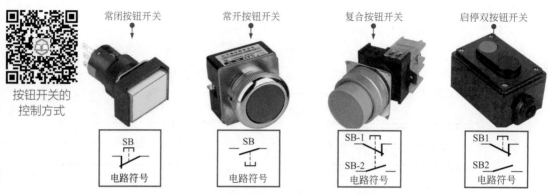

图 2-3 按钮开关的实物外形及电路符号

（1）不闭锁常开按钮开关

不闭锁常开按钮开关是指在操作前内部触点处于断开状态，手指按下时内部触点处于闭合状态，手指松开后按钮开关自动复位断开。该按钮开关在电气控制线路中常用作启动控制按钮开关。

图 2-4 为不闭锁常开按钮开关在电气控制线路中的连接关系。

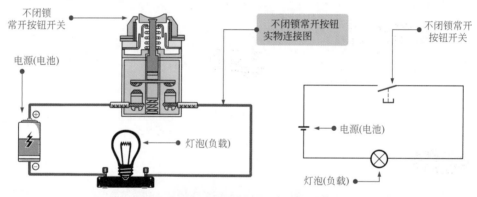

图 2-4 不闭锁常开按钮开关在电气控制线路中的连接关系

从图 2-4 中可以看出，该不闭锁常开按钮开关连接在电池与灯泡（负载）之间控制灯泡的点亮与熄灭，未操作时灯泡处于熄灭状态。

不闭锁常开按钮开关在电气控制线路中的控制关系如图 2-5 所示。

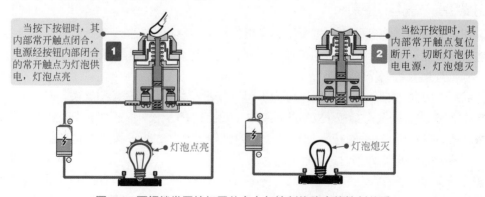

图 2-5 不闭锁常开按钮开关在电气控制线路中的控制关系

● 按下按钮时，内部常开触点闭合，电源经按钮内部闭合的常开触点为灯泡供电，灯泡点亮。

● 松开按钮时，内部常开触点复位断开，切断灯泡供电电源，灯泡熄灭。

（2）不闭锁常闭按钮开关

不闭锁常闭按钮开关是指操作前内部触点处于闭合状态，手指按下时内部触点处于断开状态，手指松开后按钮开关自动复位闭合。该按钮开关在电气控制线路中常用作停止控制按钮开关。

图 2-6 为不闭锁常闭按钮开关在电气控制线路中的连接关系。

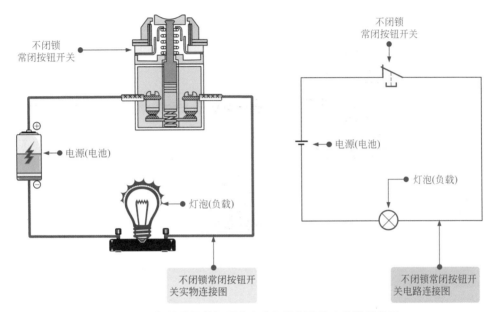

图 2-6　不闭锁常闭按钮开关在电气控制线路中的连接关系

不闭锁常闭按钮开关在电气控制线路中的控制关系如图 2-7 所示。

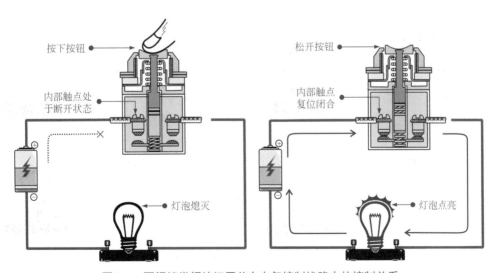

图 2-7　不闭锁常闭按钮开关在电气控制线路中的控制关系

● 按下按钮后，内部常闭触点断开，切断灯泡供电电源，灯泡熄灭。

● 松开按钮后，内部常闭触点复位闭合，接通灯泡供电电源，灯泡点亮。

（3）不闭锁复合按钮开关

不闭锁复合按钮开关是指内部设有两组触点，分别为常开触点和常闭触点。操作前，常闭触点闭合，常开触点断开。当手指按下按钮开关时，常闭触点断开，常开触点闭合；手指松开按钮开关后，常闭触点复位闭合，常开触点复位断开。该按钮开关在电气控制线路中常用作启动联锁控制按钮开关。

图 2-8 为不闭锁复合按钮开关在电气控制线路中的连接关系。

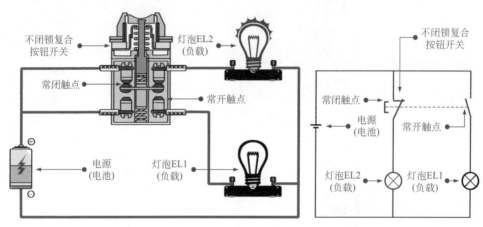

图 2-8　不闭锁复合按钮开关在电气控制线路中的连接关系

图中，不闭锁复合按钮连接在电池与灯泡（负载）之间，分别控制灯泡 EL1 和灯泡 EL2 的点亮与熄灭。未按下按钮时，灯泡 EL2 处于点亮状态，灯泡 EL1 处于熄灭状态。

不闭锁复合按钮开关在电气控制线路中的控制关系如图 2-9 所示。

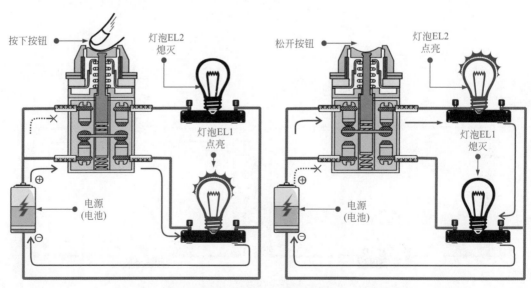

图 2-9　不闭锁复合按钮开关在电气控制线路中的控制关系

● 按下按钮后，内部常开触点闭合，接通灯泡 EL1 的供电电源，灯泡 EL1 点亮；常闭触点断开，切断灯泡 EL2 的供电电源，灯泡 EL2 熄灭。

● 松开按钮后，内部常开触点复位断开，切断灯泡 EL1 的供电电源，灯泡 EL1 熄灭；常闭触点复位闭合，接通灯泡 EL2 的供电电源，灯泡 EL2 点亮。

二、继电器及其控制

继电器是电工电路中常用的一种电气部件，主要是由铁芯、线圈、衔铁、触点等组成的。图 2-10 为典型继电器的内部结构。

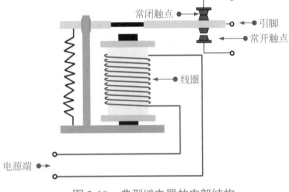

图 2-10　典型继电器的内部结构

继电器工作时，通过在线圈两端加一定的电压产生电流，从而产生电磁效应，在电磁引力的作用下，常闭触点断开，常开触点闭合；线圈失电后，电磁引力消失，在复位弹簧的反作用力下，常开触点断开而返回到原来的位置。

1. 继电器常开触点的控制关系

继电器常开触点是指继电器内部的动触点和静触点通常处于断开状态，当线圈得电时，动触点和静触点立即闭合而接通电路；当线圈失电时，动触点和静触点立即复位而切断电路。

图 2-11 为继电器常开触点在电气控制线路中的连接关系。

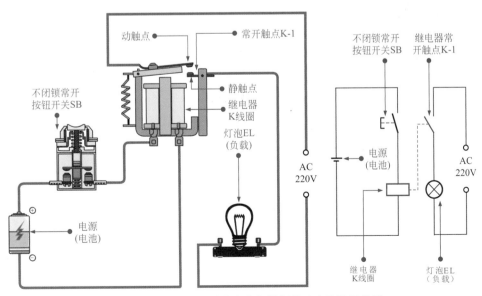

图 2-11　继电器常开触点在电气控制线路中的连接关系

图中，继电器 K 线圈连接在不闭锁常开按钮与电池之间，常开触点 K-1 连接在电池与灯泡 EL（负载）之间，用于控制灯泡的点亮与熄灭。在未接通电路时，灯泡 EL 处于熄灭状态。

图 2-12 为继电器常开触点在电气控制线路中的控制关系。

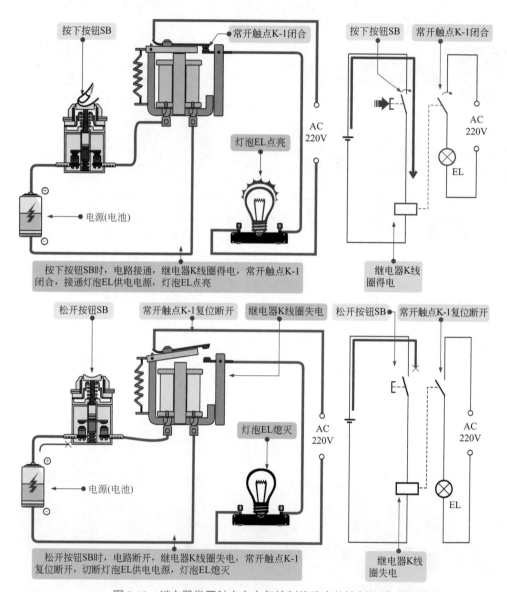

图 2-12　继电器常开触点在电气控制线路中的控制关系

2. 继电器常闭触点的控制关系

继电器的常闭触点是指继电器线圈失电时内部的动触点和静触点处于闭合状态。当线圈得电时，动触点和静触点立即断开切断电路；当线圈失电时，动触点和静触点立即复位闭合接通电路。

图 2-13 为继电器常闭触点在电气控制线路中的控制关系。

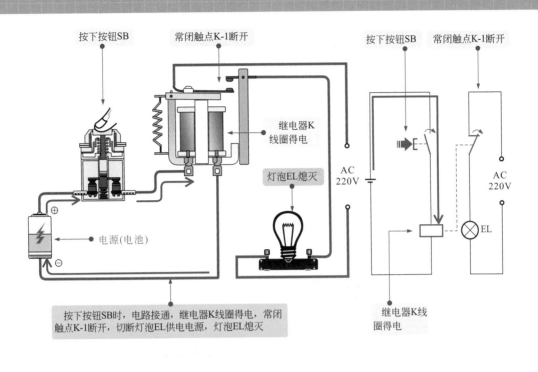

按下按钮SB　　　　常闭触点K-1断开

按下按钮SB　　　　常闭触点K-1断开

继电器K
线圈得电

灯泡EL熄灭

AC
220V

电源(电池)

继电器K线
圈得电

按下按钮SB时，电路接通，继电器K线圈得电，常闭
触点K-1断开，切断灯泡EL供电电源，灯泡EL熄灭

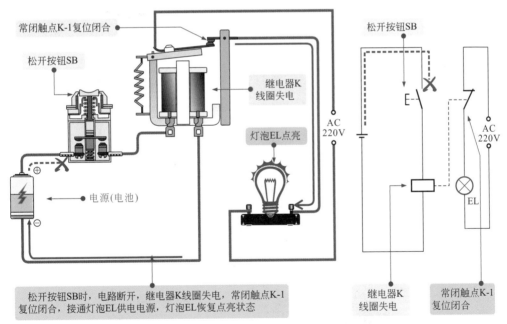

常闭触点K-1复位闭合

松开按钮SB

松开按钮SB

继电器K
线圈失电

灯泡EL点亮

AC
220V

电源(电池)

继电器K
线圈失电

常闭触点K-1
复位闭合

松开按钮SB时，电路断开，继电器K线圈失电，常闭触点K-1
复位闭合，接通灯泡EL供电电源，灯泡EL恢复点亮状态

图2-13　继电器常闭触点在电气控制线路中的控制关系

3. 继电器转换触点的控制关系

继电器的转换触点是指继电器内部设有一个动触点和两个静触点。其中，动触点与静触
点1处于闭合状态，称为常闭触点；动触点与静触点2处于断开状态，称为常开触点。图2-14
为继电器转换触点的内部结构。

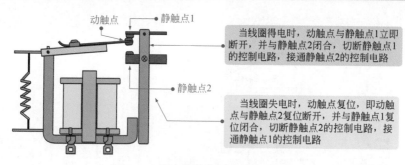

图 2-14　继电器转换触点的内部结构

图 2-15 为继电器转换触点在电气控制线路中的连接关系。

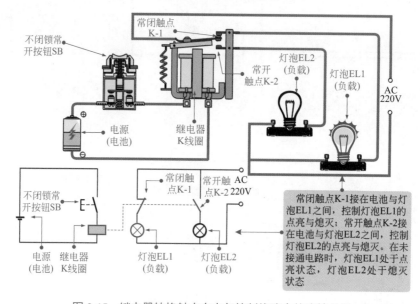

图 2-15　继电器转换触点在电气控制线路中的连接关系

图 2-16 为继电器转换触点在不同状态下的控制关系。

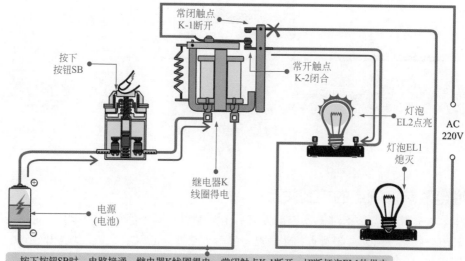

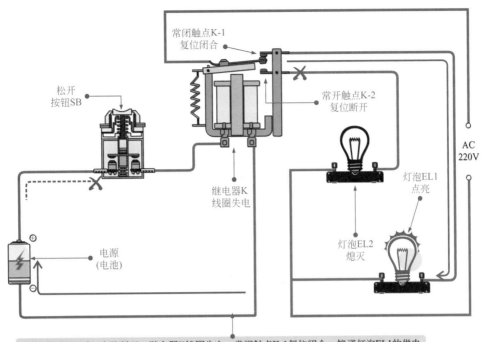

松开按钮SB时，电路断开，继电器K线圈失电，常闭触点K-1复位闭合，接通灯泡EL1的供电电源，灯泡EL1点亮；同时，常开触点K-2复位断开，切断灯泡EL2的供电电源，灯泡EL2熄灭

图 2-16　继电器转换触点在不同状态下的控制关系

三、接触器及其控制

接触器是一种由电压控制的开关装置，适用于远距离频繁地接通和断开交直流电路的系统中。它属于一种控制类器件，是在电力拖动系统、机床设备控制线路、自动控制系统中使用比较广泛的低压电器之一。

根据接触器触点通过电流的种类，接触器主要分为直流接触器和交流接触器两类。

1. 直流接触器的电路控制关系

直流接触器主要用于远距离接通与分断直流电路。在控制线路中，直流接触器由直流电源为线圈提供工作条件，从而控制触点动作。直流接触器在电气控制线路中的控制关系如图 2-17 所示。

2. 交流接触器的电路控制关系

交流接触器是主要用于远距离接通与分断交流供电电路的器件。图 2-18 为交流接触器的实物外形和内部结构。

交流接触器的内部主要由常闭触点、常开触点、动触点、线圈及动铁芯、静铁芯、弹簧等部分构成。

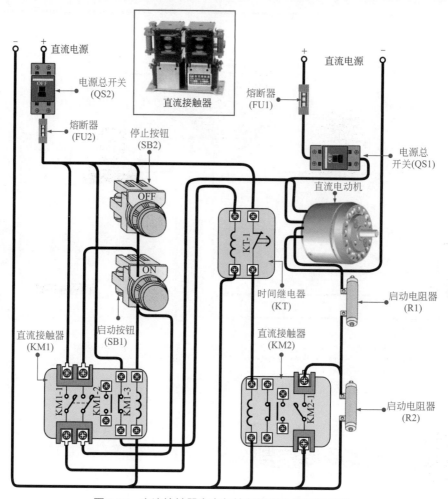

图 2-17　直流接触器在电气控制线路中的控制关系

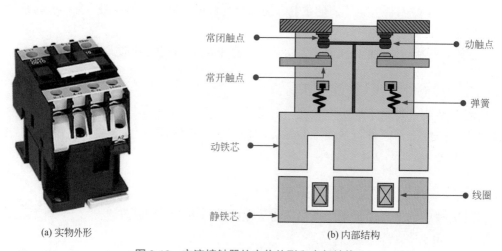

图 2-18　交流接触器的实物外形和内部结构

　　图 2-19 为交流接触器在电气控制线路中的连接关系，图 2-20 为交流接触器在电气控制线路中的控制关系。

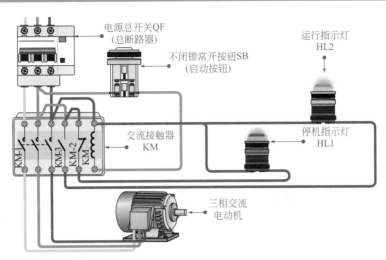

图 2-19 交流接触器在电气控制线路中的连接关系

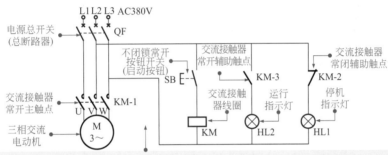

交流接触器KM线圈连接在不闭锁常开按钮开关SB(启动按钮)与电源总开关QF(总断路器)之间；常开主触点KM-1连接在电源总开关QF与三相交流电动机之间控制电动机的启动与停机；常闭辅助触点KM-2连接在电源总开关QF与停机指示灯HL1之间控制指示灯HL1的点亮与熄灭；常开辅助触点KM-3连接在电源总开关QF与运行指示灯HL2之间控制指示灯HL2的点亮与熄灭

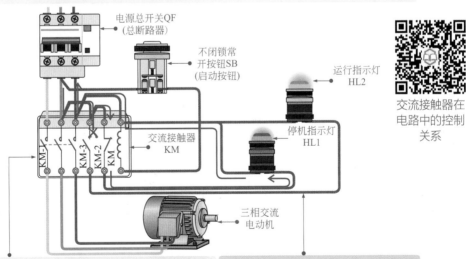

交流接触器在电路中的控制关系

合上电源总开关QF，电源经交流接触器KM的常闭辅助触点KM-2为停机指示灯HL1供电，HL1点亮。按下启动按钮SB时，电路接通，交流接触器KM线圈得电，常开主触点KM-1闭合，三相交流电动机接通三相电源并启动运转；常闭辅助触点KM-2断开，切断停机指示灯HL1的供电电源，HL1熄灭；常开辅助触点KM-3闭合，运行指示灯HL2点亮，指示三相交流电动机处于工作状态

松开启动按钮SB时，电路断开，交流接触器KM线圈失电，常开主触点KM-1复位断开，切断三相交流电动机的供电电源，电动机停止运转；常闭辅助触点KM-2复位闭合，停机指示灯HL1点亮，指示三相交流电动机处于停机状态；常开辅助触点KM-3复位断开，切断运行指示灯HL2的供电电源，HL2熄灭

图 2-20 交流接触器在电气控制线路中的控制关系

四、温度传感器及其控制

温度传感器是将物理量（温度信号）变成电信号的器件，是利用电阻值随温度变化而变化这一特性来测量温度变化的。温度传感器主要用于各种需要对温度进行测量、监视、控制及补偿的场合。温度传感器的电路连接关系如图 2-21 所示。

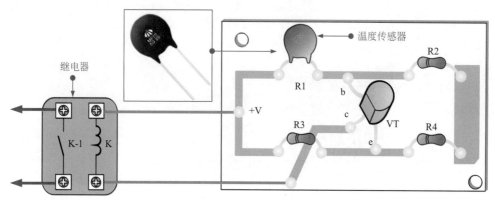

图 2-21　温度传感器的电路连接关系

知识链接

温度传感器根据感应特性的不同可分为 PTC 传感器和 NTC 传感器。PTC 传感器为正温度系数传感器，阻值随温度的升高而增大、随温度的降低而减小；NTC 传感器为负温度系数传感器，阻值随温度的升高而减小、随温度的降低而增大。

图 2-22 为温度传感器在不同温度环境下的控制关系。

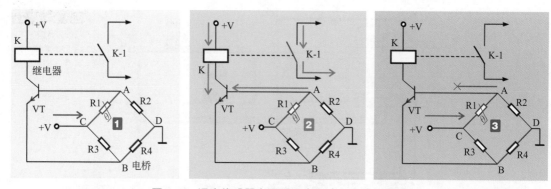

图 2-22　温度传感器在不同温度环境下的控制关系

图解

1 在正常环境温度下时，电桥的电阻值 $R_1/R_2=R_3/R_4$，电桥平衡。此时 A、B 两点间电位相等，输出端 A 与 B 间没有电流流过，晶体管 VT 的基极 b 与发射极 e 间的电位差为零，晶体管 VT 截止，继电器 K 线圈不能得电。

2 当环境温度逐渐上升时，温度传感器 R1 的阻值不断减小，电桥失去平衡。此时 A 点电位逐渐升高，晶体管 VT 基极 b 的电压逐渐增大，当基极 b 电压高于发射极 e 电压时，VT 导通，继电器 K 线圈得电，对应的常开触点 K-1 闭合，接通负载设备的供电电源，负载设备即可启动。

3 当环境温度逐渐下降时，温度传感器 R1 的阻值不断增大，此时 A 点电位逐渐降低，晶体管 VT 基极 b 的电压逐渐减小，当基极 b 电压低于发射极 e 电压时，VT 截止，继电器 K 线圈失电，对应的常开触点 K-1 复位断开，切断负载设备的供电电源，负载设备停止工作。

五、湿度传感器及其控制

湿度传感器是一种将湿度信号转换为电信号的器件，主要用于工业生产、天气预报、食品加工等行业中对各种湿度进行控制、测量和监视。湿度传感器的连接关系如图 2-23 所示。

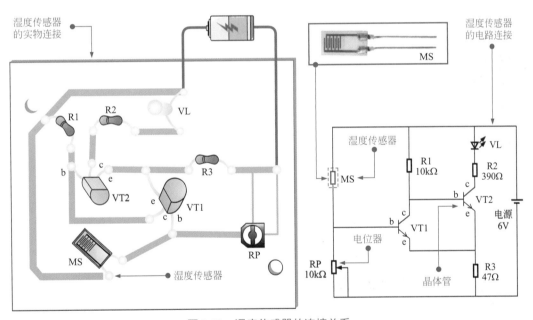

图 2-23　湿度传感器的连接关系

知识链接

湿度传感器采用湿敏电阻器作为湿度测控器件，利用湿敏电阻器的阻值随湿度的变化而变化这一特性来测量湿度变化。

图 2-24 为湿度传感器在不同湿度环境下的控制关系。

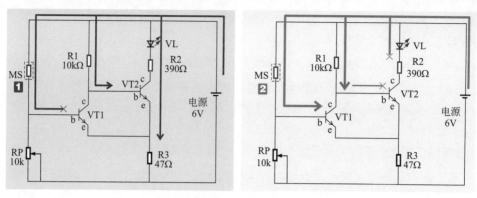

图 2-24　湿度传感器在不同湿度环境下的控制关系

1 当环境湿度较小时，湿度传感器 MS 的阻值较大，晶体管 VT1 的基极 b 为低电平，使基极 b 电压低于发射极 e 电压，晶体管 VT1 截止；同时，晶体管 VT2 基极 b 电压升高，使基极 b 电压高于发射极 e 电压，晶体管 VT2 导通，发光二极管 VL 点亮。

2 当环境湿度增加时，湿度传感器 MS 的阻值逐渐变小，晶体管 VT1 的基极 b 电压逐渐升高，使基极 b 电压高于发射极 e 电压，晶体管 VT1 导通；同时，晶体管 VT2 基极 b 电压降低，使基极 b 电压低于发射极 e 电压，晶体管 VT2 截止，发光二极管 VL 熄灭。

六、 光电传感器及其控制

光电传感器是一种能够将可见光信号转换为电信号的器件，也称为光电器件，主要用于光控开关、光控照明、光控报警等领域中对各种可见光进行控制。图 2-25 为光电传感器的实物外形及在电路中的连接关系。

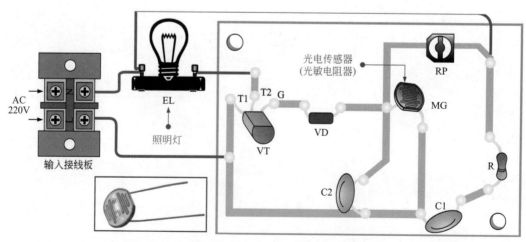

图 2-25　光电传感器的实物外形及在电路中的连接关系

光电传感器采用光敏电阻器作为光电测控器件。光敏电阻器是一种对光敏感的器件，其阻值随入射光线强弱的变化而变化。

图 2-26 为光电传感器在不同光线环境下的控制关系。

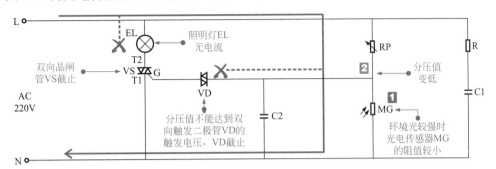

图 2-26　光电传感器在不同光线环境下的控制关系

图解

1 当环境光较强时，光电传感器 MG 的阻值较小，电位器 RP 与光电传感器 MG 处的分压值变低。当电位器 RP 与光电传感器处的分压不能达到双向触发二极管 VD 的触发电压的，双向触发二极管 VD 截止，导致不能触发双向晶闸管 VS，VS 处于截止状态，照明灯 EL 不亮。

2 当环境光较弱时，光电传感器 MG 的阻值较大，电位器 RP 与光电传感器 MG 处的分压值变高。当电位器 RP 与光电传感器 MG 处的分压值达到双向触发二极管 VD 的触发电压时，双向触发二极管 VD 导通，进而触发双向晶闸管 VS 导通，照明灯 EL 点亮。

七、振动传感器及其控制

振动传感器是一种将撞击某种物体产生的振动波信号转换为电信号的器件，该传感器主要用于防盗报警电路中。图 2-27 为振动传感器的连接关系。从图中可看出振动传感器采用 XDZ-01 型振动传感器作为检测振动波信号的器件，它能够直接感知外界的振动波信号并将其转换为电信号，控制报警电路。

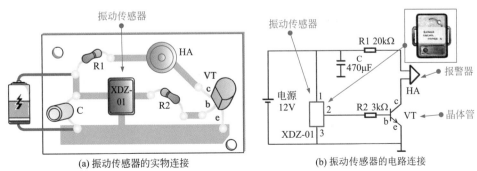

(a) 振动传感器的实物连接　　　(b) 振动传感器的电路连接

图 2-27　振动传感器的连接关系

图 2-28 为振动传感器的控制关系。当无振动时，振动传感器 XDZ-01 的②脚输出低电平，晶体管 VT 截止，报警器 HA 无报警声。

当有振动时，振动传感器 XDZ-01 的②脚输出高电平，经电阻器 R2 加到晶体管 VT 的基极 b，此时基极 b 电压高于发射极 e 电压，晶体管 VT 导通，报警器 HA 发出报警提示声。

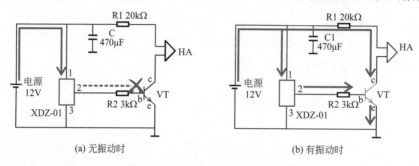

(a) 无振动时　　　　　　　　(b) 有振动时

图 2-28　振动传感器的控制关系

八、磁电传感器及其控制

磁电传感器是一种能够将磁感应信号转换为电信号的器件，常用于机械测试及自动化测量的领域中。图 2-29 为磁电传感器的连接关系。

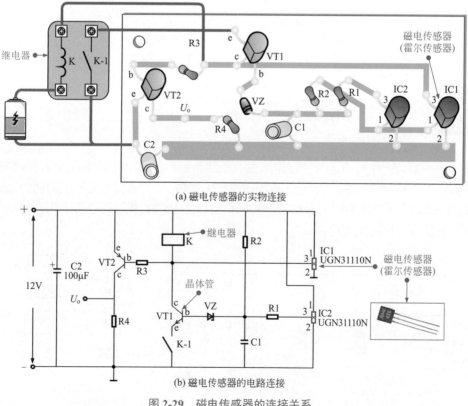

(a) 磁电传感器的实物连接

(b) 磁电传感器的电路连接

图 2-29　磁电传感器的连接关系

图 2-30 为无磁铁靠近时磁电传感器的控制关系。无磁铁靠近时，磁电传感器 IC1、IC2 的③脚输出高电平，继电器 K 线圈不能得电，常开触点 K-1 处于断开状态，使晶体管 VT1 截止；同时晶体管 VT2 也截止，U_o 端输出低电平。

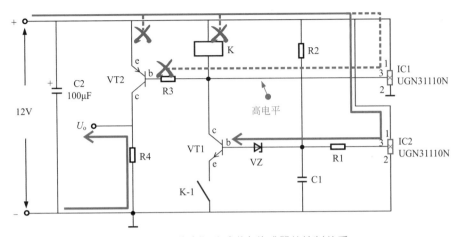

图 2-30　无磁铁靠近时磁电传感器的控制关系

图 2-31 为磁铁靠近磁电传感器 IC1 时的控制关系。当磁铁靠近磁电传感器 IC1 时，磁电传感器 IC1 的③脚输出低电平，经电阻器 R3 加到晶体管 VT2 的基极 b，此时基极 b 电压低于发射极 e 电压，晶体管 VT2 导通，U_o 端输出高电平；同时为继电器 K 线圈提供电流，继电器 K 线圈得电，常开触点 K-1 闭合，晶体管 VT1 的发射极 e 接地，基极 b 电压为高电平且高于发射极 e 电压，进而晶体管 VT1 导通。即使磁铁离开磁电传感器 IC1，仍能保持晶体管 VT2 的导通。

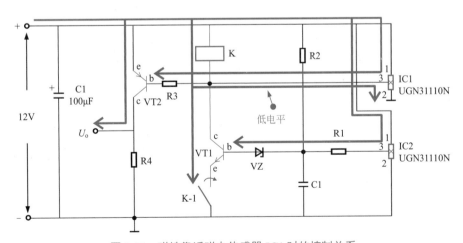

图 2-31　磁铁靠近磁电传感器 IC1 时的控制关系

图 2-32 为磁铁离开磁电传感器 IC1 靠近 IC2 时的控制关系。当磁铁离开磁电传感器 IC1 靠近 IC2 时，磁电传感器 IC1 的③脚输出高电平，IC2 的③脚输出低电平，稳压二极管 VZ 将 VT1 基极钳位在低电平，进而使晶体管 VT1 截止，继电器 K 线圈失电，常开触点 K-1 复位断开。此时晶体管 VT2 的基极 b 变为高电平，VT2 截止，U_o 端输出低电平。

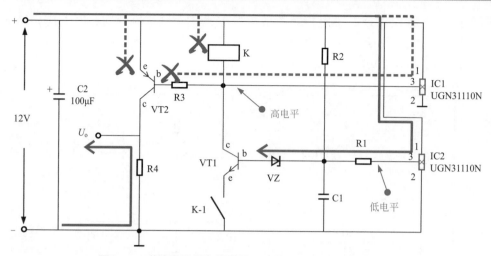

图 2-32　磁铁离开磁电传感器 IC1 靠近 IC2 时的控制关系

九、气敏传感器及其控制

气敏传感器是一种将某种气体的有无或浓度转换为电信号的器件，主要用于可燃或有毒气体泄漏的报警电路中。气敏传感器可检测出环境中某种气体及其浓度，并转换成相应的电信号。图 2-33 为气敏传感器在实际电路中的连接关系。

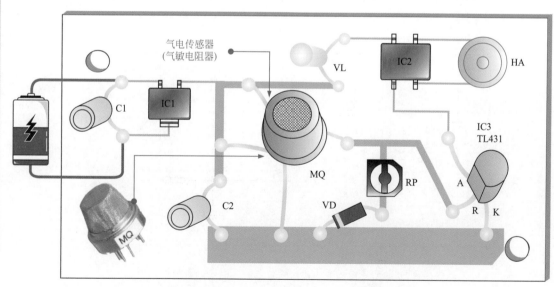

图 2-33　气敏传感器在实际电路中的连接关系

气敏传感器采用气敏电阻器作为气体检测器件。气敏电阻器是利用阻值随气体浓度变化而变化这一特性来进行测量的。

图 2-34 为气敏传感器在不同环境下的控制关系。

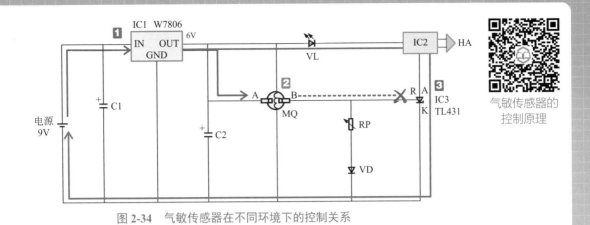

图 2-34　气敏传感器在不同环境下的控制关系

图解

1 电路开始工作时，9V 直流电源经滤波电容器 C1 滤波后，由三端稳压器 IC1 稳压，输出 6V 直流电源，再经滤波电容器 C2 滤波后，为气体检测控制电路提供工作条件。

2 在空气中，气敏传感器 MQ 中 A、B 电极之间的阻值较大，B 端为低电平，误差检测电路 IC3 的输入极 R 处电压较低，IC3 不能导通，发光二极管 VL 不能点亮，报警器 HA 无报警声。

3 当有害气体泄漏时，气敏传感器 MQ 中 A、B 电极间的阻值逐渐变小，B 端电压逐渐升高。当 B 端电压升高到预设的电压值（可通过电位器 RP 调节）时，误差检测电路 IC3 导通，接通 IC2 的接地端，IC2 工作，发光二极管 VL 点亮，报警器 HA 发出报警声。

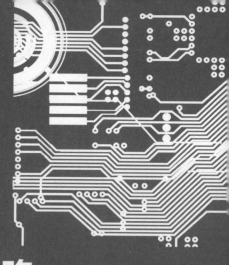

第三章
三相交流电动机控制线路

一、三相交流电动机的基本控制线路

三相交流电动机控制线路是指对三相交流电动机进行各种控制的线路。根据选用控制部件数量的不同及对不同部件间的不同组合，加上电路的连接差异，可实现不同的控制功能，如启动、停止、正反转、调速、制动等。

图 3-1 为典型三相交流电动机控制线路的结构组成。

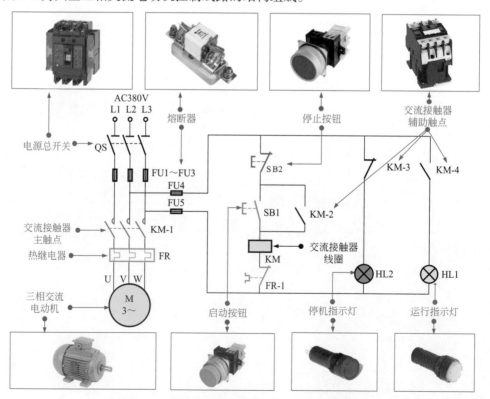

图 3-1　典型三相交流电动机控制线路的结构组成

从图 3-1 中可以看到，三相交流电动机控制线路主要由电源总开关、熔断器、启动按钮、停止按钮、交流接触器、热继电器、指示灯及三相交流电动机等部件构成。

按照电路功能划分，三相交流电动机控制线路由电源供电电路、控制电路、保护电路和信号电路构成，如图 3-2 所示。

典型电动机启停控制电路

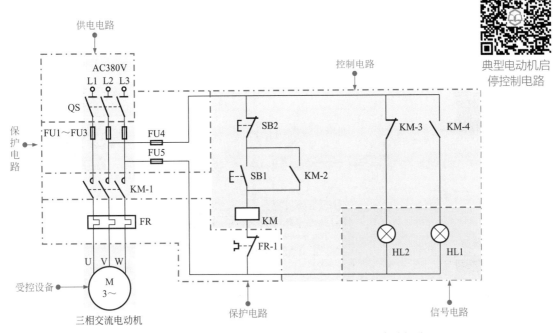

图 3-2　典型三相交流电动机控制线路中的功能电路划分

图解

① 供电电路：用于为三相交流电动机及控制部件等提供所需的工作电压。供电电路主要由电源总开关 QS 构成。

② 保护电路：对电气设备和线路进行短路、过载和失压等各种保护。保护电路由熔断器、热继电器等保护组件构成。

● 熔断器 FU1 ～ FU3 为主电路熔断器，用于主电路的过载、短路保护。

● 熔断器 FU4、FU5 为支路熔断器，用于支路的过载、短路保护。

● 热继电器 FR 则用于三相交流电动机的过热保护。

③ 控制电路：对受控设备进行控制的电路。控制电路主要由启动按钮 SB1、停止按钮 SB2 和交流接触器 KM 构成。通过启、停按钮控制交流接触器的闭合与断开，从而实现在不同位置对三相交流电动机工作状态的控制。

④ 信号电路：用于反映或显示设备和线路正常与非正常工作状态信息的电路。信号电路主要由运行指示灯 HL1 和停机指示灯 HL2 构成，用于三相交流电动机工作状态的指示。

图 3-3 为三相交流电动机控制线路的连接关系。三相交流电动机控制线路通过连线清晰地表达了各主要部件的连接关系。

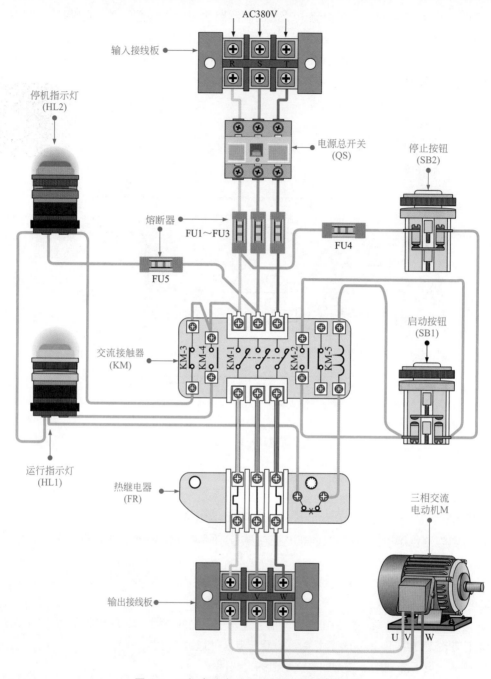

图 3-3　三相交流电动机控制线路的连接关系

 二、三相交流电动机点动控制线路

　　三相交流电动机的点动运转控制线路是指通过按钮控制电动机工作状态（启动和停止）的电路。电动机的运行时间完全由按钮按下的时间决定，如图 3-4 所示。

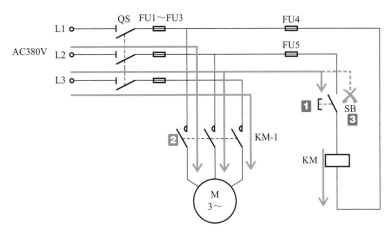

图 3-4 三相交流电动机点动控制线路

1 当需要三相交流电动机工作时，闭合电源总开关 QS，按下启动按钮 SB，交流接触器 KM 线圈得电吸合，其相应触点动作。

2 交流接触器主触点 KM-1 闭合，三相交流电源通过接触器常开主触点 KM-1 与电动机接通，电动机启动运行。

3 当松开启动按钮 SB 时，由于接触器线圈失电，吸力消失，接触器便释放，电动机断电停止运行。

 # 三、三相交流电动机可逆点动控制线路

三相交流电动机可逆点动控制线路是指由点动按钮控制三相交流电动机实现正向和反向启动运转和停止功能的电路，如图 3-5 所示。

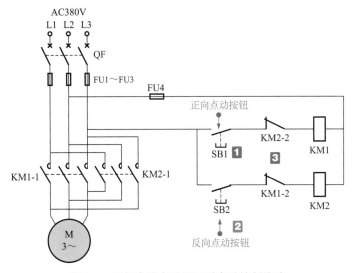

图 3-5 三相交流电动机可逆点动控制线路

 图解

1 闭合总断路器 QF，按下点动按钮 SB1，交流接触器 KM1 线圈得电吸合，其常开主触点 KM1-1 闭合，三相交流电动机 M 正向启动运转；松开点动按钮 SB1，电动机停转。

2 按下点动按钮 SB2，交流接触器 KM2 得电吸合，其常开主触点 KM2-1 闭合，电源相序改变，三相交流电动机反向转动；松开点动按钮 SB2，三相交流电动机停转。

3 为了防止两个接触器同时接通造成两相短路，在两个线圈回路中各串一个对方的常闭辅助触点作互锁保护。

四、具有自锁功能的三相交流电动机正转控制线路

在具有自锁功能的三相交流电动机控制线路中，由交流接触器的常开触点实现对三相交流电动机启动按钮的自锁，实现松开按钮后仍保持线路接通的功能，进而实现对三相交流电动机的连续控制，如图 3-6 所示。

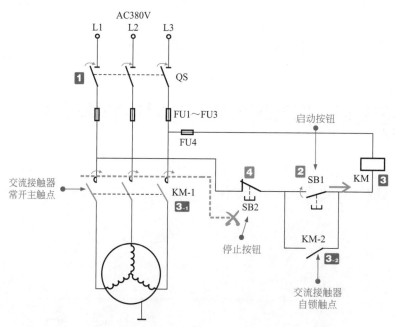

图 3-6 具有自锁功能的三相交流电动机正转控制线路

 图解

1 闭合电源总开关 QS，接入交流供电，为电路进入工作状态做好准备。

2 按下启动按钮 SB1，其常开触点闭合。

3 电源为交流接触器 KM 供电，KM 线圈得电。

　　3₋₁ 常开主触点 KM-1 闭合，为三相电动机供电，电动机启动运转。

3₋₂ 常开辅助触点 KM-2 闭合，短路启动按钮 SB1，为交流接触器供电实现自锁，即使松开启动按钮 SB1，也能维持向 KM 的线圈供电，保持触点的吸合状态。

4 当完成工作需要停机时，按下停止按钮 SB2，断开交流接触器电源，常开主触点 KM-1 复位断开，电动机停转。

五、具有过载保护功能的三相交流电动机正转控制线路

图 3-7 是具有过载保护功能的三相交流电动机正转控制线路。

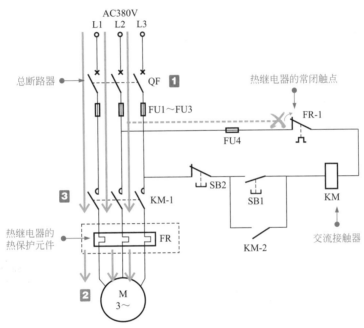

图 3-7　具有过载保护功能的三相交流电动机正转控制线路

图解

1 在正常情况下接通总断路器 QF，按下启动按钮 SB1 后，电动机启动正转。

2 当电动机过载时，主电路热继电器 FR 所通过的电流超过额定电流值，使 FR 内部发热，其内部双金属片弯曲，推动 FR 闭合触点断开，接触器 KM 线圈失电，其相应触点复位。

3 接触器 KM 的常开主触点 KM-1 复位断开，电动机便脱离电源供电，电动机停转，起到了过载保护作用。

提示

过载保护属于过电流保护中的一种类型。过载是指电动机的运行电流大于其额定电流且小于 1.5 倍额定电流。引起电动机过载的原因很多，如电源电压降低、负载的突然增加

或缺相运行等。若电动机长时间处于过载运行状态，其内部绕组的温升将超过允许值而使绝缘老化、损坏。因此在电动机控制线路中一般都设有过载保护器件。所使用的过载保护器件应具有反时限特性，且不会受电动机短时过载冲击电流或短路电流的影响而瞬时动作，所以通常用热继电器作为过载保护装置。

注意　当有大于 6 倍额定电流通过热继电器时，需经 5s 后才动作，这样在热继电器未动作前，可能先烧坏热继电器的发热元件。所以在使用热继电器作过载保护时，还必须装有熔断器或低压断路器的短路保护器件。

六、由复合开关控制的三相交流电动机点动 / 连续控制线路

由复合开关控制的三相交流电动机点动 / 连续控制线路既能点动控制又能连续控制。当需要短时间运转时，按住点动控制按钮，电动机转动；松开点动控制按钮，电动机停止转动。当需要长时间运转时，按下连续控制按钮后再松开，电动机进入连续运转状态。

图 3-8 为由复合开关控制的三相交流电动机点动 / 连续控制线路的结构组成。该控制线路主要由电源总开关 QS、点动控制按钮 SB1、连续控制按钮 SB2、停止按钮 SB3、熔断器 FU1 ～ FU4、交流接触器 KM1、三相交流电动机 M 等构成。

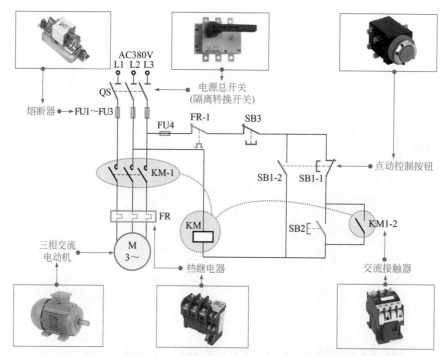

图 3-8　由复合开关控制的三相交流电动机点动 / 连续控制线路的结构组成

由复合开关控制的三相交流电动机点动/连续控制线路的运行过程包括点动启动、连续启动和停机三个基本过程。可结合电路的控制功能，根据电路中各主要部件的工作特点和部件之间的连接关系，完成对电动机点动/连续控制线路的工作过程分析。

图3-9为由复合开关控制的三相交流电动机点动/连续控制线路的工作过程分析。

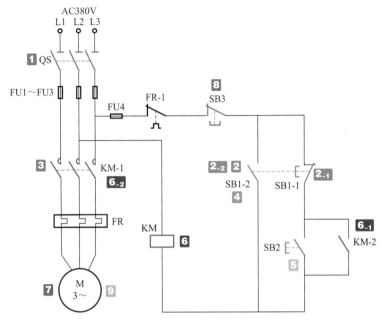

图3-9 由复合开关控制的三相交流电动机点动/连续控制线路的工作过程分析

图解

1 合上总电源开关 QS，接通三相电源，为电路进入工作状态做好准备。

2 按下点动控制按钮 SB1。

　　2₋₁ 常闭触点 SB1-1 断开，切断 SB2，此时 SB2 不起作用。

　　2₋₂ 常开触点 SB1-2 闭合，交流接触器 KM 线圈得电。

2₋₁ → 3 交流接触器的常开主触点 KM-1 闭合，交流 380V 电源为三相交流电动机供电，电动机 M 启动运转。

4 松开 SB1，其相应触点复位，交流接触器 KM 线圈失电，电动机 M 电源断开，电动机停转。

5 按下连续控制按钮 SB2，其常开触点闭合。

5 → 6 交流接触器 KM 线圈得电。

　　6₋₁ 常开辅助触点 KM-2 闭合，实现自锁功能。

　　6₋₂ 常开主触点 KM-1 闭合。

6₋₂ → 7 接通三相交流电动机电源，电动机 M 启动运转。当松开按钮 SB2 后，由于 KM-1 闭合自锁，电动机仍保持通电运转状态。

8 当需要电动机停机时，按下停止按钮 SB3。

8 → 9 交流接触器 KM 线圈失电，内部触点全部释放复位，即 KM-2 断开解除自锁；KM-1 断开，电动机停转；松开按钮 SB3 后，电路中未形成通路，电动机仍处于断电状态。

知识链接

在电路中，熔断器 FU1 ～ FU4 起保护电路的作用。其中，FU1 ～ FU3 为主电路熔断器，FU4 为支路熔断器。若 L1、L2 两相中的任意一相熔断器熔断，接触器线圈就会因失电而被迫释放，切断电源，电动机停止运转。另外，若接触器的线圈出现短路等故障，支路熔断器 FU4 也会因过电流熔断，切断电动机电源，起到保护电路的作用。如采用具有过电流保护功能的交流接触器，则 FU4 可以省去。

七、由旋转开关控制的三相交流电动机点动 / 连续控制线路

由旋转开关控制的三相交流电动机点动、连续控制线路通过控制按钮和旋转开关控制，完成对三相交流电动机的点动控制和连续控制，如图 3-10 所示。

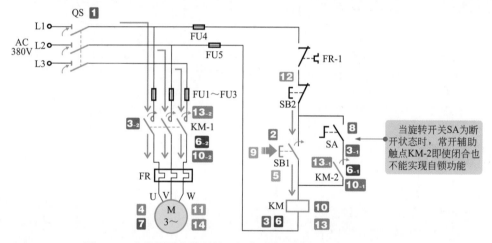

图 3-10　由旋转开关控制的三相交流电动机点动 / 连续控制线路

图解

1 合上总电源开关 QS，接通三相电源，为电路进入工作状态做好准备。

2 按下启动按钮 SB1，其常开触点闭合。

3 交流接触器 KM 线圈得电。

    3-1 常开辅助触点 KM-2 闭合。

    3-2 常开主触点 KM-1 闭合。

3-2 → 4 三相交流电动机接通三相电源，启动运转。

5 松开启动按钮 SB1。

6 交流接触器 KM 线圈失电。

    6-1 常开辅助触点 KM-2 复位断开。

    6-2 常开主触点 KM-1 复位断开。

6₋₂ → **7** 切断三相交流电动机供电电源，电动机停止运转。

8 将旋转开关 SA 调整为闭合状态。

9 按下启动按钮 SB1。

10 交流接触器 KM 线圈得电。

    10₋₁ 常开辅助触点 KM-2 闭合，实现自锁功能。

    10₋₂ 常开主触点 KM-1 闭合。

10₋₂ → **11** 三相交流电动机接通三相电源，启动并进入连续运转状态。

12 需要三相交流电动机停机时，按下停止按钮 SB2。

13 交流接触器 KM 线圈失电。

    13₋₁ 常开辅助触点 KM-2 复位断开。

    13₋₂ 常开主触点 KM-1 复位断开。

13₋₂ → **14** 切断三相交流电动机供电电源，电动机停止运转。

八、按钮互锁的三相交流电动机正反转控制线路

如图 3-11 所示，按钮互锁的三相交流电动机正反转控制线路是指由复合按钮实现两个接触器互锁控制的电路。

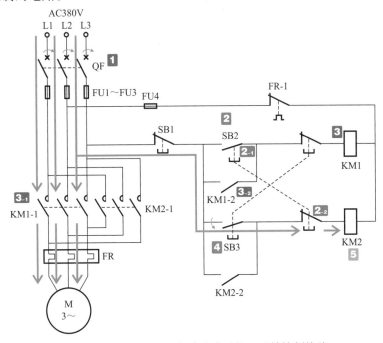

图 **3-11** 按钮互锁的三相交流电动机正反转控制线路

图解

1 闭合总断路器 QF，为电路进入工作状态做好供电准备。

2 按下正转启动按钮 SB2，其触点动作。

2₋₁ 常开触点闭合。

2₋₂ 常闭触点断开。

2₋₁ → **3** 正转接触器 KM1 线圈得电。

3₋₁ 常开主触点 KM1-1 闭合，电动机正向启动运转。

3₋₂ 常开辅助触点 KM1-2 闭合自锁，即使松开 SB2，也能保持交流接触器 KM1 线圈得电。

4 当电动机做正向运转时按下反转启动按钮 SB3，首先使接在正转控制线路中的 SB3 的常闭触点断开，于是正转接触器 KM1 的线圈失电释放，触点全部复原，电动机断电但做惯性运转。

5 与此同时，SB3 的常开触点闭合，使反转接触器 KM2 的线圈得电动作，电动机立即反转启动。

提示

该控制线路互锁使正、反转接触器 KM1 和 KM2 不会同时得电，又可不按下停止按钮而只需按下反转按钮进行电动机反转启动。同样，电动机由反转运行转换成正转运行，也只需直接按下正转按钮即可。

九、接触器互锁的三相交流电动机正反转控制线路

采用接触器互锁的三相交流电动机正反转控制线路中采用了两个接触器，即正转接触器 KM1 和反转接触器 KM2，通过控制电动机供电电路的相序进行正反转控制。

图 3-12 为接触器互锁的三相交流电动机正反转控制线路。

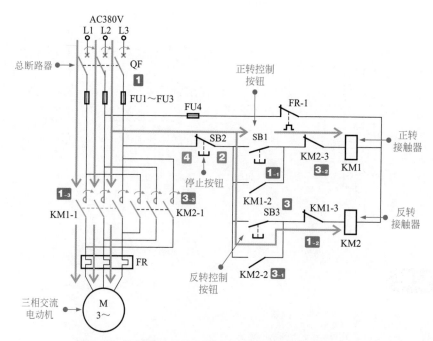

图 3-12　接触器互锁的三相交流电动机正反转控制线路

1 合上电源总开关 QF，按下正转启动按钮 SB1，正转接触器 KM1 线圈得电。

    1₋₁ 常开触点 KM1-2 闭合，实现自锁功能。

    1₋₂ 常闭触点 KM1-3 断开，防止反转接触器 KM2 线圈得电。

    1₋₃ 常开主触点 KM1-1 闭合，此时电动机接通的相序为 L1、L2、L3，电动机正向运转。

2 当电动机需要反转启动工作时，需先按下停止按钮 SB2，使正转接触器 KM1 所有触点复位，为电动机反转做好准备。

3 按下反转启动按钮 SB3，反转接触器 KM2 线圈得电。

    3₋₁ 常开触点 KM2-2 闭合，实现自锁功能。

    3₋₂ 常闭触点 KM2-3 断开，用于防止正转接触器 KM1 线圈得电。

    3₋₃ 常开主触点 KM2-1 闭合，此时电动机接入三相电源的相序为 L3、L2、L1，电动机反向运转。

4 当电动机需要停机时，按下停止按钮 SB2，不论电动机处于正转运行状态还是反转运行状态，接触器线圈均失电，电动机停止运行。

三相交流电动机的正反转控制线路通常是采用改变接入电动机绕组的电源相序来实现的。从图 3-12 中可看出，该控制线路中采用了两个交流接触器（KM1、KM2）来换接电动机三相电源的相序；同时为保证两个接触器不能同时吸合（否则将造成电源短路的事故），在控制电路中采用了接触器互锁方式，即在接触器 KM1 线圈支路中串入 KM2 的常闭触点，在接触器 KM2 线圈支路中串入 KM1 的常闭触点。

十、按钮和接触器双重互锁的三相交流电动机正反转控制线路

图 3-13 为按钮和接触器双重互锁的三相交流电动机正反转控制线路。该控制线路主要由电源总开关 QS、熔断器 FU1 ～ FU5、停止按钮 SB1、正转启动按钮 SB3、反转启动按钮 SB2、交流接触器 KMF/KMR、热继电器 FR 以及三相交流电动机 M 等构成。

1 合上电源总开关 QS，为电路工作接通电源。

2 按下正转启动按钮 SB3。

    2₋₁ 常开触点 SB3-1 闭合。

    2₋₂ 常闭触点 SB3-2 断开，切断反转交流接触器 KMR 供电线路，实现互锁。

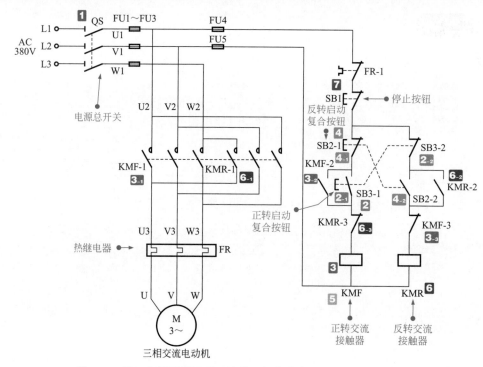

图 3-13　按钮和接触器双重互锁的三相交流电动机正反转控制线路

2₋₁ → 3 正转交流接触器 KMF 线圈得电。

3₋₁ KMF 的常开主触点 KMF-1 闭合，电动机接通正向相序为 L1、L2、L3，电动机正向启动运转。

3₋₂ KMF 的常开辅助触点 KMF-2 闭合自锁，即使松开 SB3 后，仍能保持供电线路接通。

3₋₃ KMF 的常闭辅助触点 KMF-3 断开，切断反转交流接触器 KMR 供电线路，与复合按钮互锁共同实现双重互锁。

4 当需要电动机反转启动工作时，按下反转启动按钮 SB2。

4₋₁ 常闭触点 SB2-1 断开。

4₋₂ 常开触点 SB2-2 接通。

4₋₁ → 5 正转交流接触器 KMF 线圈失电，触点全部复位，断开正向电源。

4₋₂ → 6 反转交流接触器 KMR 线圈得电。

6₋₁ KMR 的常开主触点 KMR-1 接通，此时电动机接入三相电源的相序为 L3、L2、L1，电动机反向运转。

6₋₂ KMR 的常开辅助触点 KMR-2 接通实现自锁功能。

6₋₃ KMR 的常闭辅助触点 KMR-3 断开，防止正转交流接触器 KMF 得电。

7 当电动机需要停机时，按下停止按钮 SB1，不论电动机处于正转运行状态还是反转运行状态，接触器线圈均失电，电动机停止运行。

提示

电动机的正反控制通常采用改变接入电动机绕组的电源相序来实现。从图中可看出，该控制线路采用了两个交流接触器（KMF、KMR）来换接电动机三相电源的相序；同时为保证两个接触器不能同时吸合（否则将造成电源短路的事故），在控制电路中采用了按钮和接触器联锁方式，即在接触器 KMF 线圈支路中串入 KMR 的常闭触点，在接触器 KMR 线圈支路中串入 KMF 常闭触点，并将正、反转启动按钮 SB2、SB3 的常闭触点分别与对方的常开触点串联。

 三相交流电动机正反转自动维持控制线路

图 3-14 是三相交流电动机正反转自动维持控制线路。该控制线路中交流三相电动机是动力驱动源，对正向行程和反向行程进行自动控制。其中 KM1 是正转控制的接触器，KM2 是反转控制的接触器，在运行区间两端分别设有限位开关 SQ1 和 SQ2，在行程范围外再设两个限位开关 SQ3 和 SQ4 作保护之用（在 SQ1 和 SQ2 失灵时进行保护）。

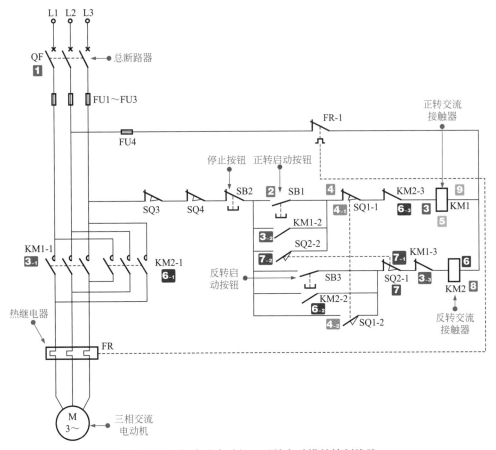

图 3-14 三相交流电动机正反转自动维持控制线路

1 闭合总断路器 QF，接入三相电源，为电路进入工作状态做好准备。

2 按下正转启动按钮 SB1，其常开触点闭合。

3 交流接触器 KM1 线圈得电。

      3₋₁ 常开主触点 KM1-1 闭合，三相电动机通电，进行正向旋转。

      3₋₂ 常开辅助触点 KM1-2 闭合，实现自锁功能。

      3₋₃ 常闭辅助触点 KM1-3 断开，防止交流接触器 KM2 线圈得电。

  3₋₁ → **4** 电动机带动工作台朝正向移动，当工作台移动到指定位置时，触动限位开关 SQ1 动作。

      4₋₁ 常闭触点 SQ1-1 断开。

      4₋₂ 常开触点 SQ1-2 闭合。

  4₋₁ → **5** 交流接触器 KM1 线圈失电，其所有触点复位，电动机正转停止。

  4₋₂ → **6** 交流接触器 KM2 线圈得电。

      6₋₁ 常开主触点 KM2-1 闭合，三相电动机通电，进行反向旋转。

      6₋₂ 常开辅助触点 KM2-2 闭合，实现自锁功能。

      6₋₃ 常闭辅助触点 KM2-3 断开，防止交流接触器 KM1 线圈得电。

  6₋₁ → **7** 工作台在电动机的驱动下向回运动，当工作台移动到初始位置时，触动限位开关 SQ2 动作。

      7₋₁ 常闭触点 SQ2-1 断开。

      7₋₂ 常开触点 SQ2-2 闭合。

  7₋₁ → **8** 交流接触器 KM2 线圈失电，其所有触点复位，电动机反转停止。

  7₋₂ → **9** 交流接触器 KM1 线圈又得电，电动机又进行正向旋转，以此来回运转，反复运动。

    KM2-3 和 KM1-3 是正、反转互锁触点，KM1 得电时将 KM2 的供电通路切断，KM2 得电时将 KM1 的供电通路切断，保证电路准确运行。限位开关 SQ3、SQ4 分别设置在行程开关 SQ1、SQ2 的外侧，以防 SQ1、SQ2 失灵时进行断路保护。

 两台三相交流电动机先后启动的联锁控制线路

    图 3-15 是另一种形式的两台三相交流电动机先后启动的联锁控制线路，它将三相交流电动机 M2 的启动按钮和停止按钮安装在电动机 M1 的启动按钮和停止按钮之后，并串接起来。

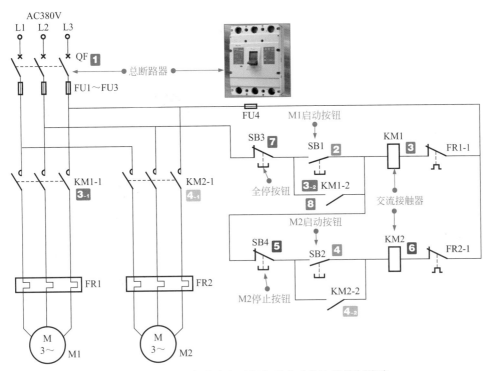

图 3-15 两台三相交流电动机先后启动的连锁控制线路

 图解

1 闭合总断路器 QF，接入三相电源，为电路进入工作状态做好准备。

2 按下 M1 启动按钮 SB1，其常开触点闭合。

3 交流接触器 KM1 线圈得电。

> **3₋₁** 常开主触点 KM1-1 闭合，电动机 M1 通电旋转。

> **3₋₂** 常开辅助触点 KM1-2 闭合，实现自锁功能。

4 按下 M2 启动按钮 SB2，其常开触点闭合。

> **4₋₁** 常开主触点 KM2-1 闭合，电动机 M2 通电旋转。

> **4₋₂** 常开辅助触点 KM2-2 闭合，实现自锁功能。

5 在 M1 和 M2 工作时，操作 M2 停止按钮 SB4，其常闭触点断开。

6 交流接触器 KM2 线圈失电，其所有触点复位，电动机 M2 停机。

7 在 M1 和 M2 工作时，若操作全停按钮 SB3，KM1、KM2 线圈同时失电，M1、M2 都停机。

8 如在停机状态误操作 SB2，由于 KM1-2 处在断路状态，M2 不会启动，确保 M2 必须在 M1 启动之后才能启动的顺序控制关系。

十三、按钮控制的三相交流电动机顺序启动、反顺序停机联锁控制线路

图 3-16 为按钮控制的三相交流电动机顺序启动、反顺序停机联锁控制线路。该控制线

路主要由电源总开关 QS、熔断器 FU1 ～ FU5、热继电器 FR1 和 FR2、三相交流电动机 M1 和 M2、启动按钮 SB2 和 SB3、停止按钮 SB1 和 SB4、交流接触器 KM1 和 KM2 构成。

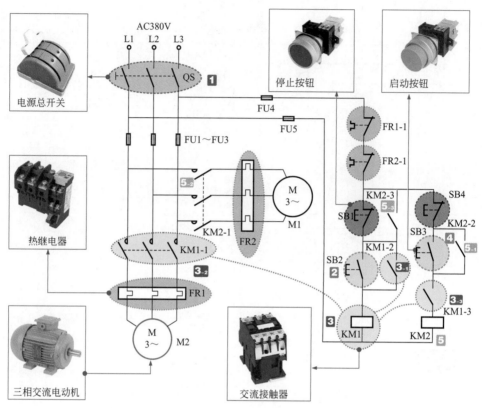

图 3-16　按钮控制的三相交流电动机顺序启动、反顺序停机联锁控制线路

图解

1 合上电源总开关 QS，接入三相电源，为电路进入工作状态做好准备。

2 按下启动按钮 SB2，其常开触点闭合。

2→3 交流接触器 KM1 线圈得电。

　　3₋₁ 常开辅助触点 KM1-2 闭合，实现自锁功能。

　　3₋₂ 常开主触点 KM1-1 闭合，电动机 M1 开始运转。

　　3₋₃ 常开辅助触点 KM1-3 闭合，为电动机 M2 启动做好准备，也用于防止接触器 KM2 线圈先得电而使电动机 M2 先运转，起到顺序启动的作用。

　　4 当需要电动机 M2 启动时，按下启动按钮 SB3。

　　5 交流接触器 KM2 线圈得电。

　　5₋₁ 常开辅助触点 KM2-2 闭合，实现自锁功能。

　　5₋₂ 常开主触点 KM2-1 闭合，电动机 M2 开始运转。

　　5₋₃ 常开辅助触点 KM2-3 闭合，锁定停止按钮 SB1，防止当启动电动机 M2 时，按动电动机 M1 的停止按钮 SB1 而关断电动机 M1，确保反顺序停机功能。

十四、时间继电器控制的三相交流电动机顺序启动控制线路

在电动机顺序控制线路中，除可借助控制按钮实现顺序启停控制外，还可借助时间继电器实现自动联锁控制。由时间继电器控制的电动机顺序启动控制线路是指按下启动按钮后第一台电动机启动，然后由时间继电器控制第二台电动机自动启动的电路。停机时，按下停止按钮而断开第二台电动机，然后由时间继电器控制第一台电动机自动停机。两台电动机的启动时间间隔和停止时间间隔由时间继电器预设，如图 3-17 所示。

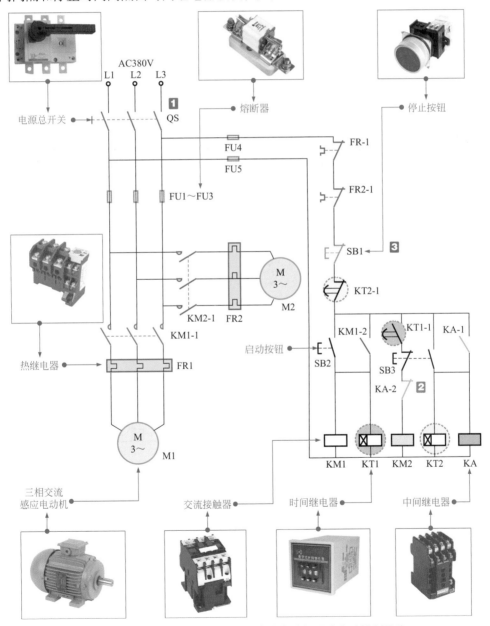

图 3-17 时间继电器控制的三相交流电动机顺序启动控制线路

1 合上电源总开关 QS，按下启动按钮 SB2，交流接触器 KM1 线圈得电，常开辅助触点 KM1-2 闭合，实现自锁功能；常开主触点 KM1-1 接通，电动机 M1 启动运转；同时，时间继电器 KT1 线圈得电，延时常开触点 KT1-1 延时闭合，接触器 KM2 线圈得电，常开主触点 KM2-1 闭合，电动机 M2 启动运转。

2 当需要电动机停机时，按下停止按钮 SB3，SB3 的常闭触点断开，KM2 线圈失电，常开主触点 KM2-1 断开，电动机 M2 停止运转；SB3 的常开触点闭合，时间继电器 KT2 线圈得电，延时常闭触点 KT2-1 断开，接触器线圈 KM1 线圈失电，常开主触点 KM1-1 断开，电动机 M1 停止运转。按下 SB3 的同时，中间继电器 KA 线圈得电，常开触点 KA-1 接通，锁定 KA 继电器，即使停止按钮复位，电动机仍处于停机状态，常闭触点 KA-2 断开，保证 KM2 线圈不会得电。

3 当电路出现故障，需要立即停止电动机时，按下紧急停止按钮 SB1，两台电动机立即停机。

十五、具有制动机构的三相交流电动机控制线路

图 3-18 为具有制动机构的三相交流电动机控制线路。该控制线路主要由电动机供电

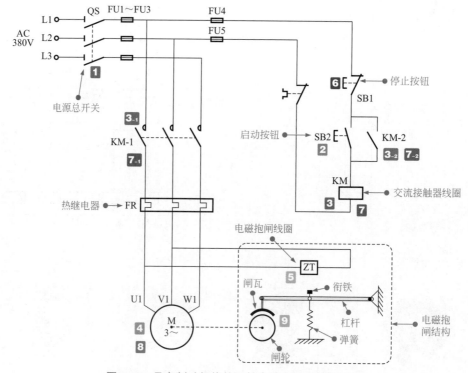

图 3-18　具有制动机构的三相交流电动机控制线路

电路、保护电路、控制电路、制动机构和三相交流感应电动机构成。其中供电电路包括电源总开关 QS；保护电路包括熔断器 FU1 ～ FU5、热继电器 FR；控制电路包括交流接触器 KM1、停止按钮 SB1、启动按钮 SB2；制动机构包括电磁抱闸 ZT。

1 合上电源总开关 QS，接通三相电源，为电路进入工作状态做好准备。

2 按下启动按钮 SB2。

3 交流接触器 KM 线圈得电。

　　3₋₁ 常开主触点 KM-1 闭合。

　　3₋₂ 常开辅助触点 KM-2 闭合，实现自锁功能。

3₋₁ → **4** 三相交流电动机接通交流 380 V 电源后启动运转。

3₋₁ → **5** 电磁抱闸线圈 ZT 得电吸引衔铁，从而带动杠杆抬起，使闸瓦与闸轮分开，电动机正常运行。

6 当电动机需要停机时，按下停止按钮 SB1。

7 接触器 KM 线圈失电。

　　7₋₁ 常开主触点 KM-1 复位断开。

　　7₋₂ 常开辅助触点 KM-2 复位断开，解除自锁功能。

7₋₁ → **8** 三相交流电动机断电。

7₋₁ → **9** 同时电磁抱闸线圈 ZT 失电，杠杆在弹簧恢复力作用下复位，使得闸瓦与闸轮紧紧抱住。于是闸轮迅速停止转动，使电动机迅速停止转动。

经过电路分析，电磁抱闸的闸轮与电动机装在同一根转轴上，当闸轮停止转动时，电动机也同时迅速停转。该控制线路适用于需要电动机立即停机的机床设备中，以提高加工精度。

十六、三相交流电动机反接制动控制线路

三相交流电动机反接制动控制线路是指通过反接电动机的供电相序改变电动机的旋转方向，降低电动机转速，最终达到停机目的的电路。电动机在反接制动时，电路会改变电动机定子绕组的电源相序，使之有反转趋势而产生较大制动转矩，从而使电动机的转速降低，最后通过速度继电器自动切断制动电源，确保电动机不会反转。

图 3-19 为一种简单的三相交流电动机反接制动控制线路。在该控制线路中，三相交流电动机绕组相序改变由控制按钮控制，在电路需要制动时由手动操作实现。

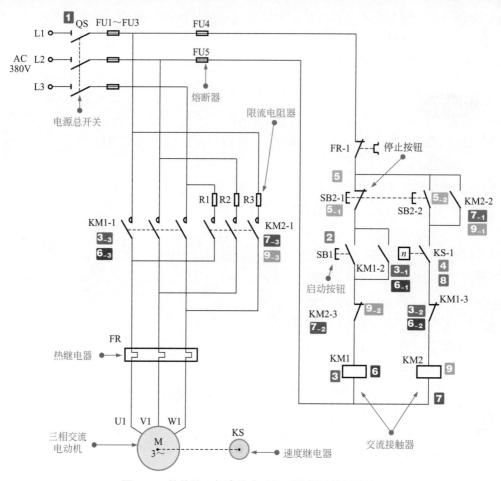

图 3-19　简单的三相交流电动机反接制动控制线路

图解

1 合上电源总开关 QS，接通三相交流电源，为电路进入工作状态做好准备。

2 按下启动按钮 SB1，其常开触点闭合。

2→**3** 交流接触器 KM1 线圈得电。

　　　　3₋₁ 常开辅助触点 KM1-2 接通，实现自锁功能。

　　　　3₋₂ 常闭辅助触点 KM1-3 断开，防止接触器 KM2 线圈得电，实现联锁功能。

　　　　3₋₃ 常开主触点 KM1-1 接通，电动机接通交流 380V 电源，开始运转。

3₋₃→**4** 速度继电器 KS 与电动机连轴同速度运转，常开触点 KS-1 接通。

5 当电动机需要停机时，按下停止按钮 SB2。

　　　　5₋₁ SB2 内部的常闭触点 SB2-1 断开。

　　　　5₋₂ SB2 内部的常开触点 SB2-2 闭合。

5₋₁→**6** 接触器 KM1 线圈失电。

　　　　6₋₁ 常开辅助触点 KM1-2 断开，解除自锁功能。

　　　　6₋₂ 常闭辅助触点 KM1-3 闭合，解除联锁功能。

6₋₃ 常开主触点 KM1-1 断开，电动机断电但惯性运转。

5₋₂ → 7 交流接触器 KM2 线圈得电。

    7₋₁ 常开辅助触点 KM2-2 闭合，实现自锁功能。

    7₋₂ 常闭辅助触点 KM2-3 断开，防止接触器 KM1 线圈得电，实现联锁功能。

    7₋₃ 常开主触点 KM2-1 闭合，电动机串联限流电阻器 R1 ～ R3 反接制动。

8 按下停止按钮 SB2 后，制动作用使电动机和速度继电器转速减小到零，速度继电器 KS 常开触点 KS-1 断开，切断电源。

8 → 9 接触器 KM2 线圈失电。

    9₋₁ 常开辅助触点 KM2-2 断开，解除自锁功能。

    9₋₂ 常闭辅助触点 KM2-3 复位闭合，解除联锁功能。

    9₋₃ 常开主触点 KM2-1 断开，电动机切断电源，制动结束，电动机停止运转。

当电动机在反接制动转矩的作用下转速急速下降到零后，若反接电源不及时断开，电动机将从零开始反向运转。电路的目标是制动，因此电路必须具备及时切断反接电源的功能。

这种制动方式具有电路简单、成本低、调整方便等优点，缺点是制动能耗较大、冲击较大。对 4kW 以下的电动机制动可不用反接制动电阻。

速度继电器又称反接制动继电器，主要与接触器配合使用，用来实现电动机的反接制动。速度继电器主要由转子、定子、支架、胶木摆杆、簧片等组成。

图 3-20 为典型速度继电器的实物外形、电路符号和内部结构。

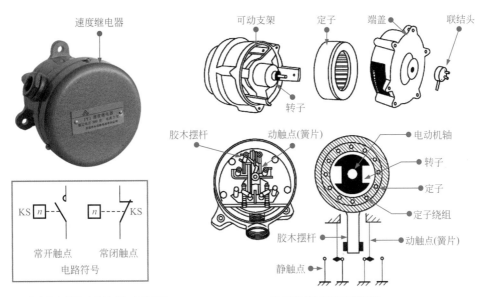

(a) 速度继电器的实物外形与电路符号　　(b) 速度继电器的内部结构

图 3-20 典型速度继电器的实物外形、电路符号和内部结构

三相交流电动机绕组短路式制动控制线路

图 3-21 是一种三相交流电动机绕组短路式制动控制线路。为了在电动机制动时，吸收由于惯性产生的再生电能，利用两个常闭触点将三相交流电动机的三个绕组端进行短路控制，使在断电时电动机定子绕组所产生的电流通过触点短路，迫使电动机转子停转。

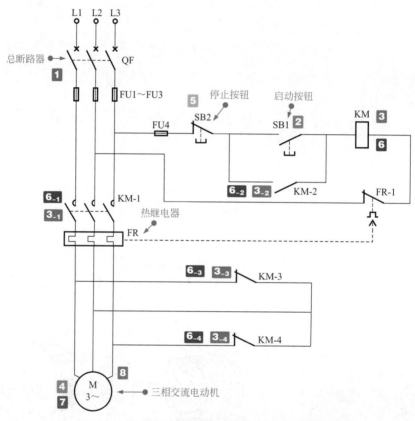

图 3-21　三相交流电动机绕组短路式制动控制线路

图解

1 闭合总断路器 QF，接通三相电源，为电路进入工作状态做好准备。

2 按下启动按钮 SB1，其常开触点闭合。

3 交流接触器 KM 线圈得电。

　　3₋₁ 常开主触点 KM-1 闭合，接通电动机三相交流电源。

　　3₋₂ 常开辅助触点 KM-2 闭合，实现自锁功能。

　　3₋₃ 常闭辅助触点 KM-3 断开。

　　3₋₄ 常闭辅助触点 KM-4 断开。

3-1 + **3-2** → **4** 三相交流电动机连续运转。

5 当需要电动机停转时，按下停止按钮 SB2，其常闭触点断开。

6 交流接触器 KM 线圈失电。

6-1 常开主触点 KM-1 复位断开，切断电动机三相交流电源。

6-2 常开辅助触点 KM-2 复位断开，解除自锁功能。

6-3 常闭辅助触点 KM-3 复位闭合。

6-4 常闭辅助触点 KM-4 复位闭合。

6-1 + **6-2** → **7** 电动机停转。

6-3 + **6-4** → **8** 将电动机三相绕组短路，吸收绕组产生的电流。这种制动方式适用于较小功率的电动机且对制动要求不高的情况。

十八、三相交流电动机的半波整流制动控制线路

图 3-22 是一种三相交流电动机的半波整流制动控制线路，它采用了交流接触器与时间继电器组合的制动控制电路。启动时与一般电动机的启动方式相同。

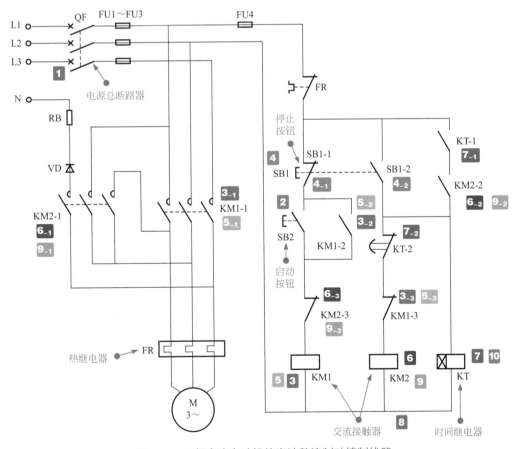

图 3-22 三相交流电动机的半波整流制动控制线路

1 闭合电源总断路器 QF，接通三相电源，为电路进入工作状态做好准备。

2 按下启动按钮 SB2，其常开触点闭合。

3 交流接触器 KM1 线圈得电。

> **3₋₁** 常开主触点 KM1-1 闭合，电动机启动运转。
>
> **3₋₂** 常开辅助触点 KM1-2 闭合，实现自锁功能。
>
> **3₋₃** 常闭辅助触点 KM1-3 断开，防止 KM2 线圈得电，实现互锁。

4 当需要电动机停机时，按下停止按钮 SB1，其触点动作。

> **4₋₁** 常闭触点 SB1-1 断开。
>
> **4₋₂** 常开触点 SB1-2 闭合。

4₋₁ → **5** 交流接触器 KM1 线圈失电。

> **5₋₁** 常开主触点 KM1-1 复位断开，电动机断电。
>
> **5₋₂** 常开辅助触点 KM1-2 复位断开，解除自锁功能。
>
> **5₋₃** 常闭辅助触点 KM1-3 复位闭合。

4₋₂ + **5₋₃** → **6** 交流接触器 KM2 线圈得电。

> **6₋₁** 常开主触点 KM2-1 闭合，使电动机的两相绕组短接，第三相绕组接半波整流电路到中性端 N，形成直流能耗制动形式，进行电气制动。
>
> **6₋₂** 常开辅助触点 KM2-2 闭合，实现自锁功能。
>
> **6₋₃** 常闭辅助触点 KM2-3 断开，防止 KM1 线圈得电。

4₋₂ → **7** 时间继电器 KT 线圈得电。

> **7₋₁** 常开触点 KT-1 立即闭合。
>
> **7₋₂** 延时断开的常闭触点 KT-2 延时一段时间后断开。

6₋₂ + **7₋₁** → **8** 交流接触器 KM2 线圈保持得电状态。

7₋₂ → **9** 交流接触器 KM2 线圈实现延迟失电。

> **9₋₁** 常开主触点 KM2-1 复位断开，制动电路复位。
>
> **9₋₂** 常开辅助触点 KM2-2 复位断开，解除自锁功能。
>
> **9₋₃** 常闭辅助触点 KM2-3 复位闭合。

9₋₂ → **10** 时间继电器 KT 线圈失电，所有触点复位。

十九、按钮控制的三相交流电动机串电阻器降压启动控制线路

　　三相交流电动机的减压启动是指在电动机启动时，加在定子绕组上的电压小于额定电压；当电动机启动后，再将加在定子绕组上的电压升至额定电压，防止启动电流过大，损坏供电系统中的相关设备。该启动方式适用于功率在 10kW 以上的电动机或由于其他原因不允许直接启动的电动机上。

　　图 3-23 为按钮控制的三相交流电动机串电阻器降压启动控制线路。

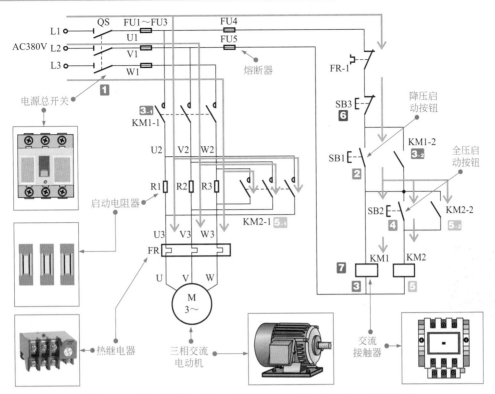

图 3-23　按钮控制的三相交流电动机串电阻器降压启动控制线路

图解

1 合上电源总开关 QS，接通电路电源，为电路进入工作状态做好准备。

2 按下降压启动按钮 SB1，其常开触点闭合。

3 交流接触器 KM1 线圈得电。

　　3-1 常开主触点 KM1-1 闭合，电源经串联电阻器 R1 ～ R3 为电动机供电，电动机降压启动开始。

　　3-2 常开辅助触点 KM1-2 闭合，实现自锁功能。

4 当电动机转速接近额定转速时，按下全压启动按钮 SB2。

5 交流接触器 KM2 线圈得电。

　　5-1 常开主触点 KM2-1 闭合，短接电阻器 R1 ～ R3，电动机在全压状态下开始运行。

　　5-2 常开辅助触点 KM2-2 闭合，实现自锁功能。

6 当需要电动机停止工作时，按下停止按钮 SB3。

7 KM1、KM2 线圈同时失电，触点 KM1-1、KM2-1 断开，电动机停止运转。

提示

　　全压启动按钮 SB2 和降压启动按钮 SB1 具有顺序控制的能力。电路中 KM1 的常开触点串联在 SB2、KM2 线圈支路中起顺序控制的作用，也就是说只有 KM1 线圈先接通后，KM2 线圈才能接通，即电路先进入降压启动状态后，才能进入全压运行状态，达到降压启动、全压运行的控制目的。

二十、时间继电器控制的三相交流电动机串电阻器降压启动控制线路

图 3-24 为时间继电器控制的三相交流电动机串电阻器降压启动控制线路。该控制线路主要由电源总开关 QS、启动按钮 SB1、停止按钮 SB2、交流接触器 KM1/KM2、时间继电器 KT、熔断器 FU1 ～ FU5、电阻器 R1 ～ R3、热继电器 FR、三相交流电动机 M 等构成。

时间继电器控制的三相交流电动机串电阻降压启动控制线路

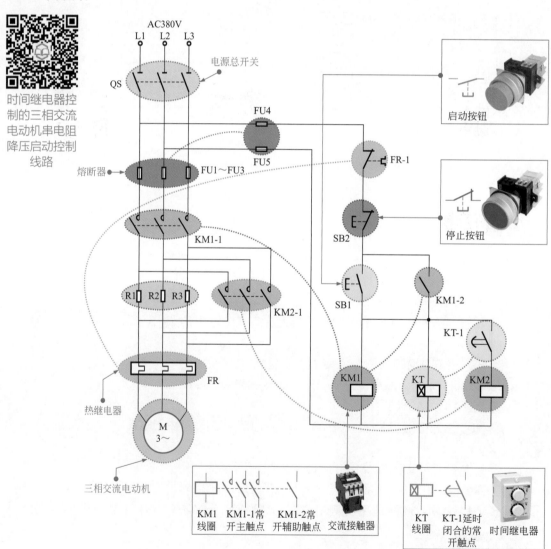

图 3-24　时间继电器控制的三相交流电动机串电阻器降压启动控制线路

图 3-25 为时间继电器控制的三相交流电动机串电阻器降压启动控制线路的接线。

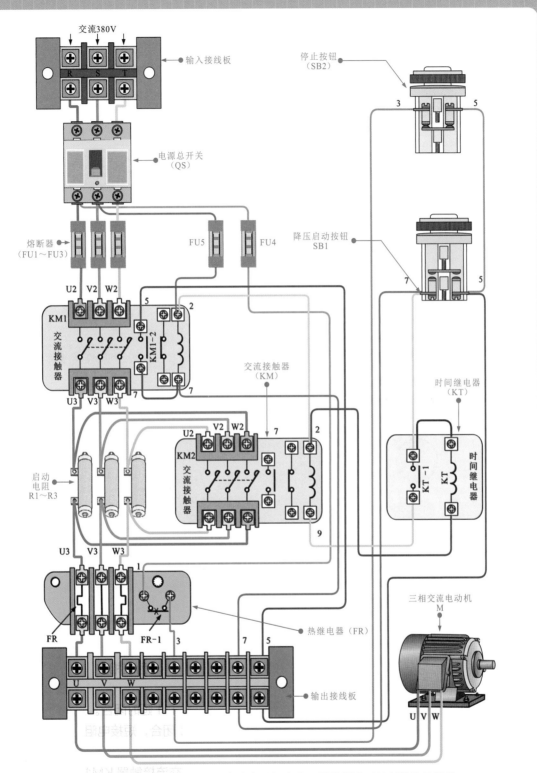

图 3-25　时间继电器控制的三相交流电动机串电阻器降压启动控制线路的接线

图 3-26 为时间继电器控制的三相交流电动机串电阻器降压启动控制线路的工作过程分析。

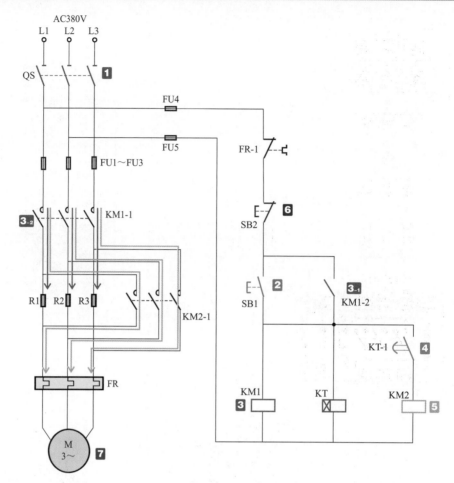

图 3-26　时间继电器控制的三相交流电动机串电阻器降压启动控制线路的工作过程分析

图解

1 合上电源总开关 QS，接通三相电源，为电路进入工作状态做好准备。

2 按下启动按钮 SB1，其常开触点闭合。

3 交流接触器 KM1 线圈得电，时间继电器 KT 线圈得电。

　　3₋₁ 常开辅助触点 KM1-2 闭合，实现自锁功能。

　　3₋₂ 常开主触点 KM1-1 闭合，电源经电阻器 R1 ～ R3 为三相交流电动机 M 供电，三相交流电动机降压启动。

　　4 当时间继电器 KT 达到预定的延时时间后，常开触点 KT-1 延时闭合。

　　4 →**5** 交流接触器 KM2 线圈得电，常开主触点 KM2-1 闭合，短接电阻器 R1 ～ R3，三相交流电动机在全压状态下运行。

　　6 当需要三相交流电动机停机时，按下停止按钮 SB2，交流接触器 KM1、KM2 和时间继电器 KT 线圈均失电，触点全部复位。

　　6 →**7** KM1、KM2 的常开主触点 KM1-1、KM2-1 复位断开，切断三相交流电动机供电电源，三相交流电动机停止运转。

时间继电器是一种延时或周期性定时接通、切断某些控制电路的继电器，它主要由瞬间触点、延时触点、弹簧片、铁芯、衔铁等部分组成。当线圈得电后，衔铁利用反力弹簧的阻力与铁芯吸合。推杆在推板的作用下压缩宝塔弹簧，使瞬间触点和延时触点动作。

图 3-27 为典型时间继电器的实物外形和内部结构。

(a) 典型时间继电器的实物外形

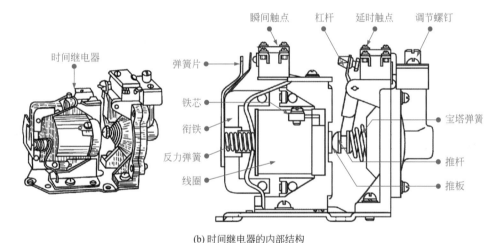

(b) 时间继电器的内部结构

图 3-27　典型时间继电器的实物外形和内部结构

在电动机控制电路中，由于电路的具体控制功能不同，所选用时间继电器的类型也不同，主要体现在其线圈和触点的延时状态方面。例如，有些时间继电器的常开触点闭合时延时，但断开时立即动作；有些时间继电器的常开触点闭合时立即动作，但断开时延时动作。

 三相交流电动机 Y-△ 降压启动控制线路

图 3-28 为三相交流电动机 Y-△降压启动控制线路。该控制线路主要由供电电路、保护电路、控制电路和三相交流感应电动机构成。其中供电电路包括电源总开关 QS；保护电路包括熔断器 FU1 ～ FU5、热继电器 FR；控制电路包括交流接触器 KM1/KM△/KMY、停止按钮 SB3、启动按钮 SB1、全压启动按钮 SB2。

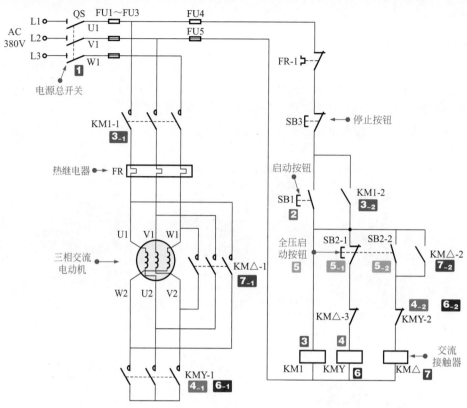

图 3-28 三相交流电动机 丫—△降压启动控制线路

图解

1 合上电源总开关 QS，接通三相电源，为电路进入工作状态做好准备。

2 按下启动按钮 SB1，其常开触点闭合。

2 → **3** 交流接触器 KM1 线圈得电。

　　3₋₁ 常开主触点 KM1-1 闭合，为降压启动做好准备。

　　3₋₂ 常开辅助触点 KM1-2 闭合，实现自锁功能。

2 → **4** 交流接触器 KMY 线圈得电。

　　4₋₁ 常开主触点 KMY-1 闭合。

　　4₋₂ 常闭辅助触点 KMY-2 断开，保证 KM△线圈不会得电，此时电动机以 Y 方式接通电路，电动机降压启动运转。

5 当电动机转速接近额定转速时，按下全压启动按钮 SB2。

　　5₋₁ 常闭触点 SB2-1 断开。

　　5₋₂ 常开触点 SB2-2 闭合。

5₋₁ → **6** 接触器 KMY 线圈失电。

　　6₋₁ 常开主触点 KMY-1 复位断开。

　　6₋₂ 常闭辅助触点 KMY-2 复位闭合。

5₋₂ + **6₋₂** → **7** 接触器 KM△线圈得电。

7₋₁ 常开主触点 KM△-1 闭合，此时电动机以△方式接通电路，电动机在全压状态下开始运转。

7₋₂ 常闭辅助触点 KM△-3 断开，保证 KMY 线圈不会得电。

 知识链接

当三相交流电动机绕组采用 Y 连接时，三相交流电动机每相绕组承受的电压均为 220V；当三相交流电动机绕组采用△连接时，三相交流电动机每相绕组承受的电压均为380V，如图3-29所示。

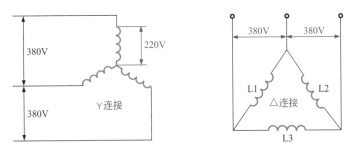

图 3-29　三相交流电动机绕组的连接形式

二十二、三相交流电动机的过电流保护线路

图 3-30 是三相交流电动机的过电流保护线路。该线路采用电流互感器、过电流保护继电器和时间继电器相组合，实现电动机的过电流保护。

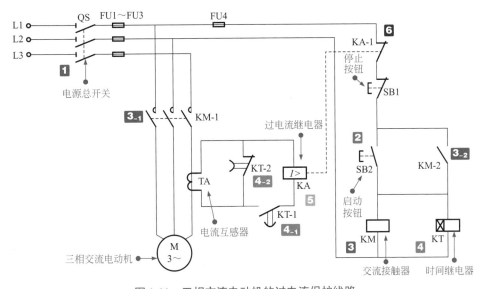

图 3-30　三相交流电动机的过电流保护线路

 图解

1 闭合电源总开关 QS，接入三相电源，为电路进入工作状态做好准备。

2 按下启动按钮 SB2，其常开触点闭合。

2→**3** 交流接触器 KM 线圈得电。

  3₋₁ 常开主触点 KM-1 闭合，三相电动机通电旋转。

  3₋₂ 常开辅助触点 KM-2 闭合，实现自锁功能。

2→**4** 时间继电器 KT 线圈得电。

  4₋₁ 延时闭合的常开触点 KT-1 延迟一段时间后闭合。

  4₋₂ 延时闭合的常闭触点 KT-2 立即断开（复位时，延迟一段时间复位）。

5 启动时，电动机的启动电流较大，但由于时间继电器的延迟闭合触点 KT-1 是断开的，因而电流互感器 TA 的输出作用不到过电流继电器 KA，KA 不动作。

4₋₁ + **4₋₂** → **6** 当启动延迟一段时间后，电流互感器 TA 的输出接到过电流继电器 KA 的线圈端。即在正常运行状态检测电动机的 L3 相电流，若电流值处于安全状态范围，KA 不动作。如果由于电动机绕组异常，使 L3 电流增加而超过安全值，则过电流继电器 KA 的触点 KA-1 断开，使接触器 KM 线圈失电，常开主触点 KM-1 断开，电路进入保护状态。

二十三、△接线三相交流电动机零序电压断相保护控制线路

图 3-31 是△接线三相交流电动机零序电压断相保护控制线路。△接线的三相交流电动

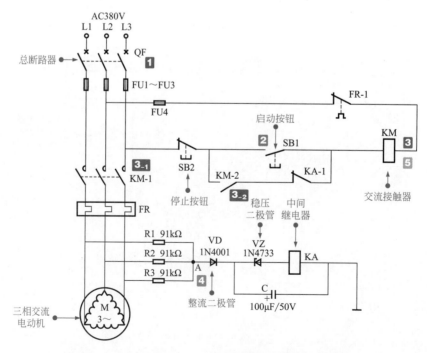

图 3-31 △接线三相交流电动机零序电压断相保护控制线路

机断相的检测和保护是指由三相电源通过三个电阻器 R1 ～ R3 短接到一点 A（该点就形成了人为的中性点），在三相供电平衡的情况下 A 点的电压为零，在缺相或断相的情况下 A 点的电压就不为零，A 点的电压经过 VD 整流和 C 滤波后形成直流电压，该电压如果达到一定的幅度会使稳压二极管 VZ 击穿，并使中间继电器 KA 得电动作，以实施保护。

图解

1 闭合总断路器 QF，接入三相电源，为电路进入工作状态做好准备。

2 按下启动按钮 SB1，其常开触点闭合。

3 交流接触器 KM 线圈得电。

　　3₋₁ 常开主触点 KM-1 闭合，接通电动机电源，电动机进入工作状态。

　　3₋₂ 常开辅助触点 KM-2 闭合，实现自锁功能。

4 当有缺相情况发生时，A 点电压突然上升使 KA 线圈得电，其常闭触点 KA-1 断开。

4 → 5 交流接触器 KM 线圈失电，其所有触点复位，切断电动机电源，实现缺相保护。

二十四、采用欠电流继电器的三相交流电动机缺相保护控制线路

图 3-32 是采用欠电流继电器的三相交流电动机缺相保护控制线路。该控制线路在电动机的供电电路中分别使用了三个欠电流继电器 KA1 ～ KA3，用以检测三相供电电源中是否有缺相或断相的故障。

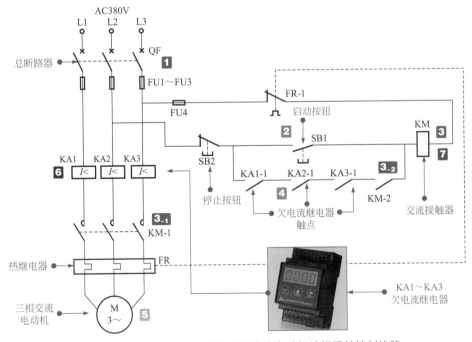

图 3-32　采用欠电流继电器的三相交流电动机缺相保护控制线路

1 闭合总断路器 QF，接入三相电源，为电路进入工作状态做好准备。

2 按下启动按钮 SB1，其常开触点闭合。

3 交流接触器 KM 线圈得电。

    3₋₁ 常开主触点 KM-1 闭合，接通电动机电源。

    3₋₂ 常开辅助触点 KM-2 闭合。

4 如果三相供电正常，则三个欠电流继电器 KA1、KA2、KA3 线圈得电，其常开触点 KA1-1、KA2-1、KA3-1 闭合。

3₋₂ + 4 → 5 松开启动按钮 SB1 后，仍维持 KM 供电，电动机则进入正常工作状态。

6 如果出现缺相或断相的故障，则相应的欠电流继电器线圈失电，其对应的触点复位断开。

6 → 7 交流接触器 KM 线圈失电，其所有触点复位，切断电动机电源，从而实现缺相保护。

二十五、三相交流电动机定时启停控制线路

    三相交流电动机定时启停控制线路是通过时间继电器实现的。当按下电路中的启动按钮后，电动机会根据设定时间自动启动运转，运转一段时间后又会自动停机。按下启动按钮后，进入启动状态的时间（定时启动时间）和运转工作的时间（定时停机时间）都是由时间继电器控制的，具体的定时启动时间和定时停机时间可通过时间继电器进行延时设定。

    图 3-33 为三相交流电动机定时启停控制线路的结构组成，图 3-34 为三相交流电动机定时启停控制电路的工作过程分析。

图解

1 合上总断路器 QF，接通三相电源，电源经中间继电器 KA 的常闭触点 KA-2 为停机指示灯 HL2 供电，HL2 点亮。

2 按下启动按钮 SB，其常开触点闭合。

2 → 3 中间继电器 KA 线圈得电。

    3₋₁ 常开触点 KA-1 闭合，实现自锁功能。

    3₋₂ 常闭触点 KA-2 断开，切断停机指示灯 HL2 的供电，HL2 熄灭。

    3₋₃ 常开触点 KA-3 闭合，等待指示灯 HL3 点亮，电动机处于待启动状态。

2 → 4 时间继电器 KT1 线圈得电，进入等待计时状态（预先设定的等待时间）。

5 当时间继电器 KT1 到达预先设定的等待时间时，其常开触点 KT1-1 闭合。

5 → 6 交流接触器 KM 线圈得电。

    6₋₁ 常闭辅助触点 KM-2 断开，切断等待指示灯 HL3 的供电，HL3 熄灭。

    6₋₂ 常开主触点 KM-1 闭合，三相交流电动机接通三相电源启动运转。

    6₋₃ 常开辅助触点 KM-3 闭合，运行指示灯 HL1 点亮，电动机处于运转状态。

5 → 7 时间继电器 KT2 线圈得电，进入运转计时状态（预先设定的运转时间）。

8 当时间继电器 KT2 到达预先设定的运转时间时，其常闭触点 KT2-1 断开。

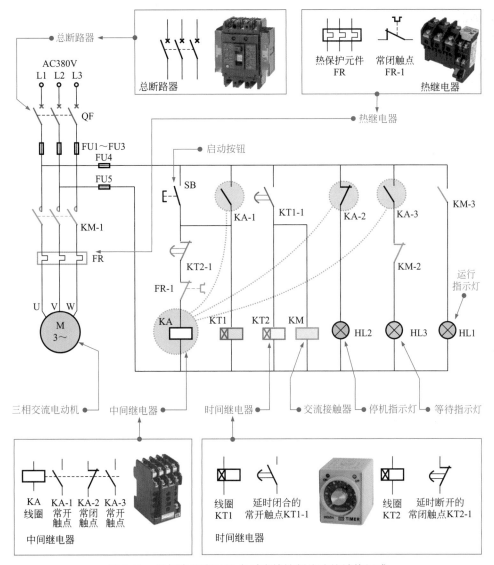

图 3-33　三相交流电动机定时启停控制线路的结构组成

8 → **9** 中间继电器 KA 线圈失电。

9₋₁ 常开触点 KA-1 复位断开，解除自锁功能。

9₋₂ 常闭触点 KA-2 复位闭合，停机指示灯 HL2 点亮，指示电动机处于停机状态。

9₋₃ 常开触点 KA-3 复位断开，切断等待指示灯 HL3 的供电电源，HL3 熄灭。

9₋₁ → **10** KT1 线圈失电，常开触点 KT1-1 复位断开。

10 → **11** 交流接触器 KM 线圈失电。

11₋₁ 常闭辅助触点 KM-2 复位闭合，为等待运转指示灯 HL3 得电做好准备。

11₋₂ 常开辅助触点 KM-3 复位断开，运行指示灯 HL1 熄灭。

11₋₃ 常开主触点 KM-1 复位断开，切断三相交流电动机的供电电源，三相交流电动机停止运转。

10 → **12** 时间继电器 KT2 线圈失电，其常闭触点 KT2-1 复位闭合，为三相交流电动机的下一次定时启动、定时停机做好准备。

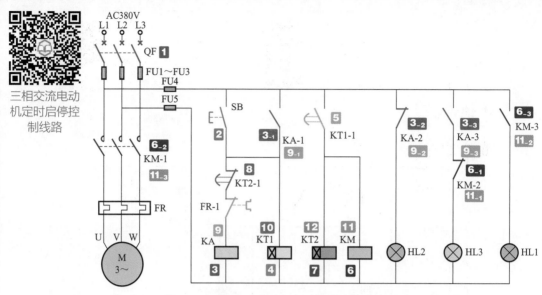

图 3-34　三相交流电动机定时启停控制电路的工作过程分析

二十六、两台三相交流电动机交替工作控制线路

图 3-35 为两台三相交流电动机交替工作控制线路。在该控制线路中，利用时间继电器延时动作的特点，间歇控制两台电动机的工作，达到电动机交替工作的目的。

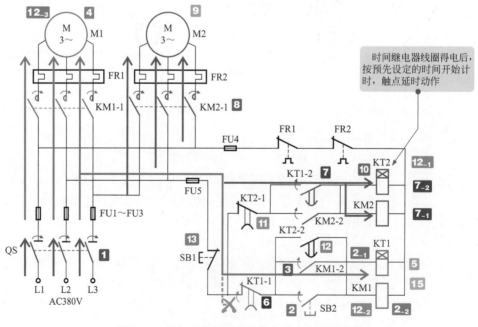

图 3-35　两台三相交流电动机交替工作控制线路

图解

1 合上总电源开关 QS，接通三相电源，为电路进入工作状态做好准备。

2 按下启动按钮 SB2，其常开触点闭合。

　　2-1 时间继电器 KT1 线圈得电，开始计时。

　　2-2 交流接触器 KM1 线圈得电。

3 KM1 常开辅助触点 KM1-2 闭合，实现自锁功能。KM1 常开主触点 KM1-1 闭合，接通电动机 M1 三相电源。

4 电动机 M1 通电开始启动运转。

5 时间继电器 KT1 达到设定时间后，其触点动作。

5 → **6** 延时常闭触点 KT1-1 断开，交流接触器 KM1 线圈失电，其触点复位，电动机 M1 停止运转。

5 → **7** 延时常开触点 KT1-2 闭合。

　　7-1 交流接触器 KM2 线圈得电。

　　7-2 时间继电器 KT2 线圈得电，开始计时。

7-1 → **8** KM2 常开辅助触点 KM2-2 闭合，实现自锁功能。KM2 常开主触点 KM2-1 闭合，接通电动机 M2 三相电源。

8 → **9** 电动机 M2 通电开始启动运转。

10 时间继电器 KT2 达到设定时间后，其触点动作。

11 延时常闭触点 KT2-1 断开，接触器 KM2 线圈失电，其触点复位，电动机 M2 停止。

12 一段时间后，延时常开触点 KT2-2 闭合。

　　12-1 时间继电器 KT2 线圈得电，开始计时。

　　12-2 交流接触器 KM1 线圈再次得电，其触点全部动作。

　　12-3 电动机 M1 再次接通交流 380V 电源启动运转。

13 需要电动机停机时，按下停止按钮 SB1，接触器线圈失电，其相应触点复位，切断电动机供电，无论电动机 M1 还是 M2 都会停机。

二十七、双速电动机的变换控制线路

图 3-36 是双速电动机的变换控制线路。该控制线路采用三个交流接触器，对电动机的接线进行切换控制，从而达到变速的目的。低速启动和高速启动按钮 SB1、SB2 都具有两组触点，一组为常开触点，另一组为常闭触点，用于高低速互锁。

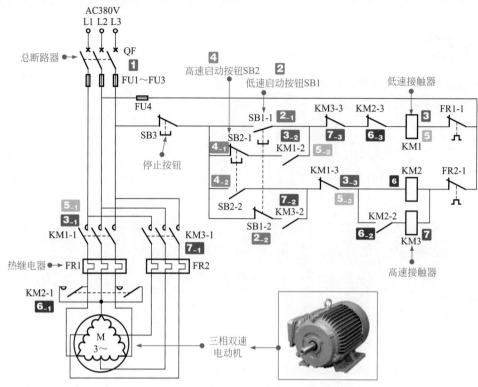

图 3-36 双速电动机的变换控制线路

图解

1 闭合总断路器 QF，接入三相电源，为电路进入工作状态做好准备。

2 按下低速启动按钮 SB1，其触点动作。

　　2₋₁ 常开触点 SB1-1 闭合。

　　2₋₂ 常闭触点 SB1-2 断开。

2₋₁ → **3** 交流接触器 KM1 线圈得电。

　　3₋₁ 常开主触点 KM1-1 闭合，三相交流电动机绕组接成△低速运转。

　　3₋₂ 常开辅助触点 KM1-2 闭合，实现自锁功能。

　　3₋₃ 常闭辅助触点 KM1-3 断开，防止交流接触器 KM2、KM3 线圈得电。

4 当操作高速启动按钮 SB2 时，其触点动作。

　　4₋₁ 常闭触点 SB2-1 断开。

　　4₋₂ 常开触点 SB2-2 闭合。

4₋₁ → **5** 交流接触器 KM1 线圈失电。

　　5₋₁ 常开主触点 KM1-1 复位断开，电动机停转。

　　5₋₂ 常开辅助触点 KM1-2 复位断开，解除自锁功能。

　　5₋₃ 常闭辅助触点 KM1-3 复位闭合。

4₋₂ + **5₋₃** → **6** 交流接触器 KM2 线圈得电。

　　6₋₁ 常开主触点 KM2-1 闭合，将电动机的△三端子短路。

　　6₋₂ 常开辅助触点 KM2-2 闭合。

6₋₃ 常闭辅助触点 KM2-3 断开，防止交流接触器 KM1 线圈得电。

6₋₂ → **7** 交流接触器 KM3 线圈得电。

7₋₁ 常开主触点 KM3-1 闭合，电动机以 Y 连接而高速运转。

7₋₂ 常开辅助触点 KM3-2 闭合，实现自锁功能。

7₋₃ 常闭辅助触点 KM3-3 断开，防止交流接触器 KM1 线圈得电。

二十八、按钮控制的三相交流电动机调速控制线路

图 3-37 为按钮控制的三相交流电动机调速控制线路。该控制线路主要由供电电路、保护电路、控制电路和三相交流感应电动机（双速电动机）等构成。其中供电电路包括电源总开关 QS；保护电路包括熔断器 FU1～FU5、热继电器 FR1 和 FR2；控制电路包括停止按钮 SB3、高速运转按钮 SB2、低速运转按钮 SB1、交流接触器 KM1～KM3。高速运转按钮和低速运转按钮采用的为复合开关，内部设有一对常开触点和一对常闭触点，可起到联锁保护作用。

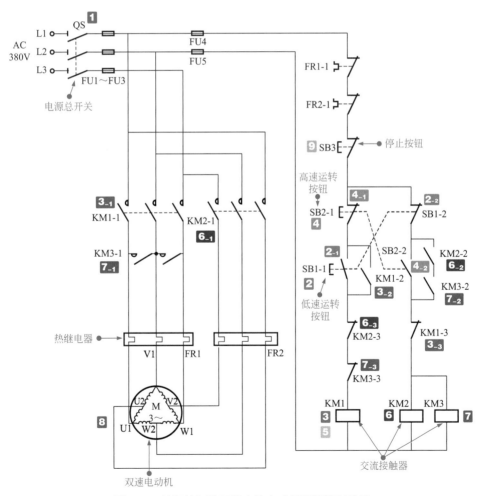

图 3-37 按钮控制的三相交流电动机调速控制线路

 **图解**

1 合上电源总开关 QS，接通三相电源，为电路进入工作状态做好准备。

2 按下低速运行按钮 SB1。

　　2-1 常开触点 SB1-1 闭合。

　　2-2 常闭触点 SB1-2 断开。

2-1 → 3 交流接触器 KM1 线圈得电。

　　3-1 常开主触点 KM1-1 闭合，电动机定子绕组成△连接，电动机开始低速运转。

　　3-2 常开辅助触点 KM1-2 闭合，实现自锁功能。

　　3-3 常闭辅助触点 KM1-3 断开，防止接触器 KM2、KM3 线圈得电，起联锁保护作用。

4 当电动机需要高速运转时，按下高速运转按钮 SB2。

　　4-1 常闭触点 SB2-1 断开。

　　4-2 常开触点 SB2-2 闭合。

4-1 → 5 接触器 KM1 线圈断电，常开常闭触点均复位，电动机断电低速惯性运转。

4-2 → 6 交流接触器 KM2 线圈得电。

　　6-1 常开主触点 KM2-1 闭合。

　　6-2 常开辅助触点 KM2-2 闭合，实现自锁功能。

　　6-3 常闭辅助触点 KM2-3 断开，防止接触器 KM1 线圈得电。

4-2 → 7 交流接触器 KM3 线圈得电。

　　7-1 常开主触点 KM3-1 闭合。

　　7-2 常开辅助触点 KM3-2 闭合，实现自锁功能。

　　7-3 常闭辅助触点 KM3-3 断开，防止接触器 KM1 线圈得电。

6-1 + 7-1 → 8 KM2-1 和 KM3-1 闭合后，电动机定子绕组成 YY 连接，电动机开始高速运转。

9 当电动机需要停机时，按下停止按钮 SB3，无论电动机处于何种运行状态，交流接触器线圈均失电，常开触点、常闭触点全部复位，电动机停止运转。

 **知识链接1**

　　经过电路分析，该电路是一个调速电路，根据电动机的工作需要，使用高速或低速运转按钮对电动机的运转速度进行控制。此控制线路广泛应用于工业、农业生产中，如机床、轧钢机、运输设备中，需要在不同的环境下用不同的速度进行工作，以保证产品的生产效率和产品的质量。

 **知识链接2**

　　三相交流电动机的调速方法有多种，如变极调速、变频调速和变转差率调速等方法。通常，车床设备电动机的调速方法主要是变极调速。双速电动机控制是目前应用中比较常用的一种变极调速形式。

　　图 3-38 为双速电动机定子绕组的连接方法。

　　图 3-38（a）为低速运行时电动机定子的△连接方法。在这种接法中，电动机的三相定子绕组接成△，三相电源线 L1、L2、L3 分别连接在定子绕组三个出线端 U1、V1、W1 上，且每

相绕组中点接出的接线端 U2、V2、W2 悬空不接，此时电动机三相绕组构成△连接，每相绕组的①、②绕组相互串联，电路中电流方向如图中箭头所示。若此电动机磁极为 4 极，则同步转速为 1500r/min。

图 3-38（b）为高速运行时电动机定子的 YY 连接方法。这种连接是指将三相电源 L1、L2、L3 连接在定子绕组的出线端 U2、V2、W2 上，且将接线端 U1、V1、W1 连接在一起，此时电动机每相绕组的①、②绕组相互并联，电路中电流方向如图中箭头方向所示。若此电动机磁极为 2 极，则同步转速为 3000r/min。

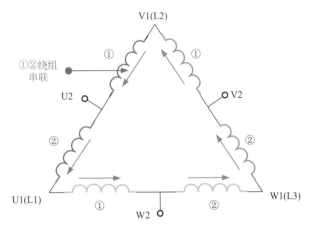

(a) 低速运行时电动机定子的△连接方法

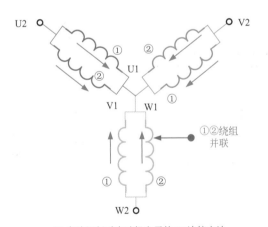

(b) 高速运行时电动机定子的YY连接方法

图 3-38　双速电动机定子绕组的连接方法

二十九、时间继电器控制的三相交流电动机调速控制线路

　　时间继电器控制的三相交流电动机调速控制线路是指利用时间继电器控制电动机的低速或高速运转的电路。在该控制线路中，通过低速运转按钮和高速运转按钮实现对电动机低速运转和高速运转的切换控制。

图 3-39 为时间继电器控制的三相交流电动机调速控制线路的结构组成。

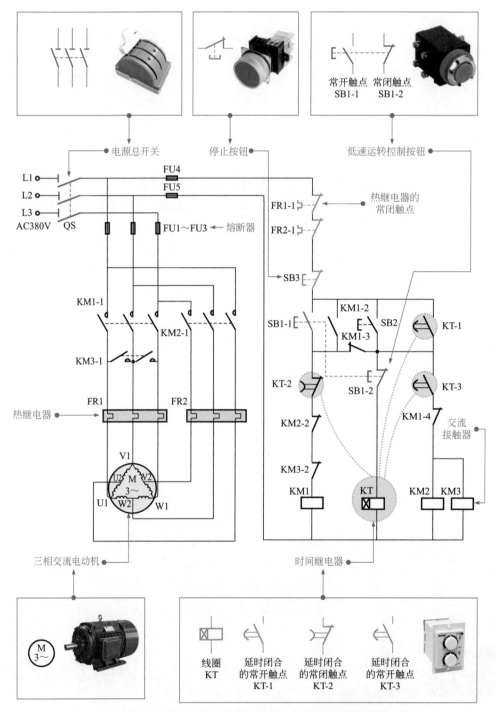

图 3-39 时间继电器控制的三相交流电动机调速控制线路的结构组成

图 3-40 为时间继电器控制的三相交流电动机调速控制线路的接线关系。

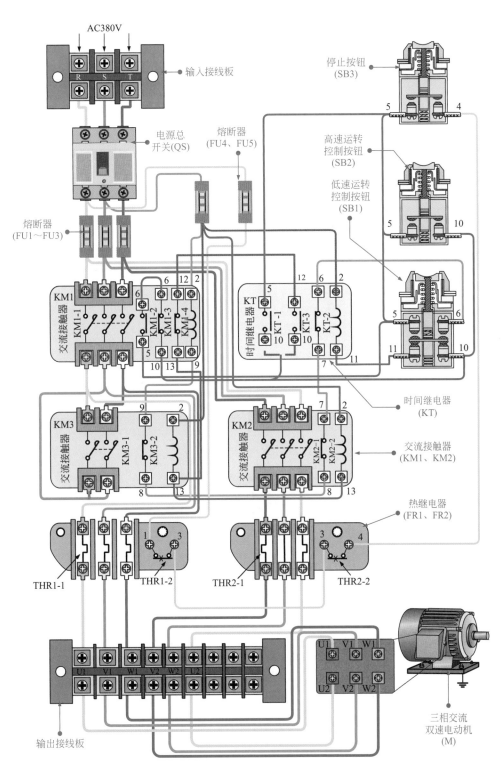

图 3-40 时间继电器控制的三相交流电动机调速控制线路的接线关系

图 3-41 为时间继电器控制的三相交流电动机调速控制线路的工作过程分析。

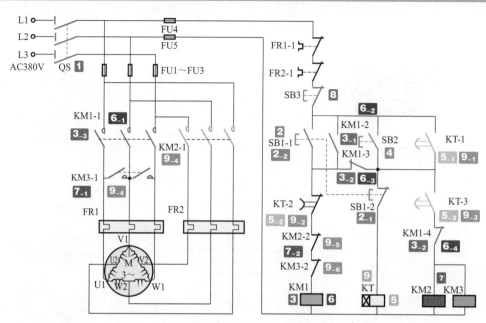

图 3-41　时间继电器控制的三相交流电动机调速控制线路的工作过程分析

图解

1 合上电源总开关 QS，接通三相电源，为电路进入工作状态做好准备。

2 按下低速运转控制按钮 SB1。

　　2₋₁ 常闭触点 SB1-2 断开，防止时间继电器 KT 线圈得电，起到联锁保护作用。

　　2₋₂ 常开触点 SB1-1 闭合。

2₋₂→**3** 交流接触器 KM1 线圈得电。

　　3₋₁ 常开辅助触点 KM1-2 闭合，实现自锁功能。

　　3₋₂ 常闭辅助触点 KM1-3 和 KM1-4 断开，防止交流接触器 KM2 和 KM3 线圈及时间继电器 KT 线圈得电，起到联锁保护功能。

　　3₋₃ 常开主触点 KM1-1 闭合，三相交流电动机定子绕组成△连接，开始低速运转。

4 按下高速运转控制按钮 SB2。

4→**5** 时间继电器 KT 线圈得电，进入高速运转计时状态。达到预定时间后，时间继电器相应延时动作的触点发生动作。

　　5₋₁ KT 的常开触点 KT-1 闭合，锁定 SB2，即使松开 SB2 也仍保持接通状态。

　　5₋₂ KT 的常闭触点 KT-2 断开。

　　5₋₃ KT 的常开触点 KT-3 闭合。

5₋₂→**6** 交流接触器 KM1 线圈失电。

　　6₋₁ 常开主触点 KM1-1 复位断开，切断三相交流电动机的供电电源。

　　6₋₂ 常开辅助触点 KM1-2 复位断开，解除自锁功能。

　　6₋₃ 常闭辅助触点 KM1-3 复位闭合。

　　6₋₄ 常闭辅助触点 KM1-4 复位闭合。

5₋₃→**7** 交流接触器 KM2 和 KM3 线圈得电。

7₋₁ 常开主触点 KM3-1 和 KM2-1 闭合，使三相交流电动机定子绕组成 YY 连接，三相交流电动机开始高速运转。

7₋₂ 常闭辅助触点 KM2-2 和 KM3-2 断开，防止 KM1 线圈得电，起到联锁保护作用。

8 当需要停机时，按下停止按钮 SB3。

8 → 9 交流接触器 KM2、KM3 和时间继电器 KT 线圈均失电，其触点全部复位。

9₋₁ 常开触点 KT-1 复位断开，解除自锁功能。

9₋₂ 常闭触点 KT-2 复位闭合。

9₋₃ 常开触点 KT-3 复位断开。

9₋₄ 常开主触点 KM3-1 和 KM2-1 断开，切断三相交流电动机电源供电，停止运转。

9₋₅ 常闭辅助触点 KM2-2 复位闭合。

9₋₆ 常闭辅助触点 KM3-2 复位闭合。

三十、具有降压启动功能的三相交流电动机控制线路

图 3-42 为具有降压启动功能的三相交流电动机控制线路。该控制线路可划分为供电电路、保护电路和控制电路。其中供电电路为电动机提供工作电压；保护电路在电路及电动机出现过电流、过载、过热时自动切断电源，起到保护电路和电动机的作用；控制电路则用于控制电动机的启动与停机。

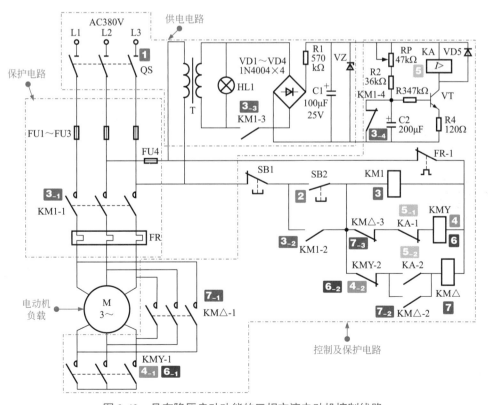

图 3-42　具有降压启动功能的三相交流电动机控制线路

 图 解

1 合上电源总开关 QS，接通三相电源，经电源变压器降压后输出低压交流电，指示灯 HL1 点亮。

2 按下启动按钮 SB2，其常开触点闭合。

2→3 交流接触器 KM1 线圈得电。

3₋₁ 常开主触点 KM1-1 闭合，为降压启动做好准备。

3₋₂ 常开辅助触点 KM1-2 闭合，实现自锁功能。

3₋₃ 常开辅助触点 KM1-3 闭合，此时低压电经桥式整流器整流、电阻器 R1 降压、电容器 C1 滤波、稳压二极管 VZ 稳压后，再经电位器 RP、电阻器 R2 为电容器 C2 进行充电。充电完成后电容器 C2 进行放电，使晶体管 VT 导通。

3₋₄ 常闭辅助触点 KM1-4 断开。

2→4 交流接触器 KMY 线圈得电。

4₋₁ 常开主触点 KMY-1 接通，此时电动机以 Y 方式接通电路，电动机降压启动运转。

4₋₂ 常闭辅助触点 KMY-2 断开，保证 KM △线圈不会得电。

3₋₃→5 晶体管 VT 导通后，过电流继电器 KA 线圈得电。

5₋₁ 常闭触点 KA-1 断开。

5₋₂ 常开触点 KA-2 闭合。

5₋₁→6 接触器 KMY 线圈失电，其触点复位。

6₋₁ 常开主触点 KMY-1 复位断开。

6₋₂ 常闭辅助触点 KMY-2 复位闭合。

5₋₂→7 接触器 KM △线圈得电。

7₋₁ 常开主触点 KM△-1 接通，此时电动机以△方式接通电路，电动机在全压状态下开始运转。

7₋₂ 常开辅助触点 KM△-2 接通，实现自锁功能。

7₋₃ 常闭辅助触点 KM△-3 断开，保证 KMY 线圈不会得电。

 三十一、采用自耦变压器降压启动的三相交流电动机控制线路

自耦变压器降压启动控制线路是指利用电感线圈来降低电动机的启动电压，进行降压启动后电动机进入全压运行状态的电路。

图 3-43 为采用自耦变压器降压启动的三相交流电动机控制线路。该控制线路主要由工作状态指示电路（T1 和指示灯）、自耦变压器 TA、时间继电器 KT、中间继电器 KA、交流接触器 KM1 ~ KM3、三相交流感应电动机、启动按钮 SB1/SB2、停止按钮 SB3/SB4、热继电器 FR 等构成。自耦变压器串接在电动机绕组端，起到降压启动的作用。

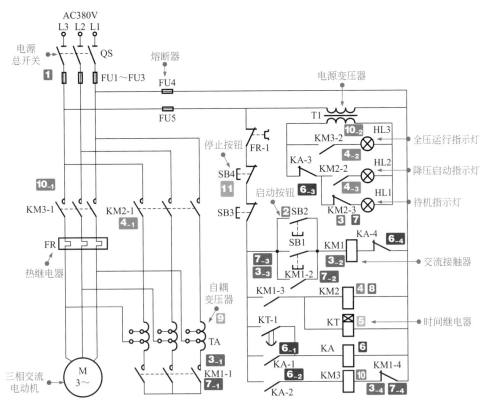

图 3-43 采用自耦变压器降压启动的三相交流电动机控制线路

图解

1 闭合电源总开关 QS，为电路进入工作状态做好准备，待机指示灯 HL1 点亮。

2 当需要启动电动机运转时，按下启动按钮 SB1 或 SB2。

3 接触器 KM1 线圈得电。

   3₋₁ 常开主触点 KM1-1 闭合，准备串入自耦变压器进行降压启动。

   3₋₂ 常开辅助触点 KM1-2 闭合，实现自锁功能。

   3₋₃ 常开辅助触点 KM1-3 闭合。

   3₋₄ 常闭辅助触点 KM1-4 断开，防止接触器 KM3 线圈得电，实现互锁功能。

3₋₃ → 4 交流接触器 KM2 线圈得电。

   4₋₁ 常开主触点 KM2-1 闭合，使自耦变压器 TA 绕组串接在电动机与三相电源之间，电动机开始降压启动。

   4₋₂ 常开辅助触点 KM2-2 闭合，指示灯 HL2 点亮，指示降压启动状态。

   4₋₃ 常闭辅助触点 KM2-3 断开，指示灯 HL1 熄灭。

3₋₃ → 5 时间继电器 KT 线圈得电，延时闭合的常开触点 KT-1 闭合。

5 → 6 中间继电器 KA 线圈得电。

   6₋₁ 常开触点 KA-1 闭合，实现自锁功能。

   6₋₂ 常开触点 KA-2 闭合，为交流接触器 KM3 线圈得电做好准备。

   6₋₃ 常闭触点 KA-3 断开，HL2 熄灭。

6₋₄ 常闭触点 KA-4 断开。

6₋₄ → **7** 交流接触器 KM1 线圈失电。

7₋₁ 常开主触点 KM1-1 复位断开。

7₋₂ 常开辅助触点 KM1-2 复位断开，解除自锁功能。

7₋₃ 常开辅助触点 KM1-3 复位断开。

7₋₄ 常闭辅助触点 KM1-4 复位闭合。

7₋₃ → **8** 交流接触器 KM2 线圈失电，其所有触点复位。

7₋₁ + **8** → **9** 断开自耦变压器线路。

6₋₂ + **7₋₄** + **9** → **10** 交流接触器 KM3 线圈得电。

10₋₁ 常开主触点 KM3-1 闭合，电动机接通三相电源开始全压运行。

10₋₂ 常开辅助触点 KM3-2 闭合，全压运行指示灯 HL3 闭合，指示电动机当前处于全压运行状态。

11 当需要电动机停转时，按下停止按钮 SB3 或 SB4，切断控制部分电源，接触器线圈断开，所有触点复位，电动机停止运转。

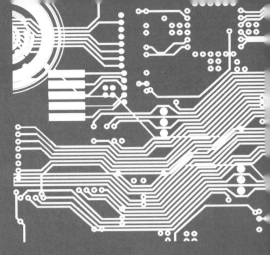

第四章
单相交流电动机控制线路

一、 单相交流电动机的基本控制线路

单相交流电动机控制线路是指可实现单相交流电动机的启动、运转、变速、制动、反转和停机等多种控制功能的电气线路。不同的单相交流电动机控制线路基本都是由控制器件或功能部件、单相交流电动机构成,但根据选用部件数量的不同及部件间的不同组合,加之电路上的连接差异,从而实现对单相交流电动机不同工作状态的控制。

图 4-1 为单相交流电动机基本控制线路的结构组成。

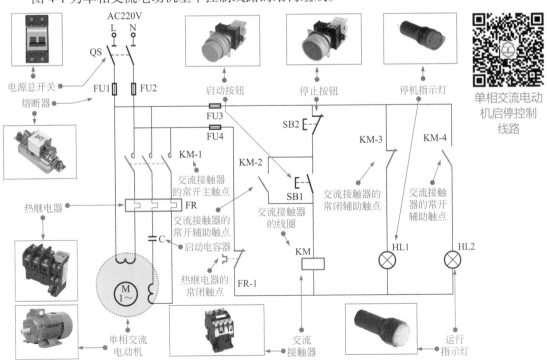

单相交流电动机启停控制线路

图 4-1　单相交流电动机基本控制线路的结构组成

如图 4-2 所示，根据单相交流电动机控制线路内部件的连接关系，了解控制线路的结构和主要部件的控制关系。

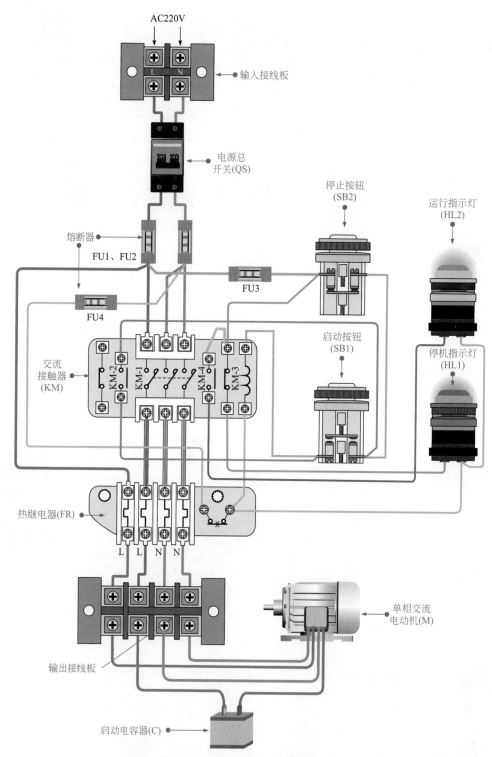

图 4-2　单相交流电动机基本控制线路的接线关系

图 4-3 为单相交流电动机基本启停控制线路的工作过程分析。

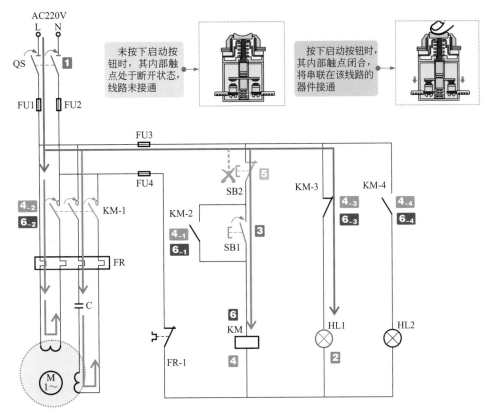

图 4-3　单相交流电动机基本启停控制线路的工作过程分析

图解

1 合上总电源开关 QS，接通单相电源，为电路进入工作状态做好准备。

2 电源经常闭触点 KM-3 为停机指示灯 HL1 供电，HL1 点亮。

3 按下启动按钮 SB1，其常开触点闭合。

4 交流接触器 KM 线圈得电。

 4-1 常开辅助触点 KM-2 闭合，实现自锁功能。

 4-2 常开主触点 KM-1 闭合，电动机接通单相电源，开始启动运转。

 4-3 常闭辅助触点 KM-3 断开，切断停机指示灯 HL1 的供电电源，HL1 熄灭。

 4-4 常开辅助触点 KM-4 闭合，运行指示灯 HL2 点亮，指示电动机处于工作状态。

5 当需要电动机停机时，按下停止按钮 SB2。

6 交流接触器 KM 线圈失电。

 6-1 常开辅助触点 KM-2 复位断开，解除自锁功能。

 6-2 常开主触点 KM-1 复位断开，切断电动机的供电电源，电动机停止运转。

 6-3 常闭辅助触点 KM-3 复位闭合，停机指示灯 HL1 点亮，指示电动机处于停机

状态。

 6-4 常开辅助触点 KM-4 复位断开，切断运行指示灯 HL2 的电源供电，HL2 熄灭。

单相交流电动机正反转驱动控制线路

如图 4-4 所示，单相交流异步电动机的正反转驱动控制线路中辅助绕组通过启动电容器与电源供电线相连，主绕组通过正反向开关与电源供电线相连，开关可调换接头以实现正反转控制。

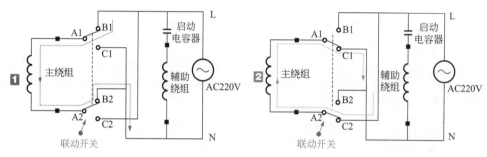

图 4-4　单相交流电动机正反转驱动控制线路

1 当联动开关触点 A1-B1、A2-B2 接通时，主绕组的上端接交流 220V 电源的 L 端、下端接 N 端，电动机正向运转。

2 当联动开关触点 A1-C1、A2-C2 接通时，主绕组的上端接交流 220V 电源的 N 端、下端接 L 端，电动机反向运转。

可逆单相交流电动机驱动控制线路

图 4-5 为可逆单相交流电动机驱动控制线路。该控制线路中电动机内设有两个绕组（主绕组和辅助绕组，两者参数相同），单相交流电源加到两绕组的公共端，绕组另一端接一个启动电容器。正反向旋转切换开关接到电源与绕组之间，通过切换两个绕组实现转向控制（用互换主绕组的方式进行转向切换）。

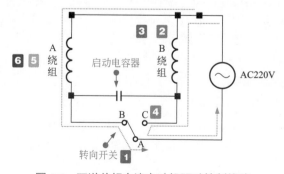

图 4-5　可逆单相交流电动机驱动控制线路

1 当转向开关 AB 接通时，交流电源的供电端加到 A 绕组。

2 经启动电容器后，为 B 绕组供电。

3 电动机正向启动运转。

4 当转向开关 AC 接通时，交流电源的供电端加到 B 绕组。

5 经启动电容器后，为 A 绕组供电。

6 电动机反向启动运转。

 单相交流电动机的启停控制线路

　　图 4-6 是单相交流电动机的启停控制线路。在该控制线路中采用一个双联开关，当停机时主绕组通过电阻器与直流电源 E 相连，使绕组中产生制动转矩而停机。

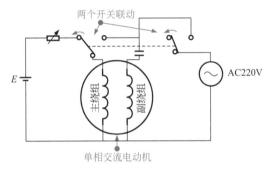

图 4-6　单相交流电动机的启停控制线路

 单相交流电动机电阻启动式驱动控制线路

　　如图 4-7 所示，电阻启动式单相交流异步电动机中有两组绕组，即主绕组和启动绕组，在启动绕组供电电路中设有离心开关。

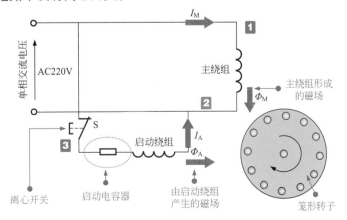

图 4-7　单相交流电动机电阻启动式驱动控制线路

1 电路启动时开关闭合，交流 220V 电压加到主绕组上，同时经离心开关 S 和启动电阻器为启动绕组供电。

2 由于两绕组的相位成 90°，绕组产生的磁场对转子形成启动转矩使电动机启动。

3 当电动机启动后达到一定转速时，离心开关受离心力作用而断开，启动绕组停止工作，只由主绕组驱动电动机转子旋转。

六、单相交流电动机电容启动式驱动控制线路

如图 4-8 所示，单相交流电动机的电容启动式驱动电路中，为了使电容启动式单相异步电动机形成旋转磁场，将启动绕组与电容串联，通过电容移相的作用，在加电时形成启动磁场。通常在机电设备中所用的电动机多采用电容启动方式。

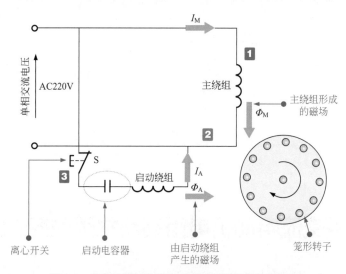

图 4-8　单相交流电动机电容启动式驱动控制线路

1 电动机的主绕组与启动绕组的结构与图 4-7 中电动机的结构相同。

2 启动时交流 220V 电源为主绕组供电，同时交流电源的一端经离心开关 S 和启动电容器为启动绕组供电，电动机启动。

3 当电动机启动后达到一定转速时，离心开关受离心力作用而断开，启动绕组停止工作，只由主绕组驱动电动机转子旋转。

提示

启动电容器是一种用来启动单相交流电动机的交流电解电容器。单相电流不能产生旋转磁

场，需要借助电容器来分相，使两个绕组中的电流产生近于 90° 的相位差，以产生旋转磁场，使电动机旋转。

七、单相交流电动机的晶闸管调速线路（一）

晶闸管调速是指通过改变晶闸管的导通角来改变单相交流电动机的平均供电电压，从而调节电动机的转速，如图 4-9 所示。

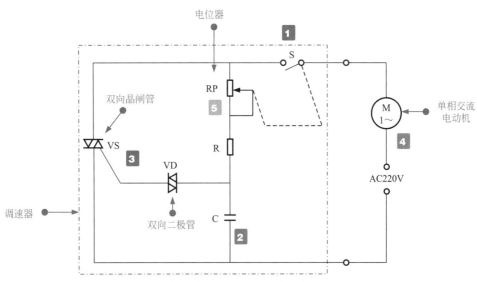

图 4-9　单相交流电动机的晶闸管调速线路（一）

图解

1 当闭合开关 S 后电源接通，电容器 C 开始充电。

2 当 C 两端的电压升高到一定值后，双向二极管 VD 导通。

3 双向二极管 VD 导通后触发双向晶闸管 VS 并使之导通。

4 电源通过导通的双向晶闸管 VS 为电动机供电，使电动机开始工作。

5 通过改变 RP 阻值便可以改变电容器的充电速度，从而改变双向晶闸管的导通角，以实现调速功能。

八、单相交流电动机的晶闸管调速线路（二）

如图 4-10 所示，在采用双向晶闸管的单相交流电动机调速线路中，晶闸管调速是指通过改变晶闸管的导通角来改变电动机的平均供电电压，从而调节电动机的转速。

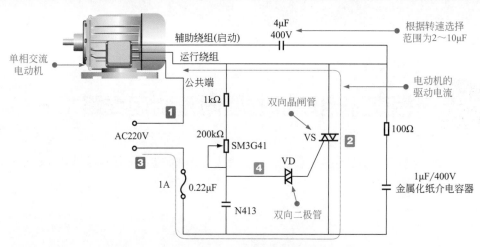

图 4-10　单相交流电动机的晶闸管调速线路（二）

1 单相交流 220V 电压为供电电源，一端加到单相交流电动机绕组的公共端。

2 运行端经双向晶闸管 VS 接到交流 220V 的另一端，同时经 4μF/400V 的启动电容器接到辅助绕组的端子上。

3 电动机的主通道中只有双向晶闸管 VS 导通，电源电压才能加到两绕组上，从而使电动机旋转。

4 在半个交流周期内 VD 输出脉冲，VS 受到触发便可导通（双向晶闸管 VS 受双向二极管 VD 的控制），改变 VS 的触发角（相位）就可对速度进行控制。

九、单相交流电动机的晶闸管调速线路（三）

图 4-11 为单相交流电动机的晶闸管调速线路，该线路也是由双向晶闸管实现单相交流电动机调速控制的。

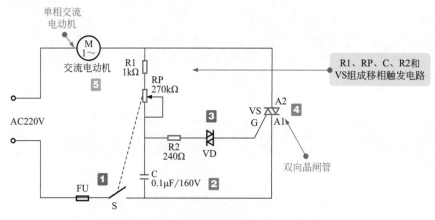

图 4-11　单相交流电动机的晶闸管调速线路（三）

1 闭合开关 S，单相电源接入电路中。

2 220V 交流电源经电阻器 R1、可变电阻器 RP 向电容器 C 充电，电容器 C 两端电压上升。

3 当电容器 C 两端电压升高到大于双向触发二极管 VD 的阻断值时，VD 和双向晶闸管 VS 才相继导通。

4 双向晶闸管 VS 在交流电压零点时截止，待下一个周期重复动作。

5 双向晶闸管 VS 的触发角由 RP、R1、C 的阻值或容量的乘积决定，调节可变电阻器 RP 阻值便可改变 VS 的触发角，从而改变电动机电流的大小，即改变电动机两端电压，起到调速的作用。

十、单相交流电动机电感器调速线路

如图 4-12 所示为采用串联电抗器的单相交流电动机调速线路，将电动机主、副绕组并联后再串入具有抽头的电抗器。当转速开关处于不同的位置时，电抗器的电压降不同，使电动机端电压改变而实现有级调速。

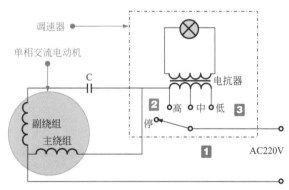

图 4-12　单相交流电动机电感器调速线路

1 当转速开关处于不同的位置时，电抗器的电压降不同，送入单相交流电动机的驱动电压大小不同。

2 当转速开关接高速挡时，电动机绕组直接与电源相连，阻抗最小，单相交流电动机全压运行（此时电动机转速最高）。

3 将转速开关接中低速挡时，电动机串联不同的电抗器，总电抗就会增加，从而使电动机转速降低。

十一、单相交流电动机热敏电阻器调速线路

如图 4-13 所示，在采用热敏电阻器（PTC 元件）的单相交流电动机调速线路中，由热

敏电阻器感知温度变化，从而引起自身阻抗变化，并以此控制所关联电路中单相交流电动机驱动电流的大小，以实现调速控制。

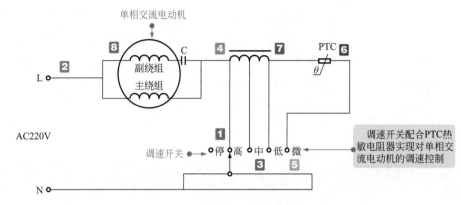

图 4-13　单相交流电动机热敏电阻器调速线路

 **图解**

1 当需要单相交流电动机高速运转时，将调速开关置于"高"挡。

1 → **2** 交流 220V 电压全压加到电动机绕组上，电动机高速运转。

3 当需要单相交流电动机中低速运转时，将调速开关置于"中 / 低"挡。

3 → **4** 交流 220V 电压部分或全部串电感线圈后加到电动机绕组上，电动机中低速运转。

5 将调速开关置于"微"挡，交流 220V 电压串接在 PTC 和电感线圈之后加到电动机绕组上。

6 在常温状态下，PTC 阻值很小，电动机容易启动。

7 启动后电流通过 PTC 元件，电流热效应使其温度迅速升高。

8 PTC 阻值增加，送至电动机绕组中的电压降增加，电动机进入微速挡运行状态。

 十二、单相交流电动机变速控制线路

图 4-14 为单相交流电动机变速控制线路。

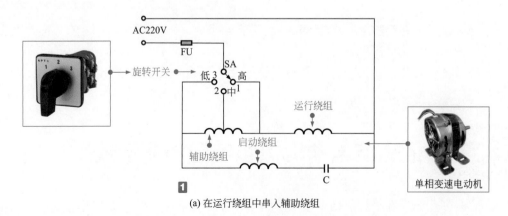

(a) 在运行绕组中串入辅助绕组

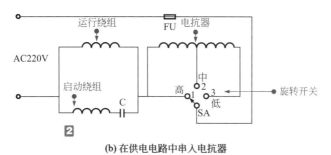

(b) 在供电电路中串入电抗器

图 4-14　单相交流电动机变速控制线路

常见的单相交流电动机变速控制线路有以下两种形式。

1 第一种是在运行绕组中串接辅助绕组，辅助绕组中设有抽头，通过旋转开关改变供电接点改变加到运行绕组上的电压，全压加到运行绕组上就得到全速运行的效果。如果在运行绕组中串接线圈，运行绕组上所加的电压就会降低，从而可以实现降速运行。串接的绕组线圈越多，速度则越低，这样可实现三速运行方式。

2 第二种是在电动机的供电电路中串入电抗器的方法，由电抗器分压后再为电动机供电，也可以达到变速的目的。变速开关 SA 可选择旋转开关。

十三、点动开关控制的单相交流电动机正反转控制线路

在由点动开关控制的单相交流电动机正反转控制线路中，通过操作点动开关（即正反转控制按钮）控制单相交流电动机中绕组的相序，从而实现电动机的正反转控制。

图 4-15 为由点动开关控制的单相交流电动机正反转控制线路。

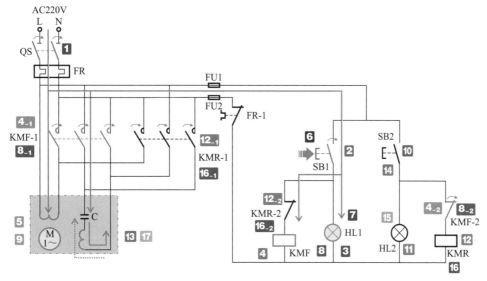

图 4-15　由点动开关控制的单相交流电动机正反转控制线路

 **图解**

1 合上总电源开关 QS，接通单相电源，为电路进入工作状态做好准备。

2 按下正转启动按钮 SB1，其常开触点闭合。

3 正转指示灯 HL1 点亮，指示电动机处于正向运转状态。

4 正转交流接触器 KMF 线圈得电。

> **4₋₁** 常开主触点 KMF-1 闭合。

> **4₋₂** 常闭辅助触点 KMF-2 断开，防止 KMR 线圈得电。

4₋₁ → **5** 电动机主绕组接通电源相序 L、N，电流经启动电容器 C 和辅助绕组形成回路（电流正向），电动机正向启动运转。

6 停机时，松开正转启动按钮 SB1，其常开触点复位断开。

7 正转指示灯 HL1 失电熄灭。

8 正转交流接触器 KMF 线圈失电。

> **8₋₁** 常开主触点 KMF-1 复位断开。

> **8₋₂** 常闭辅助触点 KMF-2 复位闭合，为反转启动做好准备。

8₋₁ → **9** 切断电动机供电电源，电动机停止正向运转。

10 按下反转启动按钮 SB2，其常开触点闭合。

11 反转指示灯 HL2 点亮，指示电动机处于反向运转状态。

12 反转交流接触器 KMR 线圈得电。

> **12₋₁** 常开主触点 KMR-1 闭合。

> **12₋₂** 常闭辅助触点 KMR-2 断开，防止 KMF 线圈得电。

12₋₁ → **13** 电动机主绕组接通电源相序 L、N，电流经辅助绕组和启动电容器 C 形成回路（电流反向），电动机反向启动运转。

14 停机时松开 SB2，其常开触点复位断开。

15 反转指示灯 HL2 失电熄灭。

16 反转交流接触器 KMR 线圈失电。

> **16₋₁** 常开主触点 KMR-1 复位。

> **16₋₂** 常闭辅助触点 KMR-2 复位闭合，为正转启动做好准备。

17 切断电动机供电电源，电动机停止反向运转，为下一次正反转启动和运转做好准备。

十四、限位开关控制的单相交流电动机正反转控制线路

图 4-16 为采用限位开关的单相交流电动机正反转控制线路。该控制线路是指通过限位开关对电动机的运转状态进行控制的电气线路。当电动机带动的机械部件运动到某一位置而触碰到限位开关时，限位开关便会断开供电电路，使电动机停止。

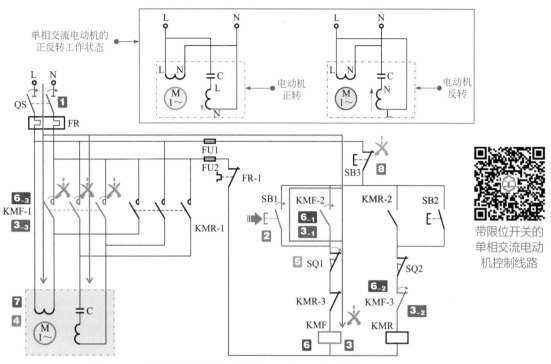

图 4-16　采用限位开关的单相交流电动机正反转控制线路

图 解

1 合上总电源开关 QS，接通单相电源，为电路进入工作状态做好准备。

2 按下正转启动按钮 SB1，其常开触点闭合。

3 正转交流接触器 KMF 线圈得电。

　　3₋₁ 常开辅助触点 KMF-2 闭合，实现自锁功能。

　　3₋₂ 常闭辅助触点 KMF-3 断开，防止 KMR 线圈得电。

　　3₋₃ 常开主触点 KMF-1 闭合。

　　3₋₃ → 4 电动机主绕组接通电源相序 L、N，电流经启动电容器 C 和辅助绕组形成回路，电动机正向启动运转。

5 当电动机驱动对象到达正转限位开关 SQ1 限定的位置时，触动正转限位开关 SQ1 动作，其常闭触点断开。

6 正转交流接触器 KMF 线圈失电。

　　6₋₁ 常开辅助触点 KMF-2 复位断开，解除自锁。

　　6₋₂ 常闭辅助触点 KMF-3 复位闭合，为反转启动做好准备。

　　6₋₃ 常开主触点 KMF-1 复位断开。

7 切断电动机供电电源，电动机停止正向运转。同样，按下反转启动按钮 SB2，工作过程与上述过程相似。

8 若在电动机正转过程中按下停止按钮 SB3，其常闭触点断开，正转交流接触器 KMF 线圈失电，常开主触点 KMF-1 复位断开，电动机停止正向运转；反转停机控制过程同上。

十五、转换开关控制的单相交流电动机正反转控制线路

图 4-17 为采用转换开关的单相交流电动机正反转控制线路。该控制线路是指通过改变辅助绕组相对于主绕组的相位控制电动机正反转工作状态的电路。当按下启动按钮时，单相交流电动机开始正向运转；当调整转换开关后，单相交流电动机便可反向运转。

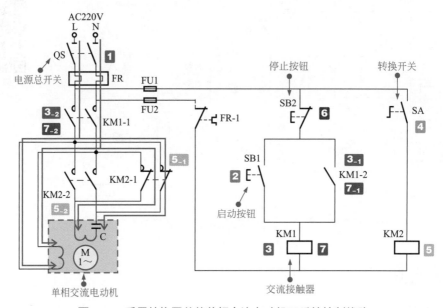

图 4-17　采用转换开关的单相交流电动机正反转控制线路

图解

1 合上电源总开关 QS，接通单相电源，为电路进入工作状态做好准备。

2 按下启动按钮 SB1，其常开触点闭合。

3 交流接触器 KM1 线圈得电。

　3₋1 常开辅助触点 KM1-2 闭合，实现自锁功能。

　3₋2 常开主触点 KM1-1 闭合，电动机主绕组接通电源相序 L、N，电流经启动电容器 C 和辅助绕组形成回路，电动机正向启动运转。

4 按下转换开关 SA，其内部常开触点闭合。

5 交流接触器 KM2 线圈得电。

　5₋1 常闭触点 KM2-1 断开。

　5₋2 常开触点 KM2-2 闭合，电动机主绕组接通电源相序 L、N，电流经辅助绕组和启动电容器 C 形成回路，电动机开始反向运转。

6 当需要电动机停机时，按下停止按钮 SB2。

7 交流接触器 KM1 线圈失电。

　7₋1 常开辅助触点 KM1-2 复位断开，解除自锁功能。

　7₋2 常开主触点 KM1-1 复位断开，切断电动机供电电源，电动机停止运转。

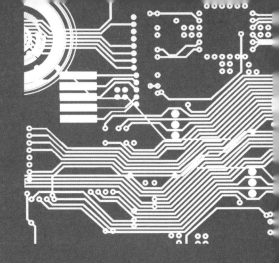

第五章
直流电动机控制线路

一、 直流电动机晶体管驱动线路

晶体管作为一种无触点电子开关常用于电动机驱动控制线路中，最简单的驱动线路如图 5-1 所示。直流电动机可接在晶体管发射极电路中（射极跟随器），也可接在集电极电路中作为集电极负载。当给晶体管基极施加控制电流时晶体管导通，则电动机旋转；控制电流消失，则电动机停转。通过控制晶体管的电流可实现速度控制。

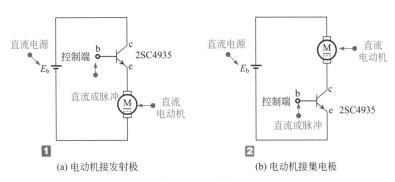

(a) 电动机接发射极   (b) 电动机接集电极

图 5-1　直流电动机晶体管驱动线路

1 图 5-1（a）是恒压晶体管电动机驱动线路。所谓恒压控制是指晶体管的发射极电压受基极电压控制，基极电压恒定则发射极输出电压恒定。该驱动线路采用发射极连接负载的方式，电路为射极跟随器。该驱动线路具有电流增益高、电压增益为 1、输出阻抗小的特点，但电源效率低。该驱动线路的控制信号为直流或脉冲。

图 5-1（b）是恒流晶体管电动机驱动线路。所谓恒流控制是指晶体管的电流受基极控制，基极控制电流恒定则集电极电流恒定。该驱动线路采用集电极接负载的方式，具有电流／电压增益高、输出阻抗高的特点，电源效率比较高。该驱动线路的控制信号为直流或脉冲。

二、 直流电动机外加电压的控制线路

图 5-2 采用直流电动机外加电压的控制线路，对电动机的供电电压进行控制，以实现对电动机的速度控制。图 5-2（a）采用改变串联电阻器阻值的方式，这种方式中可变电阻器消耗的功率较大，只适用于小功率电动机。图 5-2（b）采用晶体管代替电阻器串接在电动机电路中，通过改变晶体管基极电压控制晶体管输出电压，通过基极小电流控制晶体管输出大电流。

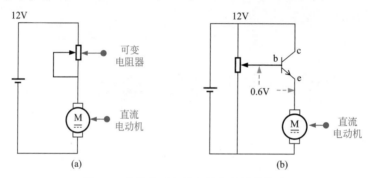

图 5-2　直流电动机外加电压的控制线路

图 5-3 是晶体管控制电动机供电电压的工作过程分析。

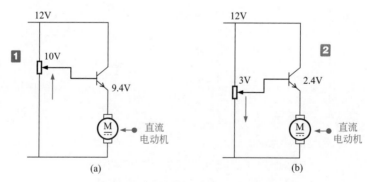

图 5-3　晶体管控制电动机供电电压的工作过程分析

1 如图 5-3（a）所示，调整晶体管的基极偏压使之达到 10V，由于晶体管导通后基极‐发射极电压会保持在 0.6 V，于是晶体管输出 9.4 V，为电动机供电。

如图 5-3（b）所示，调整晶体管基极偏压使之达到 3 V，于是晶体管发射极输出 2.4V（3 V−0.6 V=2.4 V）。

三、直流电动机的限流控制线路

图 5-4 采用限流电阻的方式控制直流电动机的供电电流。控制电压加到晶体管的基极上以控制晶体管集电极的电流，在发射极加电阻器进行限流控制，防止超过极限电流。

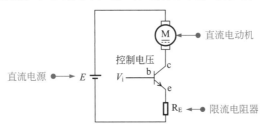

图 5-4　直流电动机的限流控制线路

四、直流电动机调速控制线路

在电动机的机械负载不变的条件下改变电动机的转速称为调速，常用的调速方法主要有改变端电压调速法、改变电枢电路串联电阻调速法和改变主磁通调速法。

改变端电压调速法

改变电枢的端电压 U，可相应地提高或降低直流电动机的转速。由于电动机的电压不得超过额定电压，因而这种调速方法只能把电动机转速调低，而不能调高。

2. 改变电枢电路串联电阻器调速法

电动机制成以后，其电枢电阻 r_a 是一定的。但可以在电枢电路中串联一个可调电阻器来实现调速，如图 5-5 所示。这种方法增加了串联电阻上的损耗，使电动机的效率降低。如果负载稍有变动，电动机的转速就会有较大的变化，因而对要求恒速的负载不利。

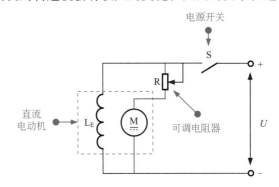

图 5-5　电枢电路中串联电阻器的调速线路

3. 改变主磁通的调速法

为了改变主磁通 Φ，在励磁电路中串联一个可调电阻器 R，如图 5-6 所示。改变可调电阻器 R 的阻值大小，就可改变励磁电流，进而使主磁通 Φ 得以改变，从而实现调速。这种调速方法只能减小磁通使电动机转速上升。

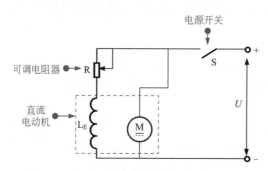

图 5-6　励磁回路中串联电阻器的调速线路

五、变阻式电动机速度控制线路

图 5-7 是变阻式电动机速度控制线路，在电路中晶体管相当于一个可变电阻器，改变晶体管基极的偏置电压就可以改变晶体管的内阻，它串接在电源与电动机的电路中。晶体管的阻抗减小，加给电动机的电流则会增加，从而电动机转速会增加，反之则降低。

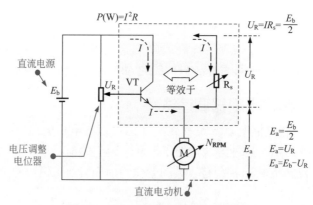

图 5-7　变阻式电动机速度控制线路

六、脉冲式电动机转速控制线路

图 5-8 是脉冲式电动机转速控制线路。串接在电动机电路中的晶体管受脉冲信号的控制，当晶体管工作在开关状态时，其转速与平均电压成正比。当脉冲信号的频率较低时，晶体管的电流会有波动，因而电动机的转速也会有波动。

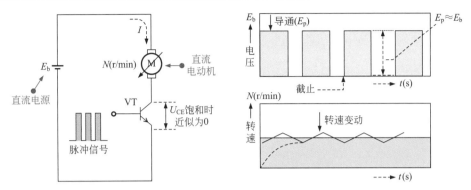

图 5-8　脉冲式电动机转速控制线路

七、直流电动机的制动控制线路

图 5-9 是直流电动机的制动控制线路。如断开直流电动机的电源，电动机会因惯性而继续旋转，这时直流电动机则相当于发电机，从而产生电能。在供电电路中设一开关，停机时将开关切换到电阻上，使电动机产生的电能返回到电源。这种方式被称为再生制动法。

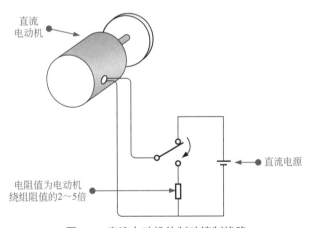

图 5-9　直流电动机的制动控制线路

八、他励式直流电动机能耗制动控制线路

直流电动机制动是指在电动机加上与原来转向相反的转矩，使电动机迅速停转或限制电动机的转速。直流电动机通常采用能耗制动方式和反接制动方式。

直流电动机的能耗制动方法是指维持电动机的励磁不变，把正在接通电源并具有较高转速的电动机电枢绕组从电源上断开，从而使电动机变为发电机，并与外加电阻器连接而形成闭合回路，利用此回路中产生的电流及制动转矩使电动机快速停车的方法。在制动过程中，是将拖动系统的动能转化为电能并以热能形式消耗在电枢电路的电阻器上的。

图 5-10 为他励式直流电动机能耗制动控制线路。

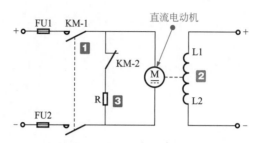

图 5-10　他励式直流电动机能耗制动控制线路

1 直流电动机制动时，其励磁绕组 L1、L2 两端电压极性不变，因而励磁的大小和方向不变。接触器的常开触点 KM-1 断开，使电枢脱离直流电源；同时，常闭触点 KM-2 闭合，使外加制动电阻器 R 与电枢绕组构成闭合回路。

2 此时，由于电动机存在惯性，仍会按照原来的方向继续旋转，所以电枢反电动式的方向也不变，并且还成为电枢回路的电源，这就使得制动电流的方向同原来的方向相反，电磁转矩的方向也随之改变而成为制动转矩，从而促使电动机迅速减速以至于停止。

3 在能耗制动的过程中，还需要考虑制动电阻器 R 的阻值大小，若制动电阻器 R 阻值太大，则制动缓慢。R 的阻值大小要使得最大制动电流不超过电枢额定电流的 2 倍。

九、 具有发电制动功能的电动机驱动控制线路

图 5-11 是具有发电制动功能的电动机驱动控制线路。

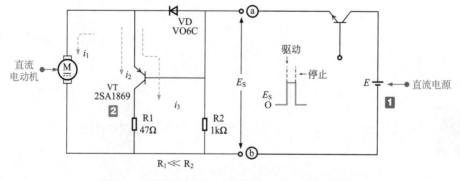

图 5-11　具有发电制动功能的电动机驱动控制线路

1 当电路在 a、b 之间加上电源时，电流经二极管 VD 为直流电动机供电，电动机开始运转。

2 当去掉 a、b 之间的电源时，电动机失去电源而停机。但由于惯性电动机仍会继续旋转，这时电动机就相当于发电机而产生反向电流，此时由于二极管 VD 反向偏置而截止。电流则经过 VT 放电，吸收电动机产生的电能。

十、驱动和制动分离的直流电动机控制线路

图 5-12 是驱动和制动分离的直流电动机控制线路，该控制线路采用双电源和双驱动晶体管（NPN 和 PNP 组合）的控制方式。

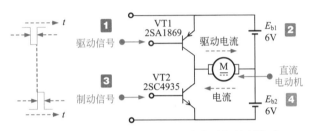

图 5-12　驱动和制动分离的直流电动机控制线路

图解

1 低电压驱动信号加到 VT1（PNP 型晶体管）的基极，VT1 便导通。

2 电源 E_{b1} 经 VT1 为电动机供电，电流由左向右，电动机开始运转。

3 停机时切断驱动信号，加上制动信号（正极性脉冲）VT1 截止，电动机供电电源被切断。

4 VT2 导通使 E_{b2} 为电动机反向供电，使电动机迅速制动，这样就避免了电动机因惯性而继续运转。

十一、直流电动机的变速控制线路

图 5-13 为直流电动机的变速控制线路。

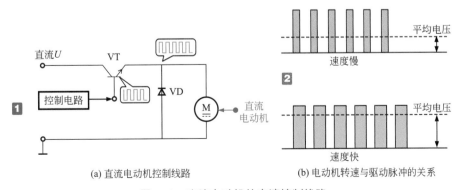

(a) 直流电动机控制线路　　　(b) 电动机转速与驱动脉冲的关系

图 5-13　直流电动机的变速控制线路

1 图 5-13（a）为直流电动机控制线路，直流电源经晶体管 VT 为直流电动机 M 供电。晶体管 VT 受控制电路的控制，晶体管 VT 导通时则向电动机供电，截止时则停止向电动机供电。当晶体管基极加上脉冲信号时，电源经 VT 向电动机提供脉冲电压。

2 图 5-13（b）为控制脉冲的宽度变化时，平均电压发生变化，因为电动机转速发生变化。

 十二、由电位器调速的直流电动机驱动控制线路

图 5-14 为由电位器调速的直流电动机驱动控制线路。从图中可见交流 220 V 电压经降压变压器变成较低的交流电压，再经二极管整流、电容滤波后变成直流电压为直流电动机供电，通过调整电位器可以调整供电电压从而控制电动机的转速。

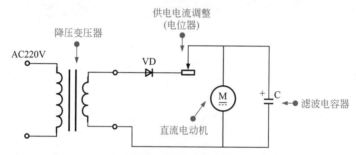

图 5-14　由电位器调速的直流电动机驱动控制线路

 十三、直流电动机的正反转切换控制线路

图 5-15 是直流电动机的正反转切换控制线路。该控制线路采用双电源和两个互补晶体管（NPN/PNP）的驱动方式，电动机的正反转由切换开关控制。

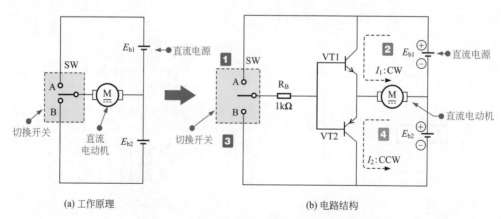

(a) 工作原理　　　　　　　　　　(b) 电路结构

图 5-15　直流电动机的正反转切换控制线路

1 当切换开关 SW 置于 A 时，正极性控制电压加到两个晶体管的基极。

2 NPN 型晶体管 VT1 导通，PNP 型晶体管 VT2 截止，电源 E_{b1} 为电动机供电，电流方向从左至右，则电动机顺时针（CW）旋转。

3 当切换开关 SW 置于 B 时，负极性控制电压加到两个晶体管的基极。

4 PNP 型晶体管 VT2 导通，NPN 型晶体管 VT1 截止，电源 E_{b2} 为电动机供电，电流方向从右至左，则电动机逆时针（CCW）旋转。

十四、由模拟电压控制的直流电动机正反转驱动控制线路

图 5-16 是由模拟电压控制的直流电动机正反转驱动控制线路。该控制线路是由双电源和两个互补晶体管 NPN/PNP 构成的。

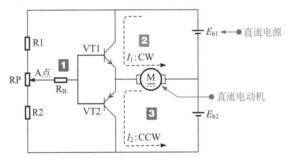

图 5-16 由模拟电压控制的直流电动机正反转驱动控制线路

1 晶体管 VT1、VT2 的基极由电位器提供控制信号。

2 当电位器向上调整时，电位器的输出为正极性，NPN 型晶体管 VT1 导通，PNP 型晶体管 VT2 截止，电源 E_{b1} 为电动机供电，则电动机顺时针旋转。

3 当电位器向下调整时，电位器的输出变为负极性，NPN 型晶体管 VT1 截止，PNP 型晶体管 VT2 导通，电源 E_{b2} 为电动机供电，则电动机逆时针旋转。

十五、运放控制的直流电动机正反转控制线路

图 5-17 是运放控制的直流电动机正反转控制线路。在该控制线路中利用运算放大器 LM358 构成同相放大器，即输出信号的相位与输入信号的相位相同。将电位器设置在运算放大器的输入端，电位器上下做微调时，运放的输出会在正负极性之间变化。当加到运

算放大器接入端的信号为正极性时，运算放大器的输出为正极性信号，于是 VT1 导通，则电动机顺时针旋转，反之电动机逆时针旋转。

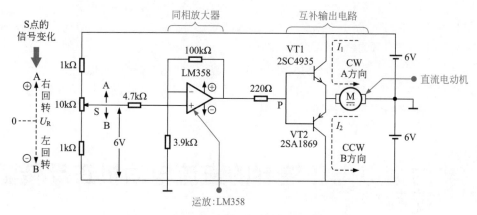

图 5-17　运放控制的直流电动机正反转控制线路

十六、直流电动机的限流和保护控制线路

图 5-18 为直流电动机的限流和保护控制线路。驱动直流电动机的是由两个晶体管组成的复合晶体管，电流放大能力较大，限流电阻器 R_E（又称电流检测电阻）加在 VT2 的发射极电路中。

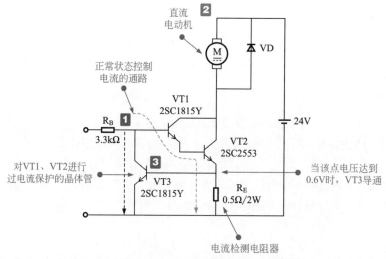

图 5-18　直流电动机的限流和保护控制线路

1 控制直流电动机启动的信号加到 VT1 的基极。

2 VT1、VT2 导通后，24V 电源为电动机供电。

3 VT3 是过电流保护晶体管，当流过电动机的电流过大时，R_E 上的电压上升，于是 VT3 导通，使 VT1 基极的电压降低。VT1 基极电压降低使 VT1、VT2 集电极电流减小，从而起到自动保护作用。

 十七、直流电动机正反转控制线路

改变电枢绕组的电流方向，或者改变定子磁场的方向，都可以改变电动机的转向。但对于永磁式直流电动机来说，则只能通过改变电流方向来改变电动机的转向。

图 5-19 为直流电动机正反转控制线路。图中 R1、R2 是可调电阻器。改变 R1 的阻值，可以改变励磁绕组的电流，起到调节磁场强弱的作用；而改变 R2 的阻值，可以改变电动机的转速。图中的双刀双掷开关 S 是用来改变电动机旋转方向的控制开关。

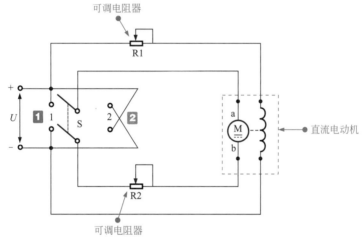

图 5-19 直流电动机正反转控制线路

1 当开关 S 拨向"1"位置时，电流从 a 电刷流入、从 b 电刷流出。

2 当开关 S 拨向"2"位置时，电流从 b 电刷流入、从 a 电刷流出。可见，改变开关 S 的状态，就能改变电枢绕组的电流方向，从而达到改变电动机转向的目的。

 十八、光控直流电动机驱动控制线路

如图 5-20 所示，光控直流电动机驱动控制线路是由光敏晶体管控制的直流电动机电路，通过光照的变化控制直流电动机的启动、停止等状态。

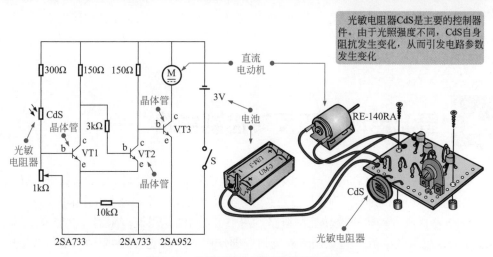

图 5-20 光控直流电动机驱动控制线路

图 5-21 为光控直流电动机驱动控制线路的工作过程分析。

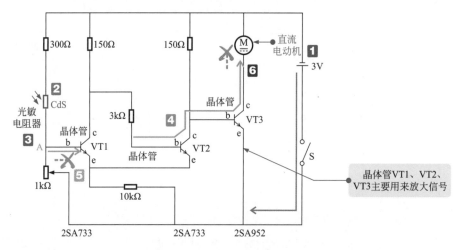

图 5-21 光控直流电动机驱动控制线路的工作过程分析

图解

1 闭合开关 S 后 3V 直流电压为电路和直流电动机进行供电。

2 光敏电阻器接在晶体管 VT1 的基极电路中。

3 当光照强度较高时，光敏电阻器阻值较小，分压点（晶体管 VT1 基极）电压升高。

3 → **4** 当晶体管 VT1 基极电压与集电极偏压满足导通条件时，VT1 导通。触发信号经 VT2、VT3 放大后驱动直流电动机启动运转。

5 当光照强度较低时，光敏电阻器阻值较大，分压点电压较小，晶体管 VT1 基极电压不足以驱动其导通。

5 → **6** 晶体管 VT1 截止，晶体管 VT2、VT3 截止，直流电动机 M 的供电电路断开，电动机停止运转。

十九、光控双向旋转的直流电动机驱动控制线路

图 5-22 是光控双向旋转的直流电动机驱动控制线路。光敏晶体管接在 VT1 的基极电路中，有光照时光敏晶体管有电流，则 VT1 导通；无光照时，则 VT1 截止。

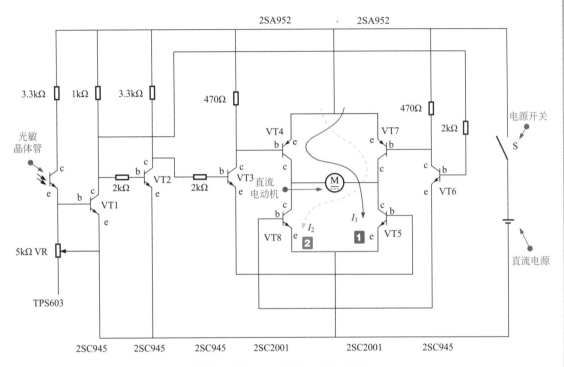

有光照时直流电动机电流为I_1；无光时电动机
电流为I_2使直流电动机转动方向相反

图 5-22　光控双向旋转的直流电动机驱动控制线路

图解

1 有光照时，VT1 导通，VT2 截止，VT3 导通，VT4 导通，VT5 导通，则有电流 I_1 出现，于是电动机正转。

2 无光照时，VT1 截止，VT6 导通，VT7 导通，VT8 导通，则有电流 I_2 出现，于是电动机反转。

二十、直流电动机调速控制线路

如图 5-23 所示，直流电动机调速控制线路是一种可在负载不变的条件下，控制直流电动机旋转速度的电气线路。

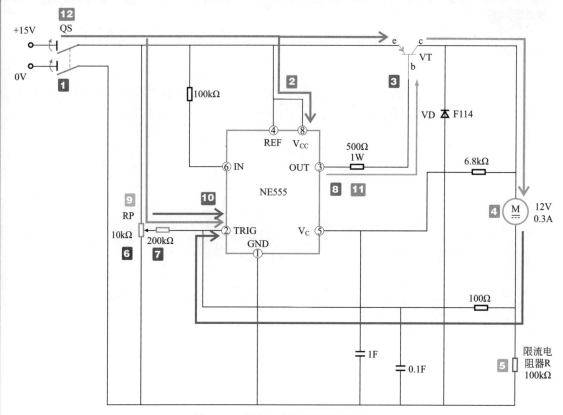

图 5-23　直流电动机调速控制线路

图解

1 合上总电源开关 QS，接入直流 15V 电源。

2 15V 直流电压为 NE555 的⑧脚提供工作电源，NE555 开始工作。

3 NE555 的③脚输出驱动脉冲信号，送往驱动晶体管 VT 的基极，经放大后其集电极输出脉冲电压。

4 15V 直流电压经 VT 变成脉冲电流为直流电动机供电，电动机开始运转。

5 直流电动机的电流在限流电阻器 R 上产生电压降，经电阻器反馈到 NE555 的②脚，并由③脚输出脉冲信号的宽度，对电动机稳速控制。

6 将速度调整电阻器 RP 调至最下端。

7 15V 直流电压经 RP 和 200kΩ 电阻器串联电路后送入 NE555 的②脚。

8 NE555 芯片内部电路控制③脚输出的脉冲信号宽度最小，直流电动机转速达到最低。

9 将速度调整电阻器 RP 调至最上端。

10 15V 直流电压则只经过 200kΩ 电阻器后送入 NE555 的②脚。

11 NE555 内部电路控制③脚输出的脉冲信号宽度最大，直流电动机转速达到最高。

12 若需要直流电动机停机，只需将电源总开关 QS 关闭即可切断控制电路和直流电动机的供电电路，直流电动机停转。

 **直流电动机的降压启动控制线路**

图 5-24 为直流电动机降压启动控制线路的结构组成。在该控制线路中直流电动机启动时，将启动电阻器 R1/R2 串入直流电动机中限制启动电流，当直流电动机低速运转一段时间后，再把启动电阻器从电路中消除（使之短路），使直流电动机正常运转。

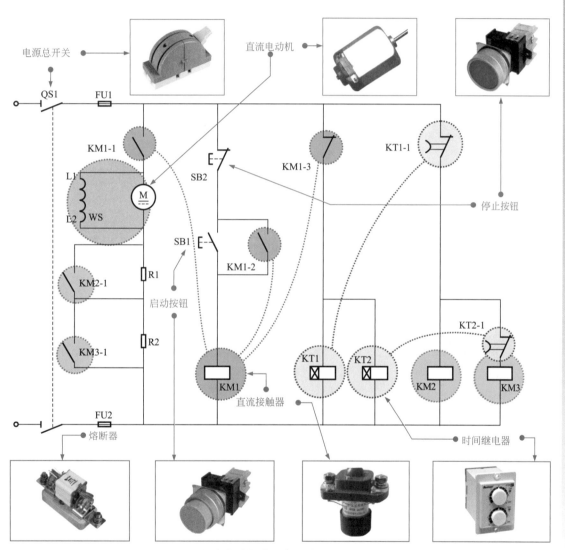

图 5-24　直流电动机降压启动控制线路的结构组成

如图 5-25 所示，直流电动机控制电路依靠启停按钮、直流接触器、时间继电器等控制部件控制直流电动机的运转。

图 5-26 为直流电动机降压启动控制线路的工作过程分析。

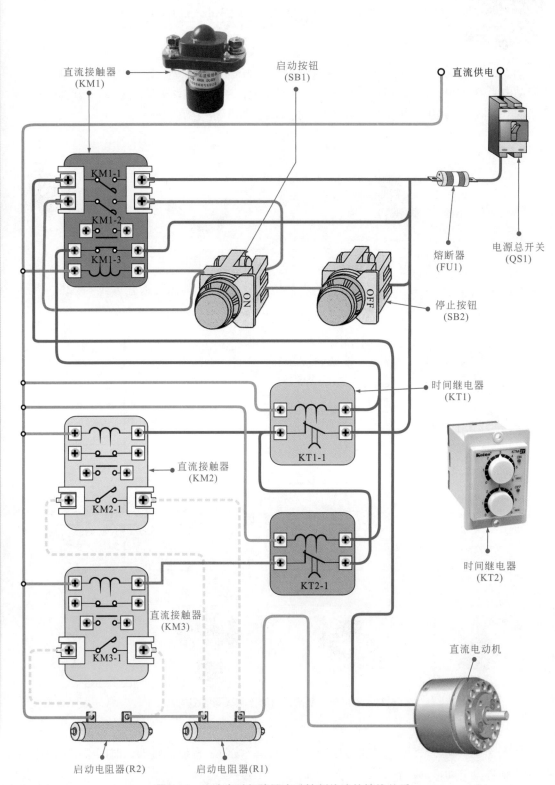

直流接触器
(KM1)

启动按钮
(SB1)

直流供电

KM1-1

KM1-2

KM1-3

ON

OFF

熔断器
(FU1)

电源总开关
(QS1)

停止按钮
(SB2)

时间继电器
(KT1)

KT1-1

直流接触器
(KM2)

KM2-1

KT2-1

时间继电器
(KT2)

直流接触器
(KM3)

KM3-1

直流电动机

启动电阻器(R2)

启动电阻器(R1)

图 5-25　直流电动机降压启动控制线路的接线关系

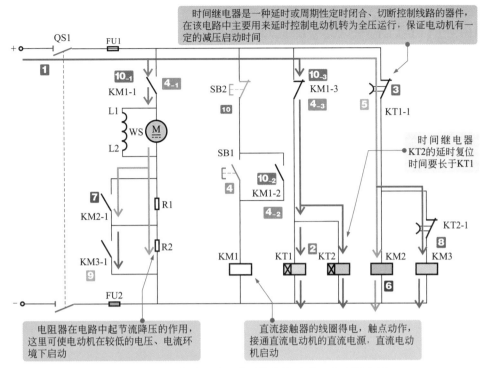

图 5-26 直流电动机降压启动控制线路的工作过程分析

图解

1 合上电源总开关 QS1，接通直流电源，为电路进入工作状态做好准备。

2 时间继电器 KT1、KT2 线圈得电。

3 时间继电器 KT1、KT2 的触点 KT1-1、KT2-1 瞬间断开，防止直流接触器 KM2、KM3 线圈得电。

4 按下启动按钮 SB1，直流接触器 KM1 线圈得电。

　　4₋₁ KM1 的常开主触点 KM1-1 闭合，电动机接通电源开始低速启动运转。

　　4₋₂ KM1 的常开辅助触点 KM1-2 闭合，实现自锁功能。

　　4₋₃ KM1 的常闭辅助触点 KM1-3 断开，KT1、KT2 线圈失电，开始延时计时。

4₋₁→5 达到时间继电器 KT1 预设的复位时间时，常闭触点 KT1-1 复位闭合。

6 直流接触器 KM2 线圈得电。

7 触点 KM2-1 闭合，电动机串联 R2 运转，电动机转速提升。

8 当达到 KT2 预设时间时，触点 KT2-1 复位闭合，KM3 线圈得电。

9 触点 KM3-1 闭合，短接 R2，电动机在全压额定电压下开始运转。

10 当需要直流电动机停机时，按下停止按钮 SB2，直流接触器 KM1 线圈失电。

　　10₋₁ 常开主触点 KM1-1 断开，切断电源，电动机停止运转。

　　10₋₂ 常开辅助触点 KM1-2 复位断开，解除自锁功能。

　　10₋₃ 常闭辅助触点 KM1-3 复位闭合，为直流电动机的下一次启动做好准备。

二十二、直流电动机正反转连续控制线路

图 5-27 为直流电动机正反转连续控制线路。该控制线路是指通过启动按钮控制直流电动机长时间正向运转和反向运转的电气线路。

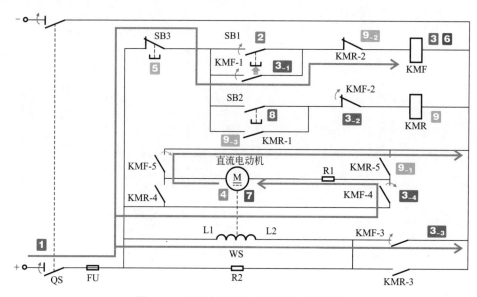

图 5-27　直流电动机正反转连续控制线路

图解

1 合上总电源开关 QS，接通直流电源，为电路进入工作状态做好准备。

2 按下正转启动按钮 SB1，正转直流接触器 KMF 线圈得电。

3 正转直流接触器 KMF 线圈得电，其触点全部动作。

 3₋₁ 常开触点 KMF-1 闭合，实现自锁功能。

 3₋₂ 常闭触点 KMF-2 断开，防止反转直流接触器 KMR 线圈得电。

 3₋₃ 常开触点 KMF-3 闭合，直流电动机励磁绕组 WS 得电。

 3₋₄ 常开触点 KMF-4、KMF-5 闭合，直流电动机通电运转。

3₋₄ → 4 电动机串联启动电阻器 R1 正向启动运转。

5 当需要电动机正转停机时，按下停止按钮 SB3。

6 直流接触器 KMF 的线圈失电，其触点全部复位。

7 切断直流电动机供电电源，直流电动机停止正向运转。

8 当需要直流电动机进行反转启动时，按下反转启动按钮 SB2。

9 反转直流接触器 KMR 线圈得电，其触点全部动作。

 9₋₁ 常开触点 KMR-3、KMR-4、KMR-5 闭合，电动机通电开始反向运转。

 9₋₂ 常闭触点 KMR-2 断开，防止正转直流接触器 KMF 线圈得电。

 9₋₃ 常开触点 KMR-1 闭合，实现自锁功能。

提示

当需要直流电动机反转停机时，按下停止按钮 SB3。反转直流接触器 KMR 线圈失电，其常开触点 KMR-1 复位断开，解除自锁功能；常闭触点 KMR-2 复位闭合，为直流电动机正转启动做好准备；常开触点 KMR-3 复位断开，直流电动机励磁绕组 WS 失电；常开触点 KMR-4、KMR-5 复位断开，切断直流电动机供电电源，直流电动机停止反向运转。

二十三、直流电动机能耗制动控制线路

直流电动机能耗制动控制线路多用于直流电动机制动线路中。该控制线路的工作原理是：维持直流电动机的励磁不变，把正在接通电源并具有较高转速的直流电动机电枢绕组从电源上断开，使直流电动机变为发电机，并与外加电阻器连接为闭合回路，利用电路中产生的电流及制动转矩使直流电动机快速停车。在制动过程中，将拖动系统的动能转化为电能，并以热能形式消耗在电枢电路的电阻器上。

图 5-28 为直流电动机能耗制动控制线路的结构组成。

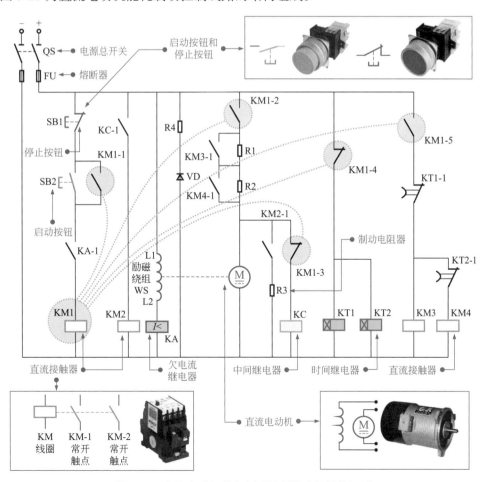

图 5-28　直流电动机能耗制动控制线路的结构组成

图 5-29 为直流电动机能耗制动控制线路的工作过程分析。

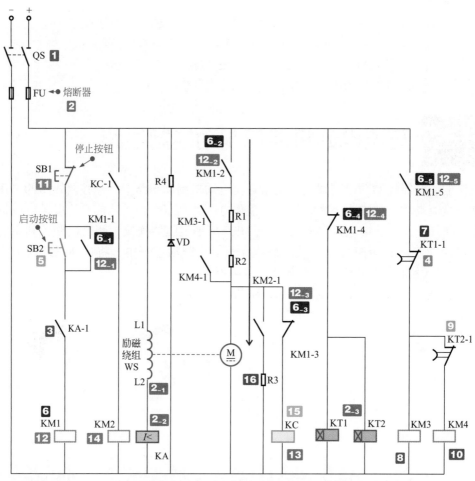

图 5-29　直流电动机能耗制动控制线路的工作过程分析

图解

1 合上电源总开关 QS，接入直流电源，为电路进入工作状态做好准备。

1→**2** 接通电动机控制电路的直流电源。

　　2₋₁ 励磁绕组 WS 中有直流电压通过。

　　2₋₂ 欠电流继电器 KA 线圈得电。

　　2₋₃ 时间继电器 KT1、KT2 线圈得电。

2₋₂→**3** KA 的常开触点 KA-1 闭合。

2₋₃→**4** KT1、KT2 的延时闭合触点 KT1-1、KT2-1 瞬间断开，防止 KM3、KM4 线圈得电。

5 按下启动按钮 SB2，其常开触点闭合。

5→**6** 直流接触器 KM1 线圈得电。

　　6₋₁ 常开触点 KM1-1 闭合，实现自锁功能。

6₋₂ 常开触点 KM1-2 闭合，直流电动机串联启动电阻器 R1、R2 后，开始低速启动运转。

6₋₃ 常闭触点 KM1-3 断开，防止中间继电器 KC 线圈得电。

6₋₄ 常闭触点 KM1-4 断开，KT1、KT2 线圈均失电，进入延时复位闭合计时状态。

6₋₅ 常开触点 KM1-5 闭合，为直流接触器 KM3、KM4 线圈得电做好准备。

6₋₄ → **7** 时间继电器 KT1、KT2 线圈失电后，经一段时间延时（在该电路中，时间继电器 KT2 的延时复位时间要长于时间继电器 KT1 的延时复位时间），时间继电器 KT1 的常闭触点 KT1-1 首先复位闭合。

7 → **8** 直流接触器 KM3 线圈得电，常开触点 KM3-1 闭合，短接启动电阻器 R1，直流电动机串联启动电阻器 R2 进行运转，电动机运转速度提升。

9 当到达时间继电器 KT2 的延时复位时间时，常闭触点 KT2-1 复位闭合。

9 → **10** 直流接触器 KM4 线圈得电，常开触点 KM4-1 闭合，短接启动电阻器 R2，电压经闭合的常开触点 KM3-1 和 KM4-1 直接为直流电动机 M 供电，直流电动机工作在额定电压下，进入正常运转状态。

直流电动机的停机控制过程如下：

11 当需要直流电动机停机时，按下停止按钮 SB1。

11 → **12** 直流接触器 KM1 线圈失电。

12₋₁ 常开触点 KM1-1 复位断开，解除自锁功能。

12₋₂ 常开触点 KM1-2 复位断开，切断直流电动机的供电电源，直流电动机做惯性运转。

12₋₃ 常闭触点 KM1-3 复位闭合，为中间继电器 KC 线圈的得电做好准备。

12₋₄ 常闭触点 KM1-4 复位闭合，再次接通时间继电器 KT1、KT2 的供电。

12₋₅ 常开触点 KM1-5 复位断开，直流接触器 KM3、KM4 线圈失电。

13 惯性运转的电枢切割磁力线，在电枢绕组中产生感应电动势，并联在电枢两端的中间继电器 KC 线圈得电，常开触点 KC-1 闭合。

14 直流接触器 KM2 线圈得电，常开触点 KM2-1 闭合，接通制动电阻器 R3 回路，电枢的感应电流方向与原来的方向相反，电枢产生制动转矩，使直流电动机迅速停止转动。

15 当直流电动机转速降低到一定程度时，电枢绕组的感应电动势也降低，中间继电器 KC 线圈失电，常开触点 KC-1 复位断开。

16 直流接触器 KM2 线圈失电，常开触点 KM2-1 复位断开，切断制动电阻器 R3 回路，停止能耗制动，整个系统停止工作。

二十四、直流电动机的降压启动控制线路

图 5-30 是直流电动机的降压启动控制线路。为了避免启动电流过大给电路元器件造成不良的影响，直流电动机在启动时先串入限流降压电阻器，待电动机启动后再将电阻器短路，使电动机恢复额定电压进入正常工作状态。

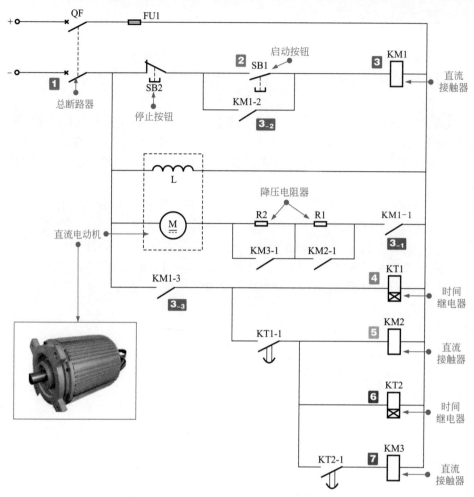

图 5-30　直流电动机的降压启动控制线路

图解

1 闭合总断路器 QF，接入直流电源，为电路进入工作状态做好准备。

2 按下启动按钮 SB1，其常开触点闭合。

3 直流接触器 KM1 线圈得电。

　　3₋₁ 常开触点 KM1-1 闭合，直流电源经降压电阻器 R1、R2 为直流电动机的电枢供电，电动机开始启动。

　　3₋₂ 常开触点 KM1-2 闭合，实现自锁功能。

　　3₋₃ 常开触点 KM1-3 闭合。

3₋₃ → 4 时间继电器 KT1 线圈得电，触点 KT1-1 延迟一定时间后闭合。

4 → 5 直流接触器 KM2 线圈得电，其常开触点 KM2-1 闭合，将降压电阻器 R1 短路，使电动机的供电电压上升。

4 → 6 时间继电器 KT2 线圈得电，延迟一段时间后触点 KT2-1 闭合。

6 → 7 直流接触器 KM3 线圈得电，其常开触点 KM3-1 闭合，将降压电阻器 R2 短路，使供电电压完全加到电动机的电枢上，电动机全压运转，启动完成。

二十五、根据速度控制直流电动机的启动控制线路

图 5-31 为根据速度控制直流电动机的启动控制线路。在该控制线路中设置两个直流接触器 KM2、KM3，用于检测直流电动机电枢端的反电动势，从而根据速度短路电枢中串联的电阻器。

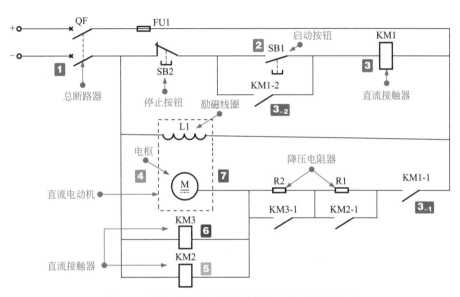

图 5-31　根据速度控制直流电动机的启动控制线路

 **图解**

1 闭合总断路器 QF，接入直流电源，为电路进入工作状态做好准备。

2 按下启动按钮 SB1，其常开触点闭合。

3 直流接触器 KM1 线圈得电。

　　3-1 常开触点 KM1-1 闭合，直流电源经限压电阻器 R1、R2 为直流电动机的电枢供电，电动机开始降压启动。

　　3-2 常开触点 KM1-2 闭合，实现自锁功能。

4 直流电动机启动后速度开始上升，随着电动机转速的升高，反电动势增大，电枢两端的电压也逐渐升高。此时直流接触器 KM2、KM3 线圈依次得电。

4→**5** 直流接触器 KM2 线圈得电后，其常开触点 KM2-1 闭合，将 R1 短路。

4→**6** 直流接触器 KM3 线圈得电后，其常开触点 KM3-1 闭合，将 R2 短路。

5 + **6**→**7** 外部电压全部加到电枢两端，电动机完成启动进入全速工作状态。

提示

直流接触器 KM2、KM3 应根据直流电动机的工作特点，选取适当的吸合电压。

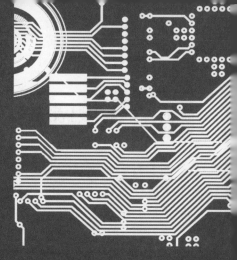

第六章
步进电动机驱动控制线路

 单极性两相步进电动机驱动控制线路

图 6-1 是单极性两相步进电动机的激励驱动等效电路。"激磁"也称"励磁",是指电流通过线圈激发而产生磁场的过程。定子磁极有 4 个两两相对的磁极,在驱动时必须使相对的磁极极性相反。例如,磁极 1 为 N 时,磁极 3 必须为 S,这样才能形成驱动转子旋转的转矩。

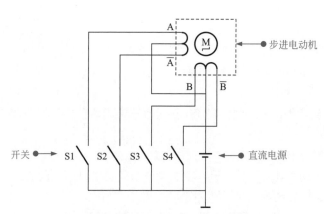

图 6-1 单极性两相步进电动机的激励驱动等效电路

在图 6-1 所示两相绕组中,每相绕组有一个中心抽头将绕组分为两个。从图中可见,电源正极接到中心抽头上,绕组的 4 个引脚分别设一个开关(S1~S4),顺次接通 S1~S4 就会形成旋转磁场,使转子转动。在该方式中,绕组中的电流方向是固定的,因而被称为单极性驱动方式。

图 6-2 为单极性两相步进电动机驱动控制线路。4 个场效应晶体管(VT1~VT4)相当于

4 个开关，由脉冲信号产生电路产生的脉冲顺次加到门控管的控制栅极，使门控管按脉冲的规律导通，驱动步进电动机一步一步转动。

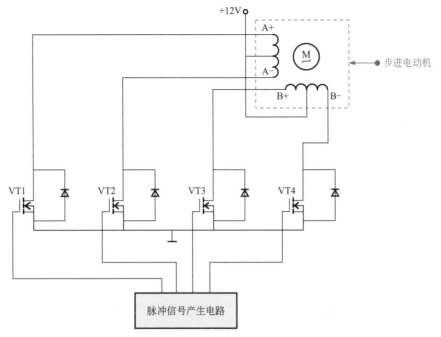

图 6-2　单极性两相步进电动机驱动控制线路

　　步进电动机是将电脉冲信号转变为角位移或线位移的开环控制器件。在负载正常的情况下，电动机的转速、停止的位置（或相位）只取决于驱动脉冲信号的频率和脉冲数，不受负载变化的影响。

　　当步进电动机驱动器接收到一个脉冲信号时，脉冲信号驱动步进电动机按设定方向转动一个固定的角度，该角度被称为"步距角"。它的旋转是以固定的角度一步一步进行的。可以通过控制脉冲数来控制角位移量，从而达到确定的目标；同时可以通过控制脉冲频率来控制电动机转动的速度和加速度，从而达到调速的目的。

　　步进电动机从结构上说是一种感应电动机，其驱动电路将恒定的直流电变为分时供电的多相序控制电流。

二、双极性两相步进电动机驱动控制线路

　　图 6-3 是双极性两相步进电动机驱动控制线路。所谓双极性是指绕组中供电电流的方向是可变的。这种方式需要 8 个场效应晶体管，通过对场效应晶体管的控制，可以改变绕组中电流的方向。

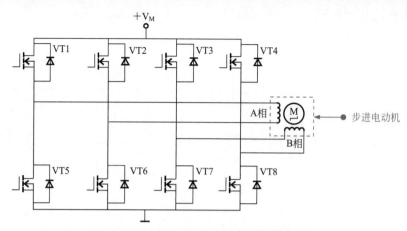

图 6-3　双极性两相步进电动机驱动控制线路

例如，当 VT1 和 VT6 导通、VT2 和 VT5 截止时，电动机 A 相绕组中的电流从上至下流动。当 VT3 和 VT8 导通、VT4、VT7 截止时，电动机 B 相绕组中的电流从左至右流动。当 VT2 和 VT5 导通、VT1 和 VT6 截止时，电动机 A 相绕组中的电流从下至上流动。当 VT4、VT7 导通、VT3 和 VT8 截止时，电动机 B 相绕组中的电流从右至左流动。

 三、 五相步进电动机驱动控制线路

定子绕组由 5 组（10 个线圈）构成的步进电动机称为五相步进电动机。目前五相步进电动机在自动化设备中应用非常广泛，其结构如图 6-4 所示。五相步进电动机的通电顺序与其绕组的连接方式有关。

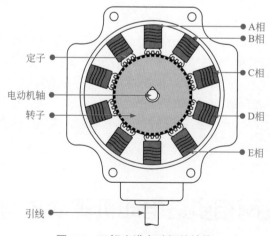

图 6-4　五相步进电动机的结构

图 6-5 是五相步进电动机的接线及驱动方式。其中图 6-5（a）为独立绕组及驱动方式；图 6-5（b）为五角形接线及驱动方式；图 6-5（c）为星形接线方式，星形接线方式的驱动电路与五角形接线方式的驱动电路结构基本相同。

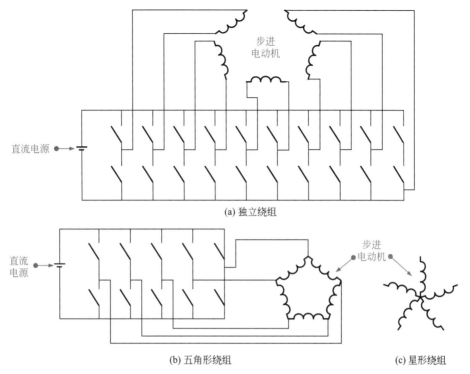

(a) 独立绕组

(b) 五角形绕组　　　　　　　　(c) 星形绕组

图 6-5　五相步进电动机的接线及驱动方式

　　图 6-6 是双极性五相步进电动机驱动控制线路。该控制线路中绕组可以接成五角形，也可以接成星形。绕组中电流方向受驱动晶体管的控制。例如，当驱动晶体管 VT1 和 VT7 导通的瞬间，电源正极经 VT1 将电流送到 C 相绕组的右端。经绕组后由左端流出，经 VT7 到地形成回路。

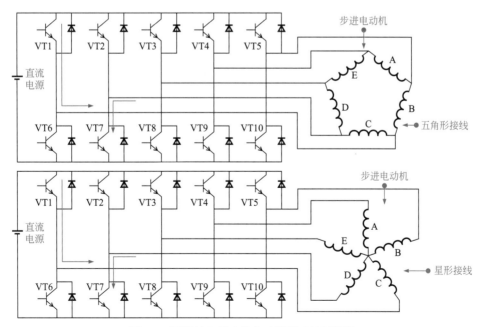

图 6-6　双极性五相步进电动机驱动控制线路

四、采用 L298N 和 L297 芯片的步进电动机驱动控制线路

图 6-7 是由 L298N 和 L297 等集成电路构成的步进电动机的驱动控制线路。

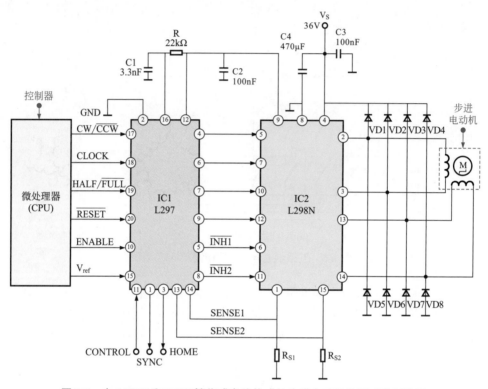

图 6-7　由 L298N 和 L297 等集成电路构成的步进电动机的驱动控制线路

步进电动机（两相）是驱动机构中的动力源。续流二极管（VD1~VD8）为驱动电源提供续流通道。集成电路（IC2 L298N）是驱动脉冲的控制放大电路，为步进电动机提供脉冲。集成电路（IC1 L297）是控制电路，将微处理器送来的控制指令转换成控制 IC2 的信号。电阻器（R_{S1}、R_{S2}）作为电流取样电阻器，检测电动机驱动电路的工作电流。

上述步进电动机驱动电路是受微处理器（CPU）控制的。步进电动机在设备中只是一个动力部件，它的动作与其他的电路和机构相关联。步进电动机的转动方向和启停时间都与整个系统保持同步关系。

1. L298N 的控制关系

图 6-8 是 L298N 的控制关系。L298N 是步进电动机驱动脉冲的形成电路，它有 4 个脉冲信号输出端，其中②脚和③脚为一组，⑬脚和⑭脚为一组，它们分别为步进电动机的两相绕组提供脉冲信号。L298N 输出脉冲的时序和频率受 4 个输入信号的控制，即⑤、⑦、⑩、⑫脚为控制端。①、⑮脚的外接电阻器为电动机绕组电流的取样端。L298N 的控制信号来自 L297。

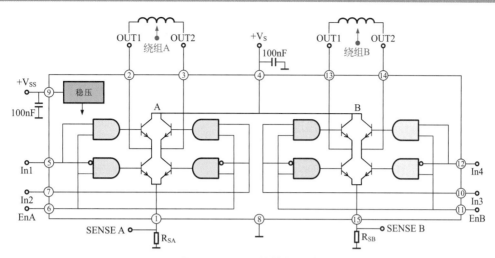

图 6-8　L298N 的控制关系

2. L297 的控制关系

图 6-9 是 L297 的控制关系。该集成电路实际上是步进电动机控制信号的接口电路，它将微处理器（CPU）送来的控制信号在内部经逻辑处理后变成控制 L298N 的信号，经 L298N 变成驱动脉冲再去驱动步进电动机的两相绕组。

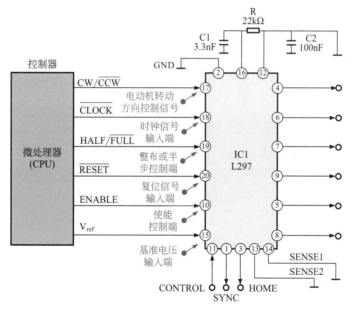

图 6-9　L297 的控制关系

（1）L297 的控制信号输入端

L297 的控制信号来自微处理器，主要有如下几种。

⑰脚为电动机转动方向控制信号，高电平为顺时针方向（CW），低电平为逆时针方向（$\overline{\text{CCW}}$）。

⑱脚为时钟信号输入端（$\overline{\text{CLOCK}}$）。

⑲脚为整步或半步控制端，高电平为半步控制（HALF），低电平为整步控制（$\overline{\text{FULL}}$）。

⑳脚为复位信号输入端（$\overline{\text{RESET}}$）。

⑩脚为使能控制端（ENABLE）。

⑮脚为基准电压输入端（V_{ref}）。

（2）L297 的输出信号

④、⑥、⑦、⑨脚为脉冲输出端，分别输出 A、B、C、D 控制脉冲信号并加到 L298N 的控制信号输入端，由 L298N 形成驱动步进电动机的驱动脉冲。

⑤、⑥脚为禁止信号输出端，当出现过载情况时输出禁止信号，使 L298N 停止工作进行保护。

（3）L297 的工作条件

L297 在进入工作状态时，+5V 电源加到⑫脚，⑫脚外接电容器进行稳压和滤波。

L297 的⑯脚为时间常数端，外接 RC 电路决定内部斩波振荡器的工作频率。

五、采用 TA8435 芯片的步进电动机驱动控制线路

1. 采用 7A8435 芯片的步进电动机驱动控制线路的结构组成

图 6-10 是采用 TA8435 芯片的步进电动机驱动控制线路的结构组成，该控制线路是一种脉宽调制（PWM）控制式微步进双极步进电动机驱动电路。微步进的步距取决于时钟周期。平均输出电流为 1.5 A，峰值电流可达 2.5 A。

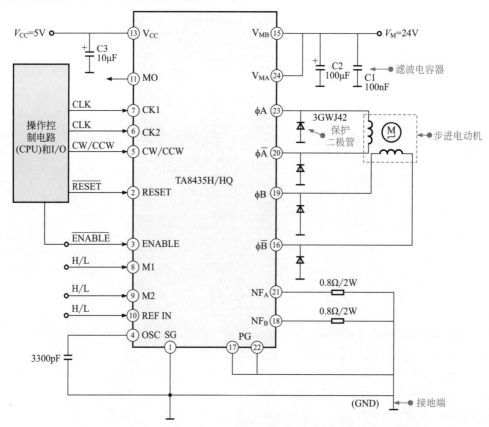

图 6-10　采用 TA8435 芯片的步进电动机驱动控制线路的结构组成

2. 采用 TA8435 芯片的步进电动机驱动控制线路的工作过程

（1）待机状态

步进电动机驱动控制线路在工作前应先进入待机状态，该状态主要是电源供电电路和操作控制电路首先进入待机状态。

+24 V 电源加到芯片 TA8435 的⑮脚和㉔脚，+24V 电源实际上为步进电动机供电。

+5 V 电源为芯片的⑬脚，为芯片内的逻辑控制电路和小信号处理电路供电。

操作控制电路（含 CPU 部分）进入工作准备状态。

（2）步进电动机的启动和运行状态

图 6-11 是步进电动机控制电路与驱动电路的控制关系。在系统中 TA8435 芯片是产生驱动脉冲的主体电路。TA8435 接收控制电路的工作指令，检测电路各部分的工作条件和工作状态，并根据控制指令形成驱动电动机绕组的脉冲信号。

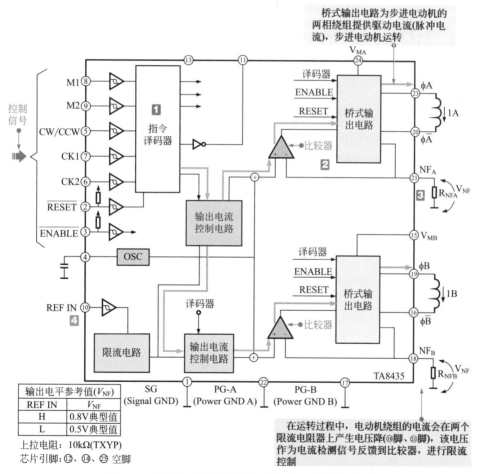

图 6-11　步进电动机控制电路与驱动电路的控制关系

从图可见，TA8435 有多个引脚接收控制电路的指令，主要有如下几个。

● 工作模式控制指令（M1、M2）加到芯片的⑧脚、⑨脚。

● 时钟信号（CK1、CK2）加到芯片的⑥脚、⑦脚。

● 复位信号（RESET）加到芯片的②脚。

● 使能控制信号（ENABLE）加到芯片的③脚。

1 控制信号送到芯片内的指令译码器中进行译码识别，然后将指令信号转换成控制信号送到两组输出电流控制电路。

2 经比较器驱动两个桥式输出电路，由桥式输出电路为步进电动机的两相绕组提供驱动电流（脉冲电流），步进电动机运转。

3 在运转过程中，电动机绕组中的电流会在两个限流电阻器上产生电压降（⑱脚、㉑脚），该电压作为电流检测信号反馈到比较器，进行限流控制。

4 此外在芯片的⑩脚为输出电流的参考值设置引脚。该引脚为高电平时，电流取样电阻器的电压降设定为 0.8V；该引脚为低电平时，电流取样电阻器的电压降设定为 0.5 V。用户可根据电动机的特性进行设置。

六、采用 TB62209F 芯片的步进电动机驱动控制线路

1. 采用 TB62209F 芯片的步进电动机驱动控制线路的结构组成

图 6-12 是采用 TB62209F 芯片的步进电动机驱动控制线路的结构组成。该控制线路具有微步进驱动功能，在微处理器的控制下可以实现精细的步进驱动。步距受时钟信号的控制，一个微步为一个时钟周期。步进电动机为两相绕组，额定驱动电流为 1 A。

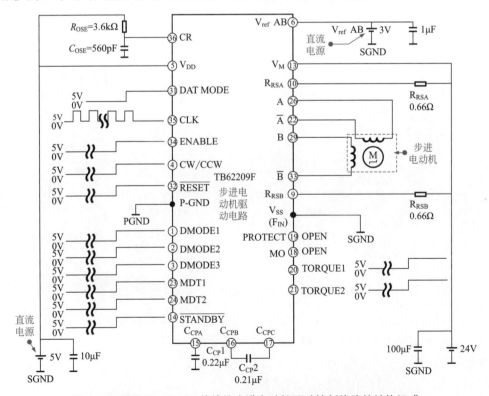

图 6-12　采用 TB62209F 芯片的步进电动机驱动控制线路的结构组成

2. 采用 TB62209F 芯片的步进电动机驱动控制线路的工作过程

步进电动机驱动控制线路在工作前首先进入待机状态，如下各项是满足 TB62209F 芯片的待机条件。

- 电动机供电电源 +24 V 加到 TB62209F 的⑬脚。
- 芯片逻辑电路所需的 +5 V 电源加到 TB62209F 的⑤脚。
- 基准电压 +3 V 加到 TB62209F 的⑥脚，为芯片内振荡电路供电。
- RC 时间常数电路接到 TB62209F 的㊱脚。
- 微处理器进入待机状态并准备为 TB62209F 提供各种控制信号，如图 6-13 所示。

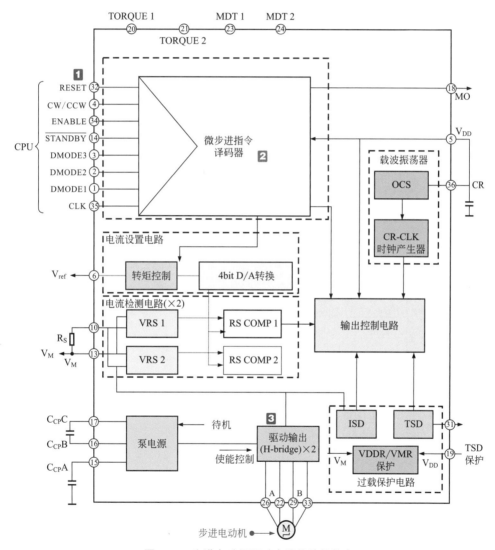

图 6-13　步进电动机驱动电路的待机状态

1 步进电动机是在脉冲信号的作用下一步一步的运转的。TB62209F 芯片是为步进电动机提供脉冲的集成电路，该芯片在工作时受微处理器控制，微处理器分别为 TB62209F 芯片提供

复位信号加到㉜脚，待机控制信号加到⑭脚，转动方向指令信号加到④脚，工作模式信号加到①脚~③脚，时钟信号加到㉟脚，使能控制信号加到㉞脚。

2 微处理器的指令信号送入 TB62209F 芯片后，由芯片内的微步进指令译码器对各种指令和控制信号进行识别，然后形成各种控制信号对芯片内的电路单元进行控制，最后形成步进脉冲驱动电动机，使电动机按指令运转。

3 在驱动芯片中采用桥式输出电路可实现双向驱动功能。两相步进电动机需要两个桥式驱动电路。从图中可见，在芯片㉖、㉒脚和㉙、㉝脚内接有两个驱动控制电路（A、B 相），分别控制电动机的两相绕组。

七、采用 TB6608 芯片的步进电动机驱动控制线路

1. 采用 TB6608 芯片的步进电动机驱动控制线路的结构组成

图 6-14 是采用 TB6608 芯片的步进电动机驱动控制线路的结构组成。该控制线路采用 PWM 型步进电动机驱动电路，它主要是由操作控制电路（CPU）、驱动脉冲产生电路（TB6608）和两相步进电路等部分构成的，可在低电压条件下工作（+5V 电源供电），输出电流可达 0.8A，步进信号由时钟脉冲提供。

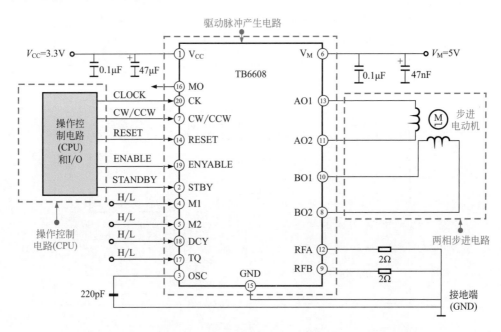

图 6-14　采用 **TB6608** 芯片的步进电动机驱动控制线路的结构组成

2. 采用 TB6608 芯片的步进电动机驱动控制线路的工作过程

（1）待机状态

步进电动机驱动控制线路在工作前应先进入待机状态，该状态主要是使电源供电电路和操作控制电路进入待机状态。

- +5 V 电源加到 TB6608 芯片的⑥脚，经芯片内的桥式输出电路为电动机绕组供电。
- +3.3 V 电源加到 TB6608 芯片的①脚，为芯片内的小信号处理电路供电。
- 操作控制电路（CPU）及接口电路（I/O）进入工作准备状态。

（2）步进电动机的启动和运行状态

图 6-15 是 TB6608 芯片的内部框图，该图示出了步进电动机驱动电路的工作流程。在系统中，TB6608 芯片在控制电路的作用下形成驱动步进电动机的脉冲信号。

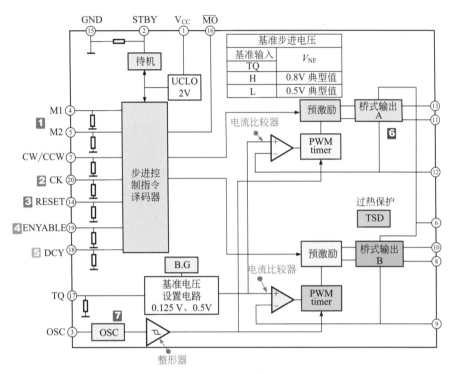

图 6-15　TB6608 芯片的内部框图

图解

从图中可见，TB6608 芯片有多个引脚接收控制电路送来的操作指令，主要有如下几个。

1 工作模式指令信号（M1、M2）加到芯片的④、⑤脚。

2 时钟脉冲信号（CK）加到芯片的⑳脚。

3 复位信号（RESET）加到芯片的⑭脚。

4 使能控制信号（ENYABLE）加到芯片的⑲脚。

5 电流衰减控制信号（DCY）加到芯片的⑱脚。

6 上述控制信号是由 CPU 产生，并经接口电路（I/O）为芯片 TB6608 提供的。该信号在 TB6608 芯片内经译码识别后，转换成控制信号控制预激励电路，最后经桥式输出电路 A、B 为两相步进电动机的绕组提供驱动脉冲，使步进电动机进入运转状态。

7 TB6608 芯片内设有振荡电路（OSC），振荡信号经整形电路后形成脉冲信号，该脉冲信号经 PWM 信号定时器（PWM time）形成驱动脉冲。在运行时，接在⑨、⑫脚的限流电阻器为电流比较器提供电流检测信号，从而可实现自动限流控制。

八、采用 TB6560HQ 芯片的步进电动机驱动控制线路

1. 采用 TB6560HQ 芯片步进电动机驱动控制线路的结构组成

图 6-16 是采用 TB6560HQ 芯片的步进电动机驱动控制线路的结构组成。该系统是由控制电路（或微处理器 CPU）、驱动信号形成电路（TB6560HQ）和步进电动机（采用两相绕组）等部分构成的。

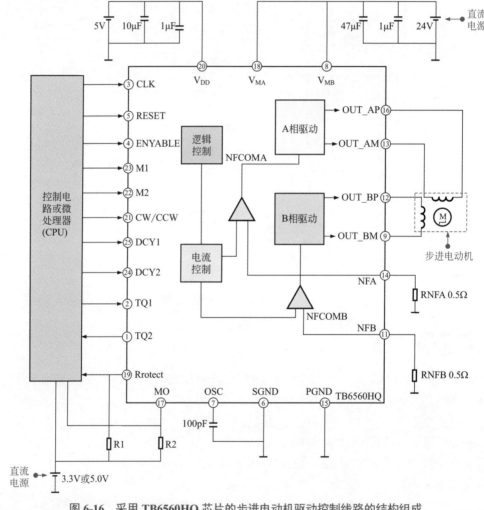

图 6-16　采用 TB6560HQ 芯片的步进电动机驱动控制线路的结构组成

2. 采用 TB6560HQ 芯片的步进电动机驱动控制线路的工作过程

（1）待机状态

步进电动机驱动电路在工作前应先进入待机状态，待机状态的工作条件是由电源供电电路和控制电路提供的，主要有如下几个方面。

● 电动机的供电电源 +24 V，经电容器滤波后分别加到 TB6560HQ 芯片的⑧脚和⑱脚。
● +5 V 电源经电容滤波后加到芯片的⑳脚，为芯片内的逻辑控制电路供电。
● 启动控制电路由控制电路为芯片提供控制信号。

（2）步进电动机的启动和运行状态

图 6-17 是 TB6560HQ 芯片的内部框图与驱动电路的控制关系。在步进电动机启动和运行时，由控制电路输出各种控制信号。

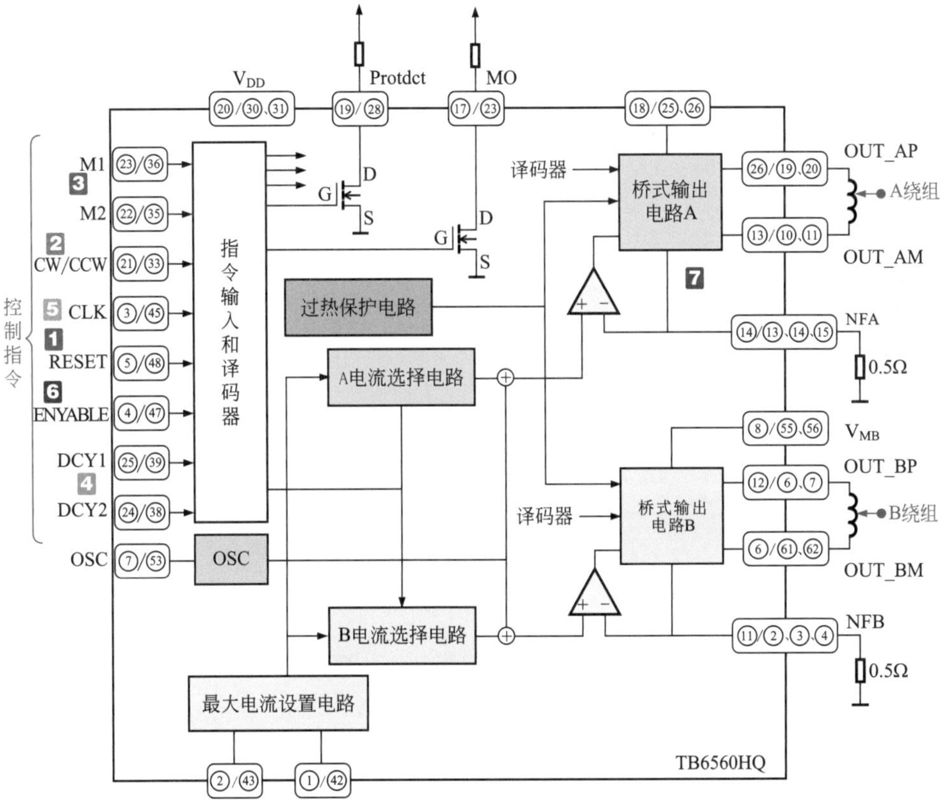

图 6-17　**TB6560HQ** 芯片的内部框图与驱动电路的控制关系

图解

1 TB6560HQ 芯片为㉕脚封装结构，TB6560FG 为(62)脚封装结构。这两种芯片的电路功能相同，但引脚排列不同。复位信号加到 TB6560HQ 芯片的⑤脚或 TB6560FG 的㊽脚，下面以 TB6560HQ 引脚排列进行介绍。

2 转动方向指令加到㉑脚。

3 工作模式设置信号 M1、M2 分别加到㉒、㉓脚。

4 电流衰减模式 DCY1、DCY2 分别加到㉕、㉔脚。

5 时钟信号 CLK 加到③脚。

6 使能控制信号加到④脚。

7 TB6560HQ 芯片收到指令后经内部指令识别、译码、逻辑控制后由 A 相驱动和 B 相驱动输出脉冲信号，电动机开始运转。TB6560HQ 可为电动机绕组提供足够的驱动电流。当限流电阻器（R_{NFA}、R_{NFB}）取 0.5Ω 时，额定电流可达 1A。

九、采用 L6470 芯片的步进电动机驱动控制线路

1. 采用 L6470 芯片步进电动机驱动控制线路的结构组成

图 6-18 是采用 L6470 芯片的步进电动机驱动控制线路的结构组成。该控制线路是一种精细步进电动机驱动电路。图中示出了步进电动机驱动系统的主要元器件及控制关系。该系统采用两相双极性步进电动机，驱动电路采用具有 4 路功率输出的专用集成芯片 L6470，控制电路是由微处理器（CPU）等部分构成的。

采用 L6470 芯片的步进电动机驱动控制线路

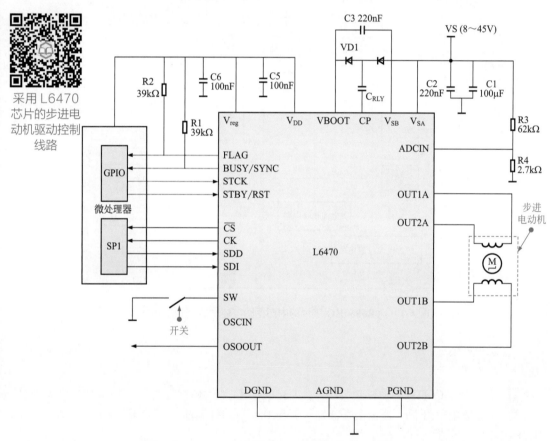

图 6-18　采用 L6470 芯片的步进电动机驱动控制线路的结构组成

该系统直流电源的供电电压为 8 ～ 45 V，最大峰值驱动电流可达 7 A，在微处理器的控制下精细步进可达 1/128 微步。

2. 采用 L6470 芯片的步进电动机驱动控制线路的工作过程

图 6-19 是采用 L6470 芯片的步进电动机驱动控制线路的控制关系，系统中的核心部分是集成芯片 L6470，系统中的主要控制和检测电路都集成在一个芯片之中。

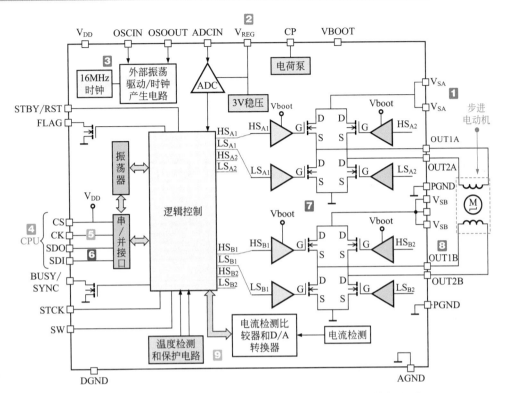

图 6-19 采用 L6470 芯片的步进电动机驱动控制线路的控制关系

图解

◆ 系统的待机状态

系统启动之前，先进入待机状态，其动作如下。

1 由直流电源为芯片的 V_{SA} 和 V_{SB} 端供电，该电源供电端是芯片内的功率输出级提供电源，功率输出级由两组桥式电路构成，每个桥式电路是由 4 个场效应晶体管构成的。

2 此外电源还为芯片内的小信号处理电路和逻辑控制电路供电，直流 3 ～ 5 V 的电压加到 V_{REG} 端。

3 电源供电后芯片内的时钟振荡电路起振，产生 16 MHz 时钟信号，使逻辑控制电路处于待机状态。

◆ 启动状态

4 启动时由人工操作启动键为微处理器输入人工指令。微处理器接到指令后，输出启动控制信号，启动控制信号是通过串 / 并接口电路送给控制芯片的。该信号包括四个信号，即片选信号（CS）：该信号是送给芯片的启动控制信号。

5 时钟信号（CK）：该信号是与数据信号并行的同步信号。

6 数据信号（SDO、SDI）：数据信号的两个端口分别用于接收和发送信号，它们是双向互传数据信号用的接口。主要是传输 CPU 的控制内容，并将工作状态反回给 CPU。

7 微处理器的控制数据送给芯片内的逻辑控制电路，经过逻辑处理后形成步进驱动脉冲并分 8 路去控制输出级的 8 个场效应晶体管。

8 个场效应晶体管组合后分成两个桥式输出电路输出两组驱动信号，并分别加到步进电动机的两相绕组上，使步进电动机一步一步运转。

◆ 系统的过载保护

9 系统在运行过程中，在 L6470 芯片中分别设有电源检测电路和温度检测电路。当驱动电动机绕组的电流过载时，或是芯片的温度超过额定值时，逻辑控制电路立即动作进行停机保护。

十、采用 TB6562ANG/AFG 芯片的步进电动机驱动控制线路

图 6-20 是采用 TB6562ANG/AFG 芯片的步进电动机驱动控制线路。

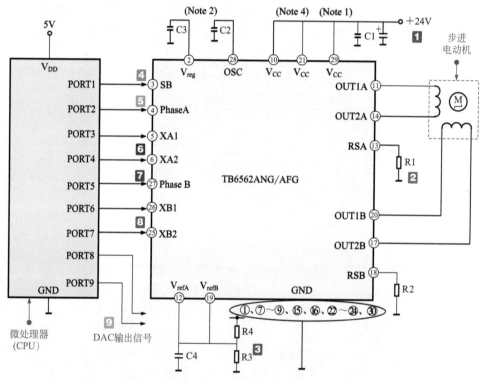

图 6-20　采用 TB6562ANG/AFG 芯片的步进电动机驱动控制线路

图解

在步进电动机驱动控制线路中，TB6562ANG/AFG 芯片是主要的驱动电路。

1 +24V 电源为芯片供电，经芯片内的桥式输出电路为步进电动机两相绕组提供电流。

2 R1、R2 为限流电阻器，分别用以检测步进电动机两绕组的电流，进行限流控制。

3 R3、R4 为分压电路，为⑫、⑲脚提供基准电压。

4 微处理器输出多组信号对芯片进行控制，③脚为待机 / 开机控制信号端（SB）。

5 ④脚为 A 相转动方向控制端（Phase A）。

6 ⑤、⑥脚为 A 相绕组电流设置端（XA1、XA2）。

7 ㉗脚为 B 相转动方向控制端（Phase B）。

8 ㉕、㉖脚为 B 相绕组电流设置端（XB1、XB2）。

9 微处理器的 DAC 输出可作为 TB6562 芯片⑫、⑲脚的基准电压，取代分压电路。

图 6-21 是 TB6562ANG/AFG 芯片的内部功能框图。

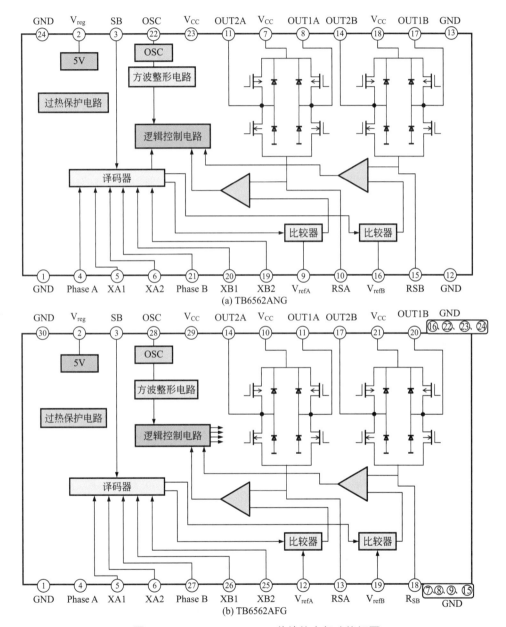

图 **6-21**　**TB6562ANG/AFG** 芯片的内部功能框图

从图 6-21 可见，电动机驱动电路受微处理器的控制，控制信号送到 TB6562ANG/AFG 芯片中，经译码器转换成控制信号对逻辑控制电路进行控制，最后经桥式输出电路去驱动步进电动机的两个绕组。

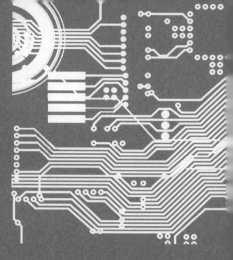

第七章
伺服电动机驱动控制线路

一、 伺服电动机控制线路的基本结构

　　伺服是英文 Servo 的译音，伺服系统是指具有反馈环节的自动控制电路。图 7-1 是具有速度反馈环节的伺服控制电路示意，该系统中电动机是执行任务的动力元件，所以这种电动机又被称为伺服电动机。图 7-2 是伺服电动机的实物外形。伺服电动机有交流伺服电动机、直流伺服电动机，以及步进电动机。

　　伺服系统中包含伺服控制和驱动电路以及电动机，在自动控制设备中伺服系统是不可缺少的组成部分。伺服电路的应用很广。例如，光盘机中的主轴电动机驱动系统，使激光头跟踪光盘上的信息纹；录像机中的鼓电动机伺服系统，使旋转磁头与磁带上的磁迹同步；卫星天线的电动机驱动系统，使天线的方向跟随卫星运动。

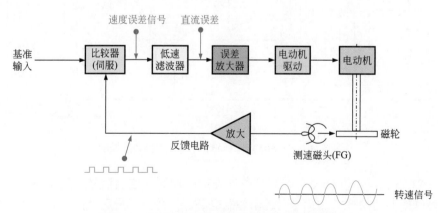

图 7-1　具有速度反馈环节的伺服控制电路示意

图 7-2　伺服电动机的实物外形

二、采用 LM675 芯片的伺服电动机驱动控制线路

1. 采用 LM675 芯片伺服电动机驱动控制线路的结构组成

图 7-3 是一种采用功率运算放大器 LM675 芯片的伺服电动机驱动控制线路的结构组成。电动机采用直流伺服电动机。

采用 LM675 芯片的伺服电动机驱动控制线路

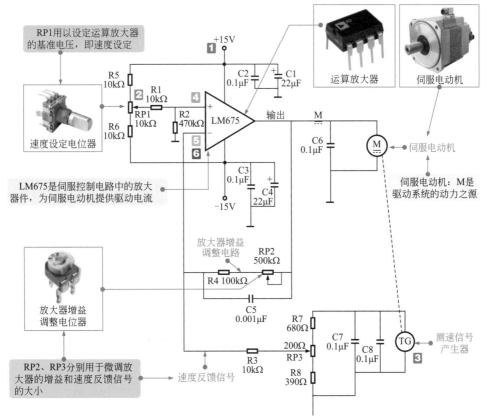

图 7-3　采用 LM675 芯片的伺服电动机驱动控制线路的结构组成

1 功率运算放大器 LM675 由 15 V 供电。

2 电位器 RP1（10 kΩ）作为速度指令电压加到运算放大器 LM675 的同相输入端，放大器的输出电压加到伺服电动机的供电端。

3 电动机上装有测速信号产生器，用于实时检测电动机的转速。实际上测速信号产生器是一种发电机，它输出的电压与转速成正比。测速信号产生器 TG 输出的电压经分压电路后，作为速度误差信号反馈到运算放大器的反相输入端。

4 电位器的输出实际上就是速度指令信号，该信号加到运算放大器的同相输入端，相当于基准电压。

5 当电动机的负载发生变动时，反馈到运算放大器反相输入端的电压也会发生变化，即电动机负载加重时速度会降低，测速信号产生器的输出电压也会降低，使运算放大器反相输入端的电压降低，该电压与基准电压之差增加，运算放大器的输出电压增加。

6 反之，当负载变小电动机速度增加时，测速信号产生器的输出电压上升，加到运算放大器反相输入端的反馈电压增加，该电压与基准电压之差减小，运算放大器的输出电压下降，进而使电动机的速度下降，从而使电动机转速自动稳定在设定值。

2. 伺服电动机的控制过程

伺服系统中驱动控制电路可根据指令信号对电动机进行控制。下面分四步介绍伺服控制电路的工作过程。

（1）伺服控制电路的初始工作状态

伺服电路的初始工作状态如图 7-4 所示。在初始工作状态时，直流电动机（伺服电动机）的驱动电压为 6V，电动机的转速为 5000r/min。此时输入指令电压为 5.12V，速度信号经频率检测电路后输出 5V 反馈信号，误差电压（5.12V-5V=0.12V）。在电路中伺服放大器的增益 $A=50$，输出驱动电压为 0.12V×50=6V。

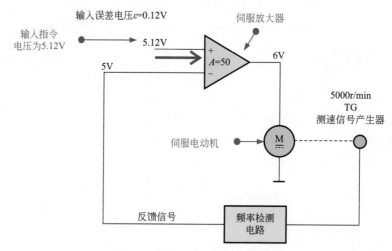

图 7-4　伺服电路的初始工作状态

（2）电动机负载增加时的工作状态

电动机负载增加时的工作状态如图 7-5 所示。当电动机负载增加时电动机转速下降，其转速下降为 4960r/min 时测速信号经频率检测电路输出 4.96V，速度信号反馈到伺服放大器的输入端，指令电压与反馈电压之差增加，即 5.12V-4.96V=0.16V，经伺服放大器放大后（增益 $A=50$），则输出驱动电压为 0.16V×50=8V。在这种情况下电动机的负载增加引起转速下降时，伺服放大器的输出电压会自动增加（从 5V 增加到 8V），从而可增加电动机的输出功率。

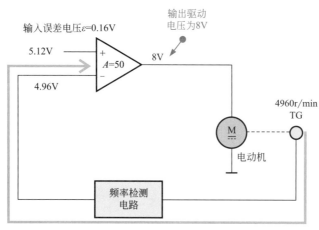

图 7-5　电动机负载增加时的工作状态

（3）电动机负载进一步加重时的工作状态

如果负载进一步加重，电动机转速进一步降低，当电动机转速下降为 4920r/min 时，频率检测电路的输出降为 4.92V，伺服放大器的输入误差会变成 0.2V，放大器的输出电压会增加到 10V，如图 7-6 所示。

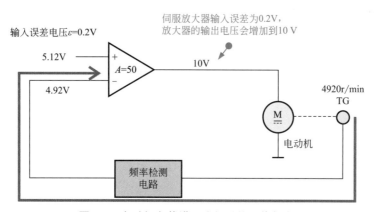

图 7-6　电动机负载进一步加重的工作状态

（4）电动机负载减轻时的工作状态

反之如果电动机负载减轻，电动机转速升高，伺服放大器的输入误差电压会减小，进而伺服放大器的输出电压降低。伺服放大器根据电动机转速自动控制电动机的转速。如果改变输入指令电压的值，伺服放大器的跟踪目标值发生变化，电动机会按照指令值改变转速。

三、桥式伺服电动机驱动控制线路

图 7-7 是桥式伺服电动机驱动控制线路。这种控制线路利用桥式电路的结构检测电动机的速度误差，再通过负反馈环路控制加给电动机的电压，从而达到稳速的目的。

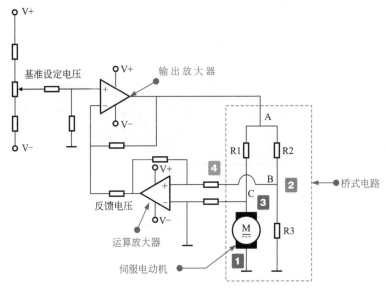

图 7-7　桥式伺服电动机驱动控制线路

1 伺服电动机接在桥式电路中，A 点经串联电阻器为电动机供电，C 点的电压因受到电动机反电动势能的作用而发生波动。

2 B 点为电阻分压电路，其电压可作为基准。

3 当电动机转速升高时，C 点的电压上升，经运算放大器后作为速度反馈信号的电压也会上升，经与基准设定电压比较（输出放大器是一个电压比较器）使输出电压下降，进而 A 点的供电电压也会下降，电动机则自动降速。

4 电动机转速下降后 C 点的电压会低于 B 点，经运算放大器后反馈电压减小，从而使输出放大器的输出电压上升，进而使电动机转速上升，这样就能将电动机转速稳定在一定范围内。

四、采用 NJM2611 芯片的伺服电动机驱动控制线路

图 7-8 是采用 NJM2611 芯片的伺服电动机驱动控制线路。图 7-9 是 NJM2611 芯片的内部功能框图。

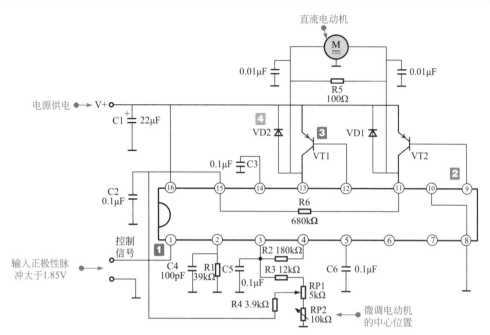

图 7-8 采用 NJM2611 芯片的伺服电动机驱动控制线路

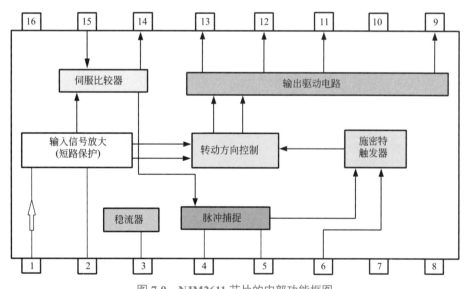

图 7-9 NJM2611 芯片的内部功能框图

图解

1 控制信号（大于 1.85 V 的正极性脉冲）加到芯片的①脚，经输入信号放大后在芯片内送入伺服比较器与⑮脚送来的反馈信号进行比较。

2 由比较获得的误差信号经脉冲捕捉和触发器送到转动方向控制电路，经控制后由⑨脚和⑫脚输出控制信号。

3 控制信号分别经 VT1 和 VT2 驱动电动机。

VD1、VD2 为保护二极管。

五、采用 TLE4206 芯片的伺服电动机驱动控制线路

图 7-10 是采用 TLE4206 芯片的伺服电动机驱动控制线路。它的主要电路都集成在芯片中。

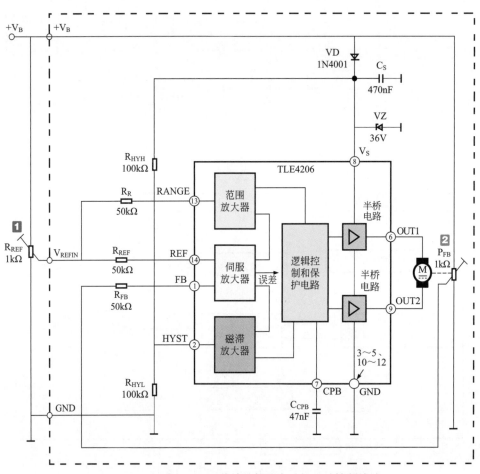

图 7-10 采用 TLE4206 芯片的伺服电动机驱动控制线路

 图解

 速度设置由电位器 R_{REF} 确定，该信号作为基准信号送入芯片的伺服放大器中。

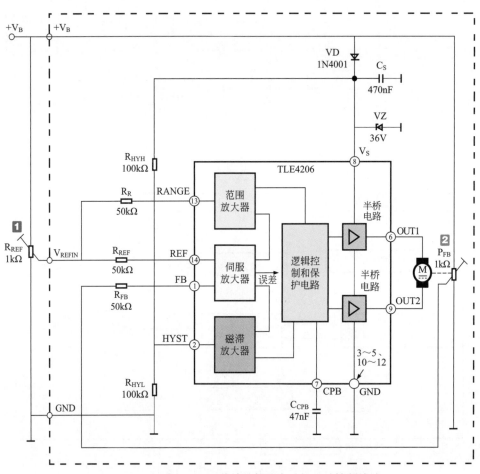 基准信号与电动机联动的电位器 P_{FB} 的输出作为负反馈信号送到伺服放大器中，反馈信号与基准电压进行比较从而输出误差信号，误差信号经逻辑控制电路、两个半桥电路为直流电动机提供驱动信号。

六、采用 M64611 芯片的伺服电动机驱动控制线路

图 7-11 是采用 M64611 芯片的伺服电动机驱动控制线路。该控制线路可用于无线电控制设备中。

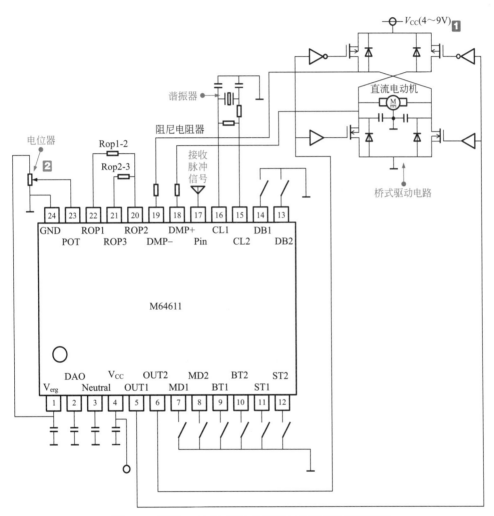

图 7-11 采用 M64611 芯片的伺服电动机驱动控制线路

1 电源电压为 4 ~ 9V，电动机的速度设置是由电位器设定的。

2 电位器将模拟电压加到集成芯片的㉓脚，经芯片处理后由⑤脚和⑥脚输出控制信号，经桥式电路为直流电动机供电。

图 7-12 为 M64611 芯片的内部功能框图。

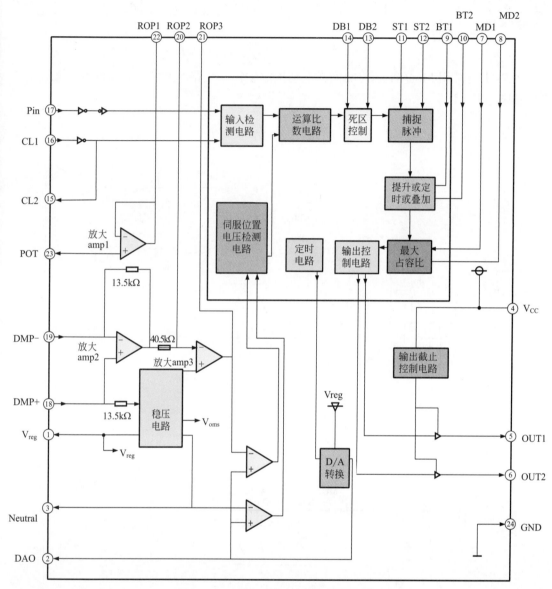

图 7-12　M64611 芯片的内部功能框图

七、采用 TA8499 芯片的伺服电动机驱动控制线路

图 7-13 是采用 TA8499 芯片的伺服电动机驱动控制线路。该控制线路专用于 CD/DVD 伺服系统中。

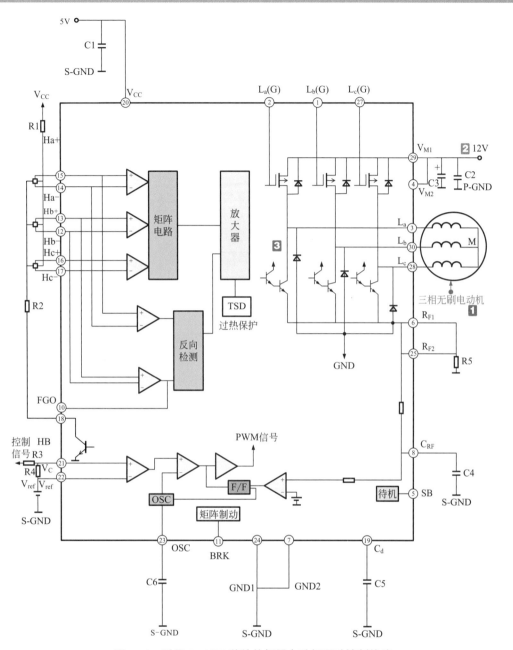

图 7-13 采用 TA8499 芯片的伺服电动机驱动控制线路

图 解

1 被控电动机是一台三相直流无刷电动机，它具有三相定子绕组。为检测转子磁极的位置，电动机内设有三个霍尔 IC。

2 该电路可使用 12V 的电源供电。控制信号分别加到集成芯片的㉑脚和⑤脚。

3 芯片内设有 3 个场效应功率晶体管和 3 个复合晶体管组成逆变器电路，它在矩阵电路和放大器的控制下输出三相驱动信号。

八、采用 BA6411 和 BA6301 两个芯片的伺服电动机驱动控制线路

图 7-14 是采用 BA6411 和 BA6301 两个芯片的伺服电动机驱动控制线路。电动机内设有两个霍尔传感器和一个速度检测传感器（FG）。

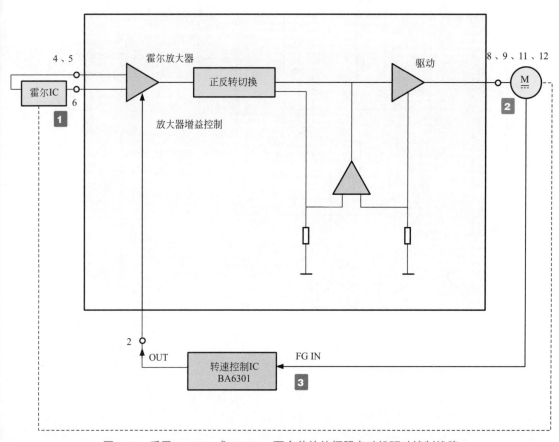

图 7-14 采用 BA6411 或 BA6301 两个芯片的伺服电动机驱动控制线路

1 在工作时霍尔传感器的输出经霍尔放大器放大后经正反转切换电路后输出驱动信号。

2 驱动信号再经放大后为电动机绕组提供驱动电流，电动机开始旋转。

3 FG 输出与转速成正比的信号，该信号经 BA6301 放大后送入 BA6411 中控制霍尔放大器的增益，使电动机保持稳定的速度。

图 7-15 是两相伺服电动机控制线路实例。

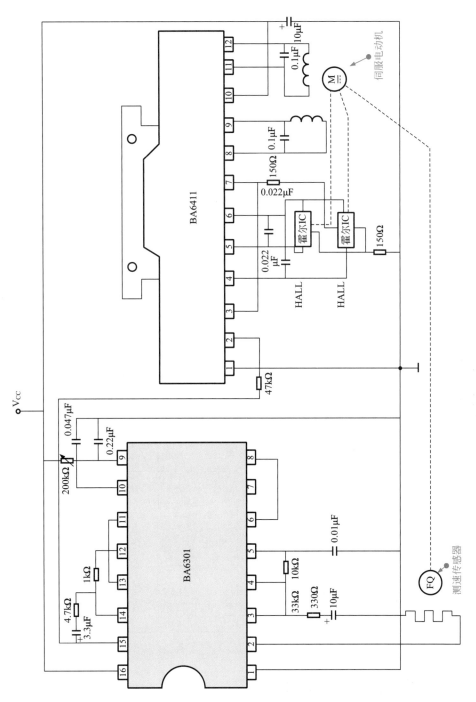

图 7-15　两相伺服电动机控制线路实例

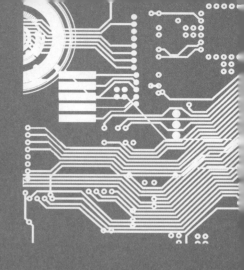

第八章
机电控制线路

一、升降机控制线路

　　升降机控制线路主要用于控制升降机自动在两个高度升降作业（如两层楼房），即将货物提升到固定高度，等待一段时间后升降机自动下降到规定高度，以便进行下一次提升搬运。

　　图 8-1 为升降机控制线路的结构组成和接线关系。

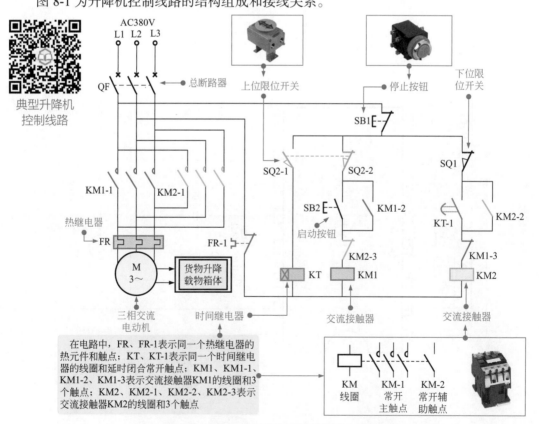

图 8-1　升降机控制线路的结构组成和接线关系

图 8-2 为升降机控制线路的工作过程分析。

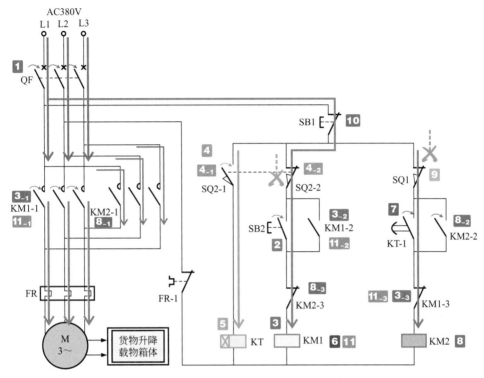

图 **8-2**　升降机控制线路的工作过程分析

图解

1 合上电源总断路器 QF，接通三相电源，为电路进入工作状态做好准备。

2 按下启动按钮 SB2，其常开触点闭合。

3 交流接触器 KM1 线圈得电。

> **3₋₁** 常开主触点 KM1-1 闭合，电动机接通三相电源正向运转，货物升降机上升。

> **3₋₂** 常开辅助触点 KM1-2 闭合自锁，使 KM1 线圈保持得电。

> **3₋₃** 常闭辅助触点 KM1-3 断开，防止交流接触器 KM2 线圈得电。

3₋₁ → **4** 当货物升降机上升到规定高度时，上位限位开关 SQ2 动作。

> **4₋₁** 常开触点 SQ2-1 闭合。

> **4₋₂** 常闭触点 SQ2-2 断开。

4₋₁ → **5** 时间继电器 KT 线圈得电吸合，将按照预先设定值开始进入定时计时状态。

4₋₂ → **6** KM1 线圈失电，其触点全部复位。常开主触点 KM1-1 复位断开，切断电动机供电电源，电动机停止运转。

7 时间继电器 KT 线圈得电后，经过定时时间，其触点动作，即常开触点 KT-1 闭合。

7 → **8** 交流接触器 KM2 线圈得电。

> **8₋₁** 常开主触点 KM2-1 闭合，三相电源反相接通，电动机反向运转，货物升降机下降。

> **8₋₂** 常开辅助触点 KM2-2 闭合自锁，使 KM2 线圈保持得电。

8₋₃ 常闭辅助触点 KM2-3 断开，防止 KM1 线圈得电。

9 当货物升降机下降到规定高度时，下位限位开关 SQ1 动作，其常闭触点断开。交流接触器 KM2 线圈失电，其触点全部复位。常开主触点 KM2-1 复位断开，切断电动机供电电源，电动机停止运转。

10 若需停机，按下停止按钮 SB1。

11 交流接触器 KM1 或 KM2 线圈失电，其对应触点均复位。

11₋₁ 常开主触点 KM1-1 或 KM2-1 复位断开，切断电动机的供电电源，电动机停止运转。

11₋₂ 常开辅助触点 KM1-2 或 KM2-2 复位断开，解除自锁功能。

11₋₃ 常闭辅助触点 KM1-3 或 KM2-3 复位闭合，为电动机下一次启动或停机做好准备。

二、抛光机控制线路

图 8-3 是采用脚踏开关控制的抛光机控制线路。在控制线路中，L2、L3 经变压器降压后，再经热继电器的常闭触点 FR1-1 和脚踏开关 SA 为交流接触器线圈供电。在该控制线路中应选动作可靠的脚踏开关和与开关相连的电缆，确保能长期可靠的工作。此控制线路可用在抛光机和砂轮机等设备中。

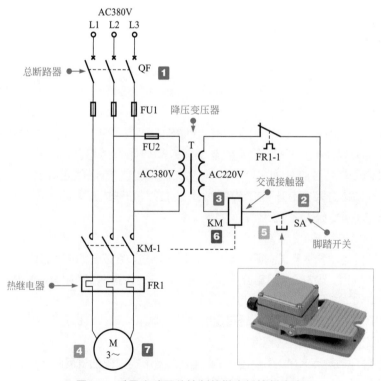

图 8-3 采用脚踏开关控制的抛光机控制线路

1 闭合总断路器 QF，接通三相电源，为电路进入工作状态做好准备。

2 踏下开关 SA，其常开触点闭合。

3 交流接触器 KM 线圈得电，其常开触点 KM-1 闭合。

3 → 4 电动机旋转开始工作。

5 松开脚踏开关 SA，其触点复位断开。

6 交流接触器 KM 线圈失电，其常开触点 KM-1 复位断开。

6 → 7 电动机停转。

三、 切纸机光电自动保护控制线路

图 8-4 是切纸机光电自动保护控制线路。该控制线路应用于切纸机的切刀控制系统中，用于控制切刀电动机是否运行的自动保护电路。

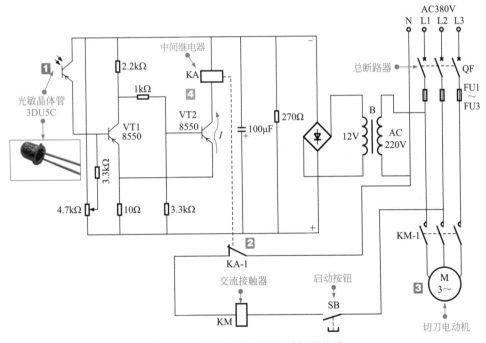

图 8-4 切纸机光电自动保护控制线路

图 解

1 在切纸机的切刀控制线路中，如果手在刀口位置，则光敏晶体管会被手挡住光的通路。

2 光敏晶体管就会截止，使晶体管 VT1 基极电流过小而截止。VT1 截止，致使 VT2 基极电压降低而导通（对 PNP 型晶体管来说），于是继电器 KA 线圈得电，其常闭触点 KA-1 断开。

3 触点 KA-1 断开后，控制切刀电动机的交流接触器 KM 线圈不能得电，切刀电动机不会启动，从而可达到安全保护作用。

4 只有手离开切刀，光照到光敏晶体管并使之导通，使晶体管 VT1 也导通，VT2 截止，继电器 KA 线圈不得电，其常闭触点 KA-1 不动作，切刀电动机才可以工作。

四、 B690 型牛头刨床控制线路

牛头刨床是一种用于平面和凹槽加工的机电设备，最大行程为 900mm，设有两个电动机，即主电动机和进给电动机，其中主运动在 3 ~ 37 m/min，进给量运动范围为 0.25 ~ 5mm。图 8-5 为 B690 型牛头刨床控制线路。

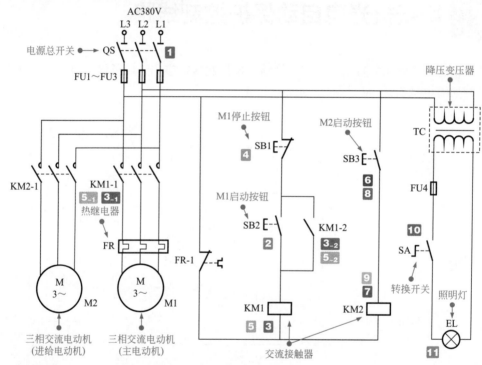

图 8-5　B690 型牛头刨床控制线路

图解

1 合上电源总开关 QS，接通三相电源，为电路进入工作状态做好准备。

2 按下 M1 启动按钮 SB2，其常开触点闭合。

3 交流接触器 KM1 线圈得电。

　　3₋₁ 常开主触点 KM1-1 闭合，电动机 M1 接通三相电源启动运转。

　　3₋₂ 常开辅助触点 KM1-2 闭合，实现自锁功能。

4 当三相交流电动机 M1 需要停机时，按下 M1 停止按钮 SB1。

5 交流接触器 KM1 线圈失电。

　　5₋₁ 常开主触点 KM1-1 复位断开，切断电动机 M1 供电电源，M1 停止运转。

5₋₂ 常开辅助触点 KM1-2 复位断开，解除自锁功能。

6 按下 M2 启动按钮 SB3。

7 交流接触器 KM2 线圈得电，其常开主触点 KM2-1 闭合，电动机 M2 接通供电电源启动运转。

8 当三相交流电动机 M2 需要停机时，松开 M2 启动按钮 SB3。

9 交流接触器 KM2 线圈失电，常开主触点 KM2-1 复位断开，切断电动机 M2 供电电源，M2 停止运转。

10 在需要照明灯时，可将照明开关 SA 旋至接通的状态。

11 此时照明变压器二次侧通路，照明灯 EL 点亮。

五、Y7131 型齿轮磨床控制线路

图 8-6 为 Y7131 型齿轮磨床控制线路的结构组成。该机电设备中采用多个三相交流电动机实现不同的功能。电动机是由启动按钮、停止按钮、交流接触器及多速开关、旋转开关等控制的。三速电动机有三种转速，由多速开关控制。

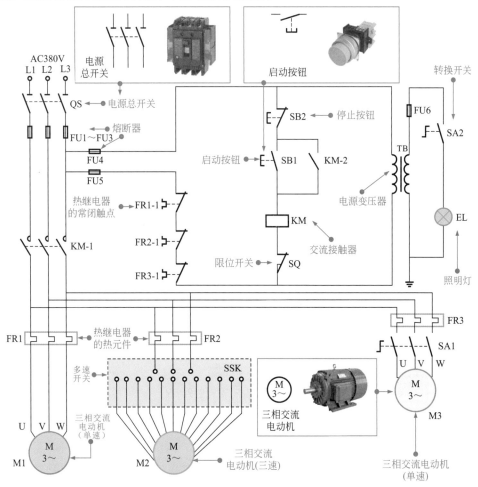

图 8-6　Y7131 型齿轮磨床控制线路的结构组成

多速开关实际上是一种万能转换开关，触点数量较多，主要用于控制电路的转换或电气测量仪表的转换，也可以用作小容量异步电动机的启动、换向及变速控制。

当万能转换开关的手柄转至相关功能的位置时，两触点闭合，接通电路或电气设备；若将手柄转至停止位置，内部的相关触点处于断开状态，断开电路或电气设备。

多速开关 SSK 共有四个位置，分别为"停机""低速""中速"和"高速"，将 SSK 扳到不同的位置，便可以控制三速电动机的不同转速，如图 8-7 所示。

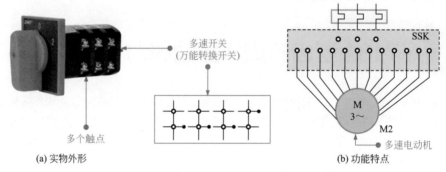

(a) 实物外形　　　　　　　　　　　　　　　　　(b) 功能特点

图 8-7　多速开关的实物外形和功能特点

结合 Y7131 型齿轮磨床设备的电气功能（机电一体化特点），根据电路中各主要部件的功能、工作特点和部件之间的连接关系，可完成对 Y7131 型齿轮磨床控制线路的工作过程分析。图 8-8 为 Y7131 型齿轮磨床控制线路的工作过程分析。

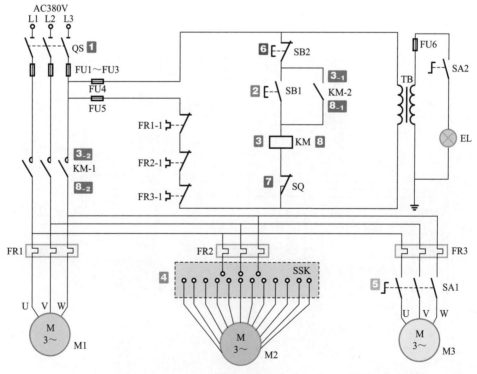

图 8-8　Y7131 型齿轮磨床控制线路的工作过程分析

1 合上电源总开关 QS，接通三相电源，为电路进入工作状态做好准备。

2 按下启动按钮 SB1，其常开触点接通。

3 交流接触器 KM 的线圈得电，相应触点开始动作。

    3-1 常开辅助触点 KM-2 闭合，实现电路的自锁功能。

    3-2 常开主触点 KM-1 闭合，电源为电动机 M1 供电，电动机 M1 启动运转。

4 调整多速开关 SSK 至低速、中速或高速的任意一个位置，电动机 M2 以不同转速运转。

5 转动开关 SA1，其常开触点闭合，电动机 M3 启动运转。

6 按下停止按钮 SB2，其常闭触点断开。

7 当电动机 M1 控制的设备运行碰触到限位开关 SQ 时，其常闭触点断开。

6 或 7 → 8 交流接触器 KM 的线圈失电，相应触点复位动作。

    8-1 常开辅助触点 KM-2 复位断开，解除自锁功能。

    8-2 常开主触点 KM-1 复位断开，切断电动机供电，电动机停止运转。

六、卧式车床控制线路

车床主要用于车削精密零件，加工公制、英制、径节螺纹等，控制电路用于控制车床设备完成相应的工作。

图 8-9 为典型车床控制线路的结构组成。

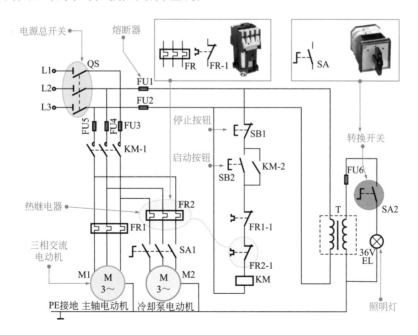

图 8-9　典型车床控制线路的结构组成

图 8-10 为典型车床控制线路的连接关系。

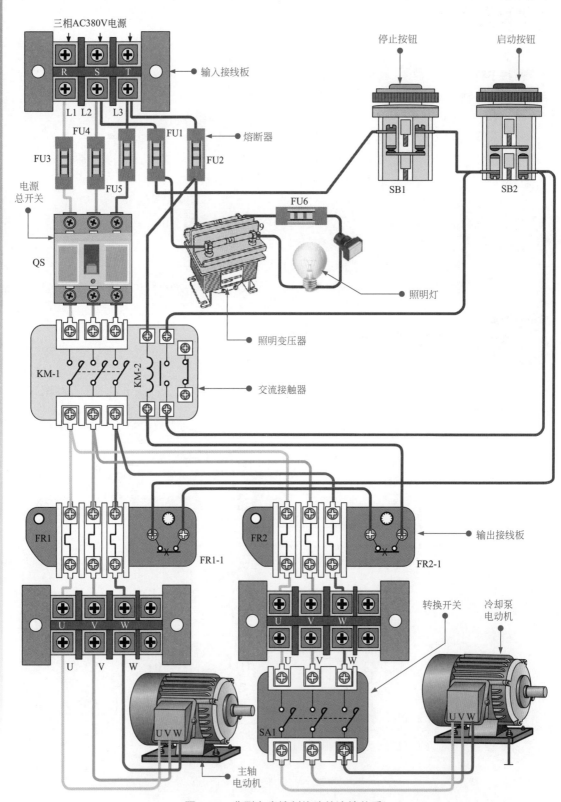

三相AC380V电源

停止按钮

启动按钮

输入接线板

熔断器

FU4

FU3

FU1

FU2

FU5

SB1

SB2

电源
总开关

FU6

QS

照明灯

照明变压器

KM-1

KM-2

交流接触器

FR1

FR1-1

FR2

FR2-1

输出接线板

U　V　W

U　V　W

转换开关

冷却泵
电动机

U　V　W

SA1

U V W

主轴
电动机

图 8-10　典型车床控制线路的连接关系

图 8-11 为典型车床控制线路的工作过程分析。

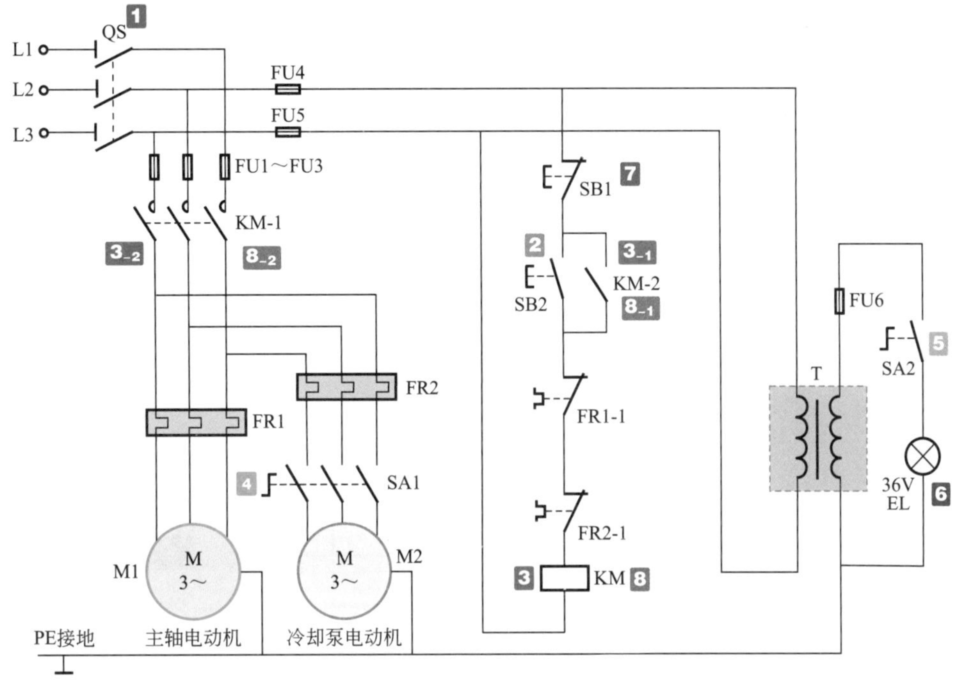

图 8-11 典型车床控制线路的工作过程分析

图解

1 合上电源总开关 QS，接通三相电源，为电路进入工作做好准备。

2 按下启动按钮 SB2，其内部常开触点闭合。

3 交流接触器 KM 线圈得电。

 3₋₁ 常开辅助触点 KM-2 闭合自锁，使 KM 线圈保持得电。

 3₋₂ 常开主触点 KM-1 闭合，电动机 M1 接通三相电源启动运转。

3₋₂→4 闭合转换开关 SA1，冷却泵电动机 M2 接通三相电源启动运转。

5 在需要照明灯时，将 SA2 旋至接通状态。

5→6 照明变压器二次侧输出 36V 电压，照明灯 EL 点亮。

7 当需要停机时，按下停止按钮 SB1。

7→8 交流接触器 KM 线圈失电，其触点全部复位。

 8₋₁ 常开辅助触点 KM-2 复位断开。

 8₋₂ 常开主触点 KM-1 复位断开，切断电动机供电电源，电动机停止运转。

七、磨床控制线路

  如图 8-12 所示，典型平面磨床是一种以砂轮为刀具来精确而有效地进行工件表面加工的机床，该机床设备共配置了 3 台电动机。从图中可以看到，砂轮电动机 M1 和冷却泵电动机 M2 都是由接触器 KM1 进行控制的，液压泵电动机 M3 则由接触器 KM2 单独控制。

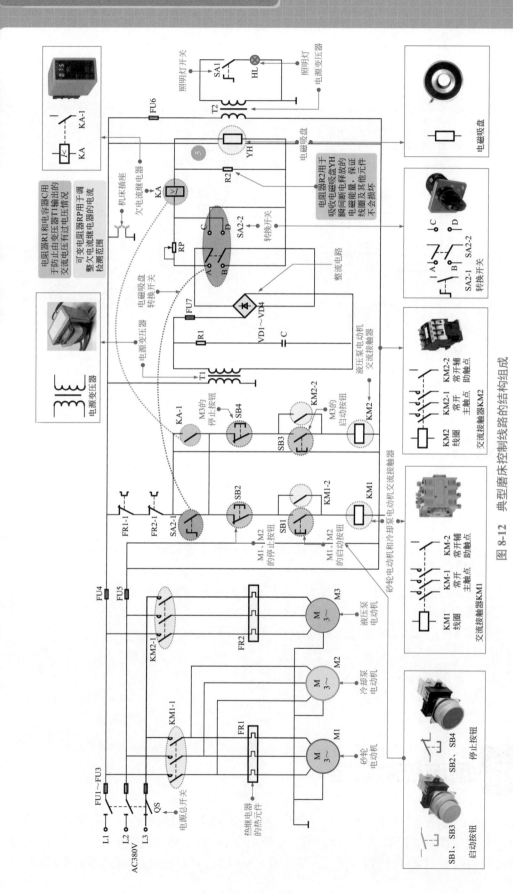

图8-12 典型磨床控制线路的结构组成

图 8-13 为典型磨床控制线路的工作过程分析。

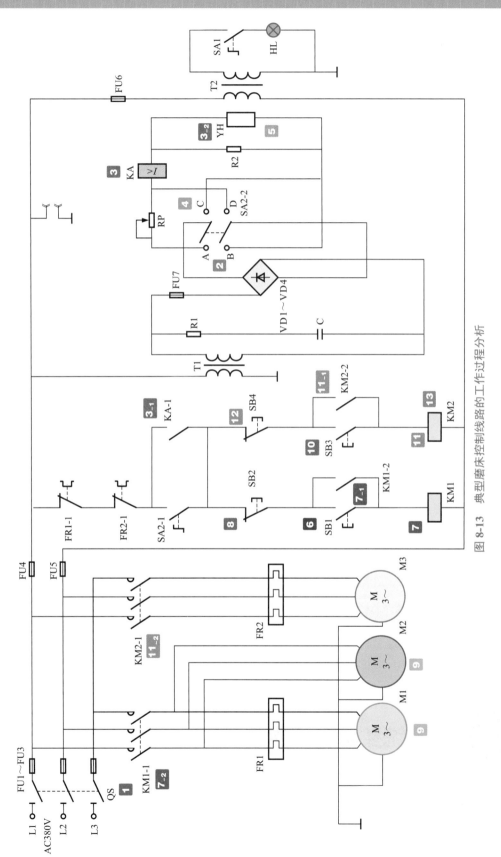

图 8-13　典型磨床控制线路的工作过程分析

电动机启动工作前，需先启动电磁吸盘 YH。

1 合上电源总开关 QS，接通三相电源，为电路进入工作状态做好准备。

2 将电磁吸盘转换开关 SA2 拨至吸合位置，常开触点 SA2-2 接通 A 点、B 点，交流电压经变压器 T1 降压、桥式整流电路 VD1 ～ VD4 整流后输出 110V 直流电压，加到欠电流继电器 KA 线圈的两端。

2 → **3** 欠电流继电器 KA 线圈得电。

3₋₁ KA 的常开触点 KA-1 闭合，为接触器 KM1、KM2 线圈得电做好准备，即为砂轮电动机 M1、冷却泵电动机 M2 和液压泵电动机 M3 启动做好准备。

3₋₂ 系统供电经欠电流继电器 KA 检测正常后，110V 直流电压加到电磁吸盘 YH 的两端，将工件吸牢。

4 磨削完成后，将电磁吸盘转换开关 SA2 拨至放松位置，SA2 的常开触点 SA2-2 断开，电磁吸盘 YH 线圈失电。由于吸盘和工件都有剩磁，因此还需要对电磁吸盘进行去磁操作。再将 SA2 拨至去磁位置，常开触点 SA2-2 接通 C 点、D 点，电磁吸盘 YH 线圈接通一个反向去磁电流进行去磁操作。

5 当去磁操作需要停止时，将电磁吸盘转换开关 SA2 拨至放松位置，其相应触点断开，电磁吸盘线圈 YH 失电，停止去磁操作。

6 当需要启动砂轮电动机 M1 和冷却泵电动机 M2 时，按下启动按钮 SB1，其内部常开触点闭合。

6 → **7** 交流接触器 KM1 线圈得电。

7₋₁ 常开辅助触点 KM1-2 闭合，实现自锁功能。

7₋₂ 常开主触点 KM1-1 闭合，接通砂轮电动机 M1 和冷却泵电动机 M2 的供电电源，两台电动机同时启动运转。

8 当需要电动机 M1、M2 停机时，按下停止按钮 SB2，其内部常闭触点断开。

8 → **9** 交流接触器 KM1 线圈失电，所有触点全部复位，砂轮电动机 M1 和冷却泵电动机 M2 停止运转。

10 当需要启动液压泵电动机 M3 时，按下启动按钮 SB3，其内部常开触点闭合。

10 → **11** 交流接触器 KM2 线圈得电。

11₋₁ 常开辅助触点 KM2-2 闭合，实现自锁功能。

11₋₂ 常开主触点 KM2-1 闭合，接通液压泵电动机 M3 的三相电源，M3 启动运转。

12 当需要电动机 M3 停止时，按下停止按钮 SB4，其内部常闭触点断开。

12 → **13** 交流接触器 KM2 线圈失电，所有触点全部复位，液压泵电动机 M3 停止运转。

八、铣床铣头电动机控制线路

铣床主要用于对工件进行铣削加工。图 8-14 为典型铣床铣头电动机控制线路的结构组成。该控制线路共配置两台电动机，分别为冷却泵电动机 M1 和铣头电动机 M2。其中，铣头电动机 M2 采用调速和正反转控制，可根据加工工件设置运转方向及旋转速度；冷却泵电动机可根据需要通过转换开关直接控制。

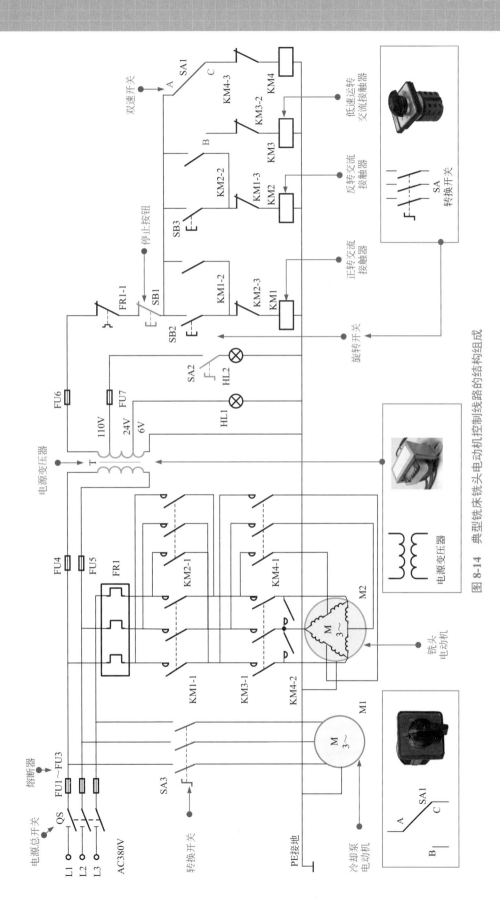

图 8-14 典型铣床铣头电动机控制线路的结构组成

图 8-15 为典型铣床铣头电动机控制线路的工作过程分析。

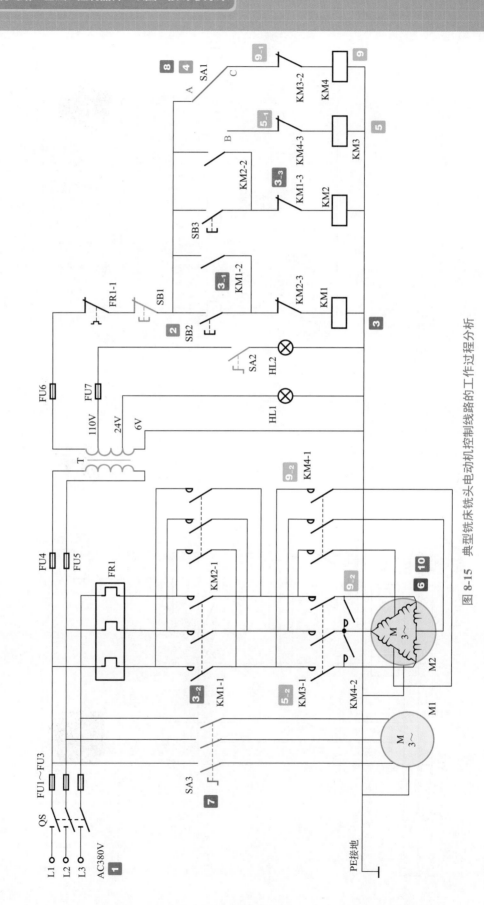

图 8-15 典型铣床铣头电动机控制线路的工作过程分析

图解

1 合上电源总开关 QS，接通三相电源，为电路进入工作状态做好准备。

2 按下正转启动按钮 SB2，其常开触点闭合。

2 →**3** 交流接触器 KM1 线圈得电，其相应触点动作。

3₋₁ 常开辅助触点 KM1-2 闭合，实现自锁功能。

3₋₂ 常开主触点 KM1-1 闭合，为 M2 正转做好准备。

3₋₃ 常闭辅助触点 KM1-3 断开，防止 KM2 线圈得电。

4 转动双速开关 SA1，触点 A、B 接通。

4 →**5** 交流接触器 KM3 线圈得电，其相应触点动作。

5₋₁ 常闭辅助触点 KM3-2 断开，防止 KM4 线圈得电。

5₋₂ 常开主触点 KM3-1 闭合，电源为 M2 供电。

3₋₃ + **5₋₂** →**6** 铣头电动机 M2 绕组呈△连接接入电源，开始低速正向运转。

7 闭合旋转开关 SA3，冷却泵电动机 M1 启动运转。

8 转动双速开关 SA1，触点 A、C 接通。

8 →**9** 交流接触器 KM4 线圈得电，其相应触点动作。

9₋₁ 常闭辅助触点 KM4-3 断开，防止 KM3 线圈得电。

9₋₂ 常开主触点 KM4-1、KM4-2 闭合，电源为铣头电动机 M2 供电。

3₋₃ + **9₋₂** →**10** 铣头电动机 M2 绕组呈 Y 连接接入电源，开始高速正向运转。

铣头电动机反转低速启动和反转高速运转的工作过程与上述工作过程相似。

九、 起重设备控制线路

　　起重设备的结构形式多种多样，应用的环境也多种多样。起重设备主要有桥式起重设备、（可在一个固定空间内完成起吊工作）、臂架式起重机（如可移动式汽车起重机和固定式臂架式起重机）和简易的起重设备（被称之为电动葫芦）。起重量从几百千克到几百吨，体积大小差别很大。但从电气控制的角度来看，都是控制电动机的启停或正反转。根据起重的吨位不同，电动机的功率也有很大的差别。

1. 桥式起重机的电气控制线路

　　桥式起重机的电气控制线路实际上是一种多电动机的控制系统，起重机中的大车驱动、小车驱动以及主钩和副钩的驱动都是由电动机完成的。其中，大车的驱动多数是由两台电动机完成的。因而，桥式起重机的控制电路是一个 5 台电动机的控制系统。整个系统的控制采用 PLC，每台电动机的控制采用变频器的驱动方式。由于大车两侧的驱动需要同步控制，因而大车的两台电动机是由一台变频器驱动的。桥式起重机的控制线路如图 8-16 所示。

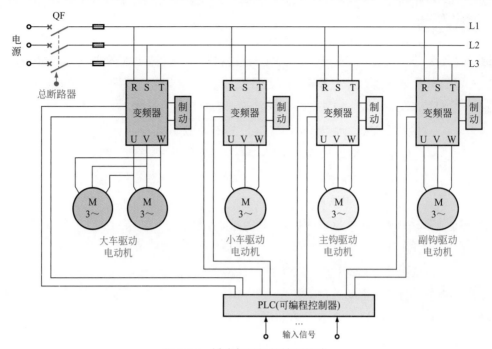

图 8-16 桥式起重机的控制线路

起重机的人工操作指令送入 PLC，由 PLC 再分别向大车驱动变频器、小车驱动变频器以及主钩、副钩驱动变频器送入指令，使整个系统协调运动。

2. 电动葫芦控制线路

图 8-17 是电动葫芦的控制线路。电动葫芦是最常用的一种起重设备。电动葫芦的控制线路实际上是对升降电动机和水平移动电动机的正反向控制电路。例如，升降电动机上升是正转控制，下降则是反转控制。水平移动电动机的向前运行是正向旋转控制，向后运动是反向旋转控制。因而，控制线路中设有 4 个交流接触器分别对这两台电动机进行控制。

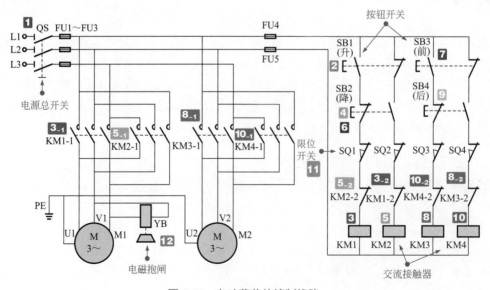

图 8-17 电动葫芦的控制线路

从图可见，三相电源经电源总开关 QS 和熔断器（FU1～FU3）为整个系统供电。其中，交流接触器的触点 KM1-1 为升降电动机正转供电，KM2-1 则为升降电动机反转供电；而交流接触器的触点 KM3-1 为水平移动电动机正转供电，KM4-1 则为水平移动电动机反转供电。

1 合上电源总开关 QS，三相电源为电路供电，为电路进入工作状态做好准备。

2 按下上升控制按钮 SB1，其常开触点闭合、常闭触点断开。

2→3 交流接触器 KM1 线圈得电，其相应触点动作。

　　　　3₋₁ 常开主触点 KM1-1 闭合，电动机 M1 得电正向旋转，进行提升操作。

　　　　3₋₂ 常闭辅助触点 KM1-2 断开，防止 KM2 线圈得电，实现互锁功能。

4 此时松开 SB1，按下下降控制按钮 SB2，SB1 触点复位，SB2 的常开触点闭合、常闭触点断开。

4→5 交流接触器 KM2 线圈得电，其相应触点动作。

　　　　5₋₁ 常开主触点 KM2-1 闭合，电动机 M1 呈反转接线状态，电动机反转，进行下降操作。

　　　　5₋₂ 常闭辅助触点 KM2-2 断开，防止 KM1 线圈得电，实现互锁功能。

6 松开下降控制按钮 SB2，进入停机状态。

7 M2 为水平移动驱动电动机，它是由 KM3 和 KM4 控制的，其控制原理与升降控制方式相同。按下前进控制按钮 SB3。

7→8 交流接触器 KM3 线圈得电，其相应触点动作。

　　　　8₋₁ 常开主触点 KM3-1 闭合，电动机 M2 正转前移。

　　　　8₋₂ 常闭辅助触点 KM3-2 断开，防止 KM4 线圈得电，实现互锁功能。

9 松开前进控制按钮 SB3，按下后退控制按钮 SB4。

9→10 交流接触器 KM4 线圈得电，其相应触点动作。

　　　　10₋₁ 常开主触点 KM4-1 闭合，电动机 M2 反转后退。

　　　　10₋₂ 常闭辅助触点 KM4-2 断开，防止 KM3 线圈得电，实现互锁功能。

11 SQ1～SQ4 分别为升降和水平位置的限位开关。如电动机到位，则会自动停机进行保护。

12 在升降电动机的控制系统中设有电磁抱闸装置，停机时进行抱闸制动。

十、运输设备控制线路

1. 双层带传输机控制线路

图 8-18 是一种双层带式传输机控制线路。双层带转动方式是由上层传送带和下层传送带组成的，分别由各自的电动机为动力源，从料斗出来的物料先经上层传送带传送后送到下层传送带，再经下层传送带继续传送，这样可实现传送距离的延长。

　　为了防止在启动和停机过程中出现物料在传送带上堆积情况，启动时应先启动电动机 M1，再启动电动机 M2；而在停机时需先停下电动机 M2，再使电动机 M1 停止。电路设有两个接触器，KM1、KM2 分别控制电动机 M1、M2 的启停。

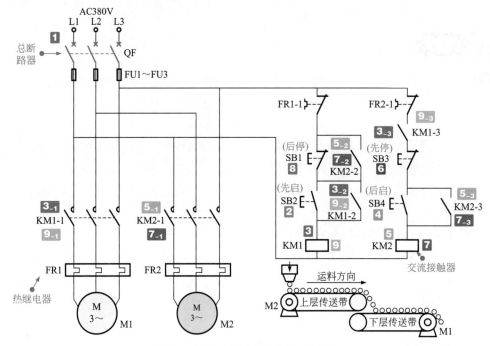

图 8-18　双层带式传输机控制线路

图解

1 闭合总断路器 QF，三相交流电源接入电路，为电路进入工作状态做好准备。

2 启动时，按下先启控制按钮 SB2，其常开触点闭合。

2→**3** 交流接触器 KM1 线圈得电，其相应触点动作。

　　　　3-1 常开主触点 KM1-1 闭合，接通电动机 M1 电源，电动机 M1 启动运转，下层传送带运转。

　　　　3-2 常开辅助触点 KM1-2 闭合实现自锁，维持 KM1 线圈的供电。

　　　　3-3 常开辅助触点 KM1-3 闭合，为 KM2 线圈得电做好准备。

4 再操作后启控制按钮 SB4，其常开触点闭合。

4+**3-3**→**5** 交流接触器 KM2 线圈得电，其相应触点动作。

　　　　5-1 常开主触点 KM2-1 闭合，电动机 M2 启动，上层传送带运转。

　　　　5-2 常开辅助触点 KM2-2 闭合，防止误操作按下后停控制按钮 SB1，导致工序错误。

　　　　5-3 常开辅助触点 KM2-3 闭合实现自锁，维持 KM2 线圈得电。传送带处于正常工作状态。

6 当需要停止工作时，要先操作先停控制按钮 SB3，其常闭触点断开。

6→**7** 交流接触器 KM2 线圈失电，其相应触点全部复位。

7₋₁ 常开主触点 KM2-1 复位断开，电动机 M2 停止，上层传送带停止运转。

7₋₂ 常开辅助触点 KM2-2 复位断开。

7₋₃ 常开辅助触点 KM2-3 复位断开，解除自锁功能。

8 然后再操作后停控制按钮 SB1，其常闭触点断开。

8 + **7₋₂** → **9** 交流接触器 KM1 线圈立即失电，其所有触点复位。

9₋₁ 常开主触点 KM1-1 复位断开，M1 停机，下层传送带也停止运转。

9₋₂ 常开辅助触点 KM1-2 复位断开，解除自锁功能。

9₋₃ 常开辅助触点 KM1-3 复位断开。

因此，4 个操作按钮必须标清楚，即标清先启、后启、先停、后停等字符。

2. 采用时间继电器和交流接触器的双层带式传输控制线路

图 8-19 是采用时间继电器和交流接触器的双层带式传输控制线路。利用时间继电器的延迟动作触点可实现两电动机的延迟启动和反向延迟停机，简化了操作上的繁琐顺序。图中 M1 为下层传送带的驱动电动机，供电由 KM1 控制；M2 为上层传送带的驱动电动机，供电由 KM2 控制。

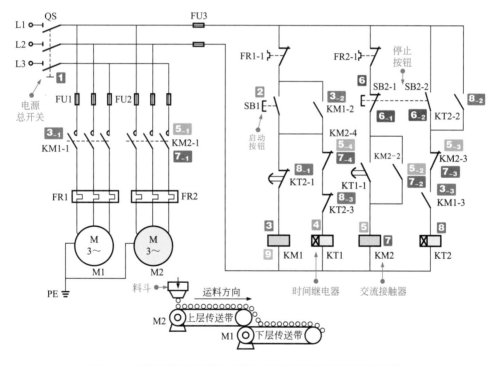

图 8-19 采用时间继电器和交流接触器的双层带式传输控制线路

图解

1 闭合电源总开关 QS，三相交流电源接入电路。

2 启动时，按下启动钮 SB1，其常开触点闭合。

3 电源经 FR1-1、SB1、KT2-1 为 KM1 供电，交流接触器 KM1 线圈得电。

2 → **3** 交流接触器 KM1 线圈得电，其相应触点动作。

3-1 常开主触点 KM1-1 闭合，M1 得电先行运转。

3-2 常开辅助触点 KM1-2 闭合，为 KM1 供电提供自锁。

3-3 常开辅助触点 KM1-3 闭合，为 KM2 得电做好准备。

4 由于此时 KM2-4、KT2-3 均处于闭合状态，因而时间继电器 KT1 线圈得电，其延时闭合的常开触点 KT1-1 延时一段时间后闭合。

4 → **5** 使交流接触器 KM2 线圈相对于 KM1 线圈延迟得电。

5-1 常开主触点 KM2-1 闭合，继 M1 启动后 M2 也启动。

5-2 常开辅助触点 KM2-2 闭合，为 KM2 供电实现自锁，两层传送带开始运行。

5-3 常闭辅助触点 KM2-3 断开，防止时间继电器 KT2 线圈得电。

5-4 常闭辅助触点 KM2-4 断开，时间继电器 KT1 线圈失电。

6 停机时必须先使上层传送带驱动电动机 M2 停止，延迟一段时间后再使下层传送带驱动电动机 M1 停止，这样才不会使料堆积在下层传送带上。在运转状态，操作停止按钮 SB2，于是其触点动作。

6-1 常闭触点 SB2-1 断开。

6-2 常开触点 SB2-2 闭合。

6-1 → **7** 交流接触器 KM2 线圈先失电。

7-1 常开主触点 KM2-1 复位断开，M2 停机。

7-2 常开辅助触点 KM2-2 复位断开。

7-3 常闭辅助触点 KM2-3 复位闭合，为时间继电器 KT2 线圈得电做好准备。

7-4 常闭辅助触点 KM2-4 复位闭合。

6-2 + **7-3** + **3-3** → **8** 时间继电器 KT2 线圈得电。

8-1 延迟断开的常闭触点 KT2-1 延迟断开。

8-2 立即触点 KT2-2 立即闭合。

8-3 立即触点 KT2-3 立即断开。

8-1 → **9** 交流接触器 KM1 线圈失电，常开主触点 KM1-1 复位断开，电动机 M1 停转（M1 比 M2 延迟停机）。

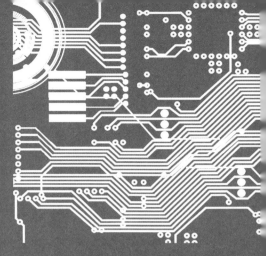

第九章
数控设备与机器人控制线路

一、数控设备电气控制系统

 数控设备特点

　　数控机床是一种集精密机械、电子电器、液压传动、气动和光检测、传输与控制等多种学科于一体的高度一体化设备，其核心是计算机控制系统。

　　若要实现对机床的高精度控制，需要准确的几何信息描述刀具和零件的相对运动，以及用工艺信息描述机床加工所具备的工艺参数，自动控制零件的加工精度。

　　对于复杂零件的加工，必须靠数控机床来完成。例如，对于发动机涡轮叶片、飞机螺旋桨、异形齿轮、复杂零件的模具，普通机床是难以完成的。如使用数控机床则可将复杂零件的各种参数输入给机床的控制中心。机床可通过对零件及刀具的控制自动完成加工任务，如图 9-1 所示。

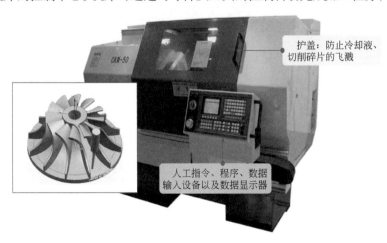

图 9-1　数控机床可自动完成复杂零件的加工

普通机床通常在三个轴的方向实现零件和刀具的相对运动，从而完成简单零件的加工。车床是由主轴电动机驱动夹头旋转，夹头夹住圆柱形零件旋转。刀具夹安装在水平移动的导轨上，可在人工操作下进行径向（X方向）和轴向（Z方向）进刀或退刀，完成圆柱形零件的加工，并通过卡尺和千分表边加工边测量来保证加工零件的粗糙度和尺寸精度。刨床则是将刀具夹固定在水平运动的刨头上，可通过人工操作使刀具在上下（Z轴）和左右（Y轴）方向移动，控制进刀量，零件被夹在工作台上，工作台可在Y方向移动，通常加工矩形零件。龙门式铣床工作台面积比较大，并可在水平方向往复运行、刀具夹可安装在龙门支架上，借助于龙门式支架可进行上、下、左、右移动，也可以使刀具旋转，进行较为复杂的大型零件加工。

数控机床是在简单的三轴基础上增加了多轴联动系统，这样更适合复杂零件的自动加工。由于不同零件的加工需要，数控机床有四轴联动机床、五轴联动机床，六轴联动车床、七轴联动车床、九轴联动车床等；此外还有单一功能的数控机床，如数控车床、数控磨床、数控铣床。为满足复杂零件的加工，将各种功能的数控机床集于一身，这种数控机床被称之为数控精密加工中心，如图 9-2 所示。

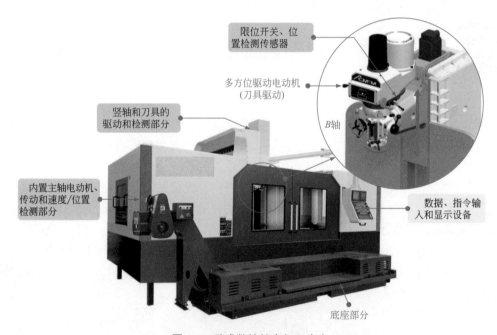

限位开关、位置检测传感器

多方位驱动电动机（刀具驱动）

B轴

竖轴和刀具的驱动和检测部分

内置主轴电动机、传动和速度/位置检测部分

数据、指令输入和显示设备

底座部分

图 9-2　卧式数控精密加工中心

2. 数控设备的结构

图 9-3 所示为典型数控机床的结构。从图可见，它比普通机床多了一个控制箱，该箱体上设有人工指令的输入键盘以及工作状态和数据显示的液晶显示器。箱体内还设有数字控制中心，该中心可根据人工启停指令和工作程序对机床内的多台驱动电动机和伺服电动机的驱动电路发送指令及相关信号。机床工作台上装有被加工零件，刀具安装在可多个方位运动的刀架上，通过对各方位电动机的控制对零件进行自动加工，同时对被加工零件的尺寸精度进行测量，伺服控制系统根据测量结果进行自动跟踪控制，实现零件的精密加工。

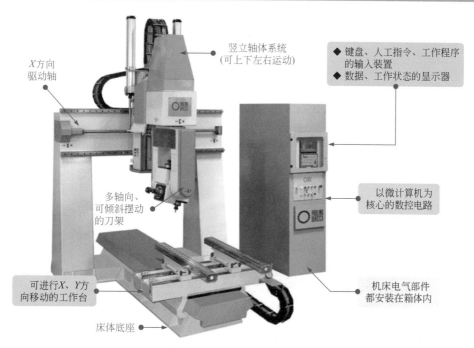

图 9-3　典型数控机床的结构

简单地说，数控机床是由机床主体和数控装置组成的。机床主体由驱动工作台运动部分、驱动刀具运动部分以及辅助装置组成。

数控装置则是由数字控制芯片及外围电路、加工程序载体及存储装置、伺服驱动装置及伺服电动机、电源供电等部分构成的，其结构组成如图 9-4 所示。

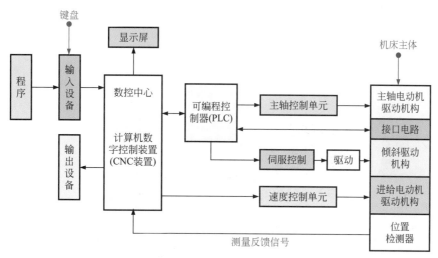

图 9-4　数控装置的结构组成

3. 数控系统

在进行零部件的加工过程中，不需要操作人员直接操作机床，只需要开启电源以及工作的键钮，数控系统就会根据事先编制的程序对机床的各部分进行控制。因而，加工程序的编制是零件加工前的首要环节。数控机床的工作程序中，包括刀具和零件（工作台）的相对运动轨迹，同时还有刀具进刀量和主轴转速等工艺参数。零件的加工程序需要用一定格式的文件和代码来表示，并存储在程序载体（如 U 盘、存储卡等）上。单片机使用数据线，电脑控制器则使用 U 盘将程序输入到数据系统。再通过数控机床的程序和数据输入装置，将程序送到数控系统中的数字化控制单元，即以计算机为中心的自动控制单元（Computer Numerical Control，CNC）。

数控系统是数控机床的控制核心，即 CNC 控制系统。数控系统通常由多个微处理器和外围电路构成，近年来数控技术发展很快，特别是高性能数控系统的芯片技术成为各大厂商关注的焦点。图 9-5 是一种较为先进的数控芯片之一，它集成了数控系统的主要电路功能，以程序化的软件形式实现数字控制功能，这种方式又称为软件数控（Software NC）。图 9-6 是数控系统的主要部件。

图 9-5　数控芯片

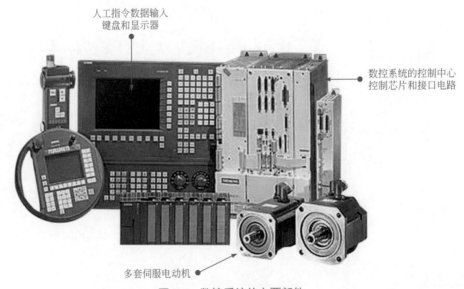

图 9-6　数控系统的主要部件

数控系统（CNC）是一种精密位置控制系统，它根据输入数据插补出理想的运动轨迹。

插补（Interpolation），即数控系统依照一定的方法确定刀具运动轨迹的过程，经插补处理后再输出到执行部件（执行部件往往是伺服电动机控制的刀具）。刀具与零件的相对运动完成切削工作。

　　数控系统（CNC）的框图如图9-7所示，它主要由控制单元、程序和开关量输入单元、控制信号输出单元三个基本部分构成。而所有的这些工作都是由微处理器的系统程序进行合理组织，使整个系统协调地进行工作。

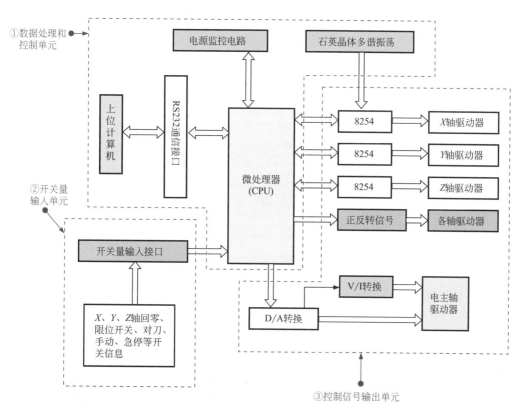

图9-7　数控系统的框图

　　数控系统各部分的结构和功能如下。

（1）开关量输入单元

　　开关量输入单元是将 X、Y、Z 轴的回零、限位开关、对刀、手动、急停等开关信息，通过开关量输入接口送入主控微处理器（CPU）。这部分也是将数控指令送入数控系统的核心部分。根据程序载体不同，设有相应的输入装置。其中，键盘输入设备是不可缺少的部分，此外还有 U 盘的输入方式。计算机辅助设计和计算机辅助制造系统（即 CAD/CAM 系统）是采用直接通信的方式输入和连接上级计算机的 DNC（直接数控）输入方式。

　　在具备会话编程功能的数控装置上，可按照显示器提示的选项，选择不同的菜单，用人机对话方式输入有关零件加工尺寸的数字，就可以自动生成加工程序。

　　采用直接数控（DNC）的输入方式，把被加工零件的加工程序保存在上级计算机（上位机）中，数控系统边加工边接收来自计算机的程序，这种方式多采用 CAD/CAM 软件设计的加工程序，直接生成零件的加工程序。图9-8是典型数控机床的数据、程序输入和显示设备。

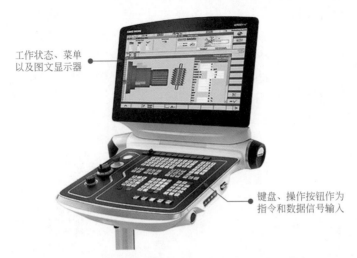

工作状态、菜单以及图文显示器

键盘、操作按钮作为指令和数据信号输入

图 9-8　典型数控机床的数据、程序输入和显示设备

（2）数据处理和控制单元

数据处理和控制单元就是数控机床的控制中心，它接收来自键盘的人工指令和控制信息，并根据指令调用工作程序，从而对机床的各部件输出控制信号；同时还接收来自各部分的反馈信息（例如限位开关、温度、湿度、尺寸精度等），对各种信息进行处理，并对各部件进行控制。

控制中心将人工指令和加工数据变成计算机能识别的信息，由信息处理部分按照控制程序的规定，通过输出单元发出位置和速度指令给各伺服系统和主运动控制部分。同时将有关的数据进行存储。人工指令和数据包括零件的外形尺寸信息，刀具的起始点、终止点、运动轨迹是直线还是弧线，加工速度及其他辅助加工信息，其中包括刀具的更换、工作台和刀具的运动速度，以及照明、冷却液的控制等。数控芯片的结构如图 9-9 所示。

(a) 数控系统的输出芯片　　　　　　(b) 数控系统的核心处理器

图 9-9　数控芯片的结构

（3）控制信号输出单元

数控机床的控制中心对机床各部分的控制通过输出单元（输出接口电路）与各伺服机构相连。输出接口电路根据控制器的指令接收主处理器的输出指令脉冲，并把它们送到各坐标的伺服控制系统。在数控机床中设有多台伺服电动机和多套伺服驱动电路，来共同完成刀具和零件的相对运动。

4. 自动跟踪伺服系统

伺服系统是数控机床的重要组成部分，用于实现数控机床的刀具进给伺服控制和主轴伺服控制。进给伺服主要对刀具驱动电动机进行控制，以实现对零件加工切削量和尺寸精度的控制。主轴控制主要对主轴电动机的速度或相位进行控制。刀具的运动往往是由多台伺服电动机通过驱动不同方向的轴向运动的结果，从而完成复杂曲线的运动。

伺服系统的结构如图 9-10 所示，它是一种具有反馈环节的自动目标跟踪系统，伺服电动机在驱动刀具轴运转的同时，通过测速信号发生器（或测速编码器）检测电动机的速度和位置，并转换成相应的信号送到比较器与基准信号或目标信号进行比较，通过比较发现与目标的差距，这种差距被转换成误差信号，误差信号再经放大后送到驱动电路。在驱动电路中转换成转矩控制信号对电动机进行控制，使电动机的运行接近控制目标。如果电动机的运动已达到目标，则伺服系统完成了指令任务。

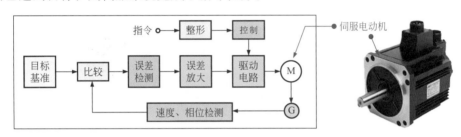

图 9-10　伺服系统的结构

在数控机床中，伺服系统的功能是把来自数控中心的指令信息经过处理和整形转换成机床部件的直线位移和角位移运动。由于伺服系统是数控机床的最后环节，其性能将直接影响数控机床的精度和速度指标。因此，对数控机床的伺服驱动装置，要求有良好的快速反应性能，准确而灵敏地跟踪数控中心发出的数字指令信号，准确地执行来自数控中心的指令，具有高度的动态跟随特性和静态跟踪精度。

伺服系统包括伺服电路、伺服电动机和执行机构。数控机床中往往设有多台伺服电动机和多套伺服电路，每台伺服电动机都与驱动机构（执行机构）紧密结合在一起。例如一台数控机床中具有主轴伺服控制系统、刀具进给伺服驱动系统，两者需要配合运动。刀具进给伺服驱动系统具有多套子系统，即多方向的驱动控制机构。伺服电动机根据其功能不同，有些地方采用步进电动机，有些地方采用直流伺服电动机，还有些地方采用交流伺服电动机。电动机的功率根据所驱动的机构进行选取。

在伺服系统中，测量元件将数控机床中各坐标轴的实际位移检测出来，并经反馈系统输入到机床的数控装置中，数控装置对反馈回来的实际位移值与指令值（控制目标的值）进行比较，并向伺服系统输出达到设定目标值所需要的位移指令。

二、数控设备的控制线路

图 9-11 是数控机床控制系统的电路框图。该控制系统是以主控芯片为核心的自动控制系统，其中的芯片为 FANUC-18i，它是集 CNC 和 PMC 于一体的芯片，即数控功能和生产

物料控制功能的集合体。它是一种具有网络功能的超小型、超薄型控制芯片，可进行超高速串行数据通信功能，其中插补、位置检测和伺服控制的精度可达纳米级。

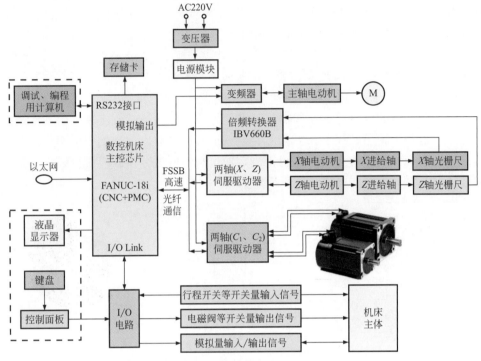

图 9-11　数控机床控制系统的电路框图

从图可见，调试和编程用计算机（PC）将程序通过 RS232 接口输入给数控机床的主控芯片，并存储到芯片外围的存储卡中。人工指令和操作数据通过键盘和控制面板以及 I/O 接口电路也送入主控芯片之中，主控芯片直接控制液晶显示器显示工作状态及相关数据，以此进行人机交互。

工作时，主控芯片根据程序输出各种控制信号，它具有模拟输出接口和数字输出接口。由模拟输出接口输出主轴电动机的控制指令，并送到变频器模块，再由变频器输出变频信号驱动主轴电动机。

该机床的 X 轴、Z 轴和 C_1、C_2 轴都是由伺服电动机驱动的。主控芯片通过光纤通信接口输出高速串行信号，分别送到各自的伺服驱动电路中。伺服驱动器分别对电动机进行控制。伺服驱动系统都是闭环控制系统，电动机转动时，电动机的速度和相位通过位置光栅反馈到伺服控制器，从而自动完成各轴的运动，使刀具和工件之间的相对运行受到精密的控制。

此外，主控芯片还通过 I/O 接口电路为机床提供电磁阀等开关量的控制信号和模拟量的输入 / 输出信号，同时机床还将行程开关的状态信号送到主控芯片之中。

交流 220V 电源经变压器和电源模块产生多种直流电压，为芯片、伺服驱动器和变频器等提供电源。

CNC 控制系统的结构和功能如图 9-12 所示。图中 CNC 主控装置是数控机床的控制核心，它接收外部程序和操作指令，作为数控机床自动工作的依据，这就是 CNC 的控制软件，其中主要的是用户应用程序（宏执行程序和 C 语言执行程序）。此外，数据存储器（SRAM）

中存储了 CNC 参数、PMC（生产及物料的控制）参数、加工（CNC）程序、刀具补偿量和用户宏变量等数据。存储器由锂电池供电，机床断电停机后存储器内的数据不会丢失。

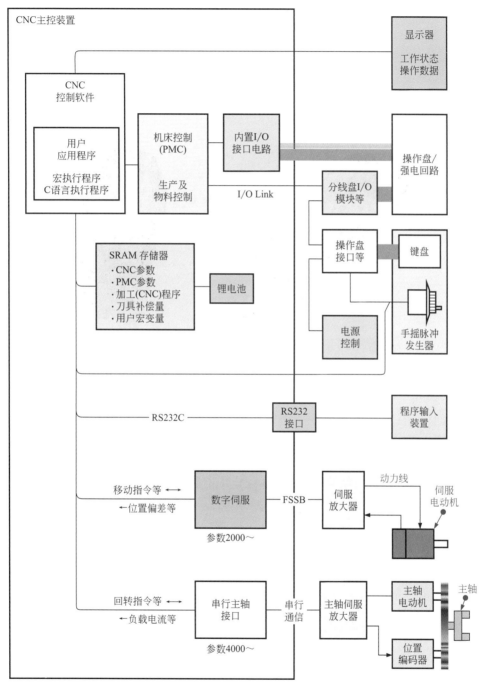

图 9-12　CNC 控制系统的结构和功能

　　CNC 主控装置根据程序将移动指令转换成数字伺服的控制信号。数字伺服通过高速数据通信（FSSB）对外部的伺服放大器进行控制。伺服放大器对伺服电动机进行驱动控制。伺服电动机的速度和相位号作为位置偏差反馈到伺服放大器，再经数据线送回 CNC 主控装置，通过反馈控制缩小加工误差。

CNC 主控装置对主轴电动机的控制是将回转指令通过串行主轴接口变成串行数据信号送到主轴伺服放大器，伺服放大器输出驱动信号到主轴电动机，主轴电动机通过传动机构驱动主轴旋转。主轴电动机在转动时带动位置信号编码器，位置信号编码器将主轴的位置变成编码信号送回 CNC 主控装置。

人工指令通过键盘和手摇脉冲发生器送给 CNC 主控装置。手摇脉冲发生器（Manual Pulse Generator）也称手轮或电子手轮，用于对数控机床原点的设定，步进微调与中断插入等操作，其典型结构如图 9-13 所示。

图 9-13　手轮的典型结构

数控机床的工作状态、数据及相关程序的运行状态通过显示器显示出来，为操作人员提供方便。

目前，CNC 主控装置的主要电路都集成在一个集成芯片之中，整个体积朝着轻小、超薄的方向发展。不同生产厂家的芯片型号、组成有一些差别，但其主要功能基本相同。

图 9-14 是一种采用西门子数控系统的结构框图，其控制核心部件是由 CNC 和 PLC 组成的，它具有人工指令、数据和程序的输入接口，也具有驱动控制的总线接口以及自动控制的现场总线接口，可以分别控制 5 台伺服电动机的协调运转。

（1）程序、指令和数据输入接口

工作时，操作人员可以通过机床操作面板输入人工指令，经人工指令输入模块送到控制中心。此外，编程器编制的工作程序通过 X5 接口送入控制中心，键盘的指令和数据通过 X9 接口送入控制中心，电子手轮的数据通过 X30 接口送入控制中心。这些程序、数据和指令都是控制中心工作的依据。

（2）自动控制现场总线接口

控制中心的 X6 接口是现场总线接口，它与三个数字量输入/输出模块相连。机床电气的数字输入/输出设备通过端子转换器与数字量输入/输出模块相连，用于接收控制中心的开关和控制信号，以及向控制中心反馈机床的状态信息。

现场总线接口还通过 D/A 转换器模块，输出 C 轴和 C_1 轴驱动电动机的调速控制信号。

控制中心通过 X1 接口与 Z 轴电动机的驱动模块、X 轴电动机的驱动模块和 U 轴电动机的驱动模块相连，输出电动机的驱动信号。每台电动机都有驱动信号输入口和测速信号输出口（PG），测速信号是通过检测电动机转子的速度和相位而得到的位置信号，位置信号通过总线返送到控制中心，并同目标值相比较，其误差信号经放大、整形后控制电动机，从而对电动机进行精准的控制。

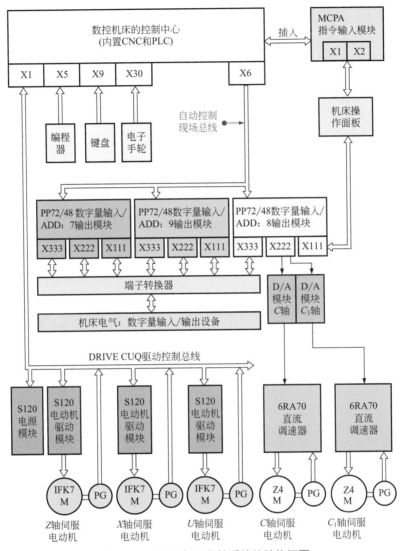

图 9-14 采用西门子数控系统的结构框图

 三、 数控设备的驱动线路

图 9-15 所示为典型数控铣床的电路结构。该电路是以工控机床控制核心（CNC）为中心的自动控制电路。该电路的主要控制对象是五个伺服电动机的驱动系统。从图可见，机床控制核心（CNC）通过光缆将光信号送到 X、Y 轴伺服驱动器，经伺服驱动器、光缆对 Z 轴伺服驱动器进行控制。光信号经光耦合器（旧称光电耦合器）将光信号变成电信号，对 X、Y、Z 轴电动机的伺服电路提供控制信号。X、Y、Z 轴驱动电动机都带有速度和位置信号的编码器，编码器将电动机的速度和位置信号编码成数字信号反馈到伺服驱动器，通过对速度和

位置的检测进行精密控制。

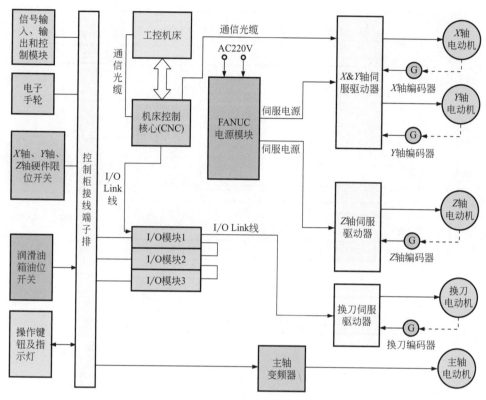

图 9-15 典型数控铣床的电路结构

换刀伺服驱动系统接收来自机床控制核心（CNC）通过 O/I Link 线路和 I/O 模块送来的信号。换刀电动机带有换刀的位置编码器，伺服系统通过对编码器信号的检测实现对换刀动作的控制。

主轴电动机采用变频驱动方式，机床控制核心（CNC）经控制柜的接线端子排为变频器输送控制信号，变频器为主轴电动机提供变频电压。

此外，输入/输出信号和控制模块、电子手轮、X/Y/Z 轴的限位开关、油位开关、操作键钮和指示灯等都通过机柜接线端子排与机床控制核心（CNC）相连。

1. 数控机床控制芯片与各部分的控制关系

图 9-16 是数控机床控制芯片 TMS320F240 与机床各部分的控制关系。在机床的控制线路中，IC1 是整个机床电气部分的控制中心。主控芯片 IC1 与控制逻辑电路相配合并通过总线接口输出光信号，对各轴驱动的电路系统发出控制信号。光信号经光电耦合器（具有隔离功能）变成电信号对各轴电动机进行控制。机床的 X 轴和 Z 轴驱动都采用步进电动机，电路通过对脉冲频率和脉冲数的控制，实现精密控制。主轴电动机采用交流伺服电动机，该电动机带有编码信号发生器，其速度和位置通过编码器、逻辑转换电路和 I/O 扩展电路送回主控芯片。总线接口的信号直接经驱动电路对转位电动机进行控制，转位电动机直接驱动刀架对刀具的进刀量进行控制。

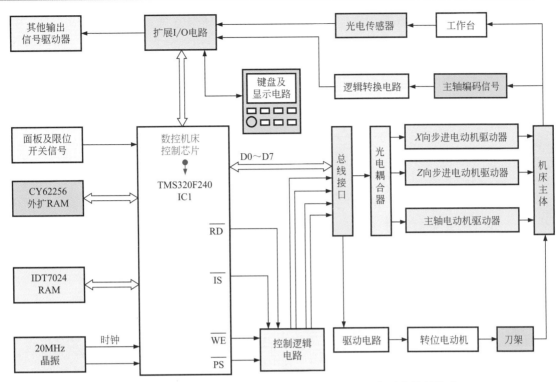

图 9-16　数控机床控制芯片 TMS320F240 与机床各部分的控制关系

工作台的位置由光电检测传感器检测并经 I/O 扩展电路送给主控芯片。

此外，晶振（20MHz）与芯片配合产生主控电路所需要的时钟信号，CY62256 外扩 RAM 和 IDT7024 RAM 为主控芯片存储各种数据和程序。

采用 TMS320LF 2407 数字信号控制器的主轴电动机控制线路

2. 采用 TMS320LF2407 数字信号控制器的主轴电动机控制线路

图 9-17 是采用 TMS320LF2407 数字信号控制器的主轴电动机控制线路，它是以 TMS320LF2407 芯片为核心的控制电路。交流 220V 电源经桥式整流电路输出约 300V 的直流电压，再经电感器 L 和滤波电容器 C 为逆变器电路供电，逆变器的输出 A、B、C 端分别接到三相异步电动机的三个端子上。逆变器电路由六个场效应晶体管组成，控制六个场效应晶体管的导通和截止顺序就可以控制电动机绕组中的电流方向。如 VT1、VT2 导通，其他场效应晶体管均截止，则电流会从 A 端流出，由 C 端返回并经 VT2 到地。如 VT3、VT4 导通，其他截止，则电流从 B 端流出经电动机绕组后返回 A 端，并经 VT4 到地。

场效应晶体管 VT1 ～ VT6 是由 IC1 控制的，IC1 的 6 个输出端按顺序输出控制脉冲，经光电耦合器 TLP127 控制场效应晶体管，IC1 的输出端输出高电平时，光电耦合器中的发光二极管发光，光敏晶体管导通，光电耦合器输出低电平，则相应的场效应晶体管截止；IC1 的输出端输出低电平时，光敏晶体管截止，光电耦合器输出高电平，则相应的场效应晶体管导通。通过逻辑控制，使电动机三相绕组中的电流循环导通，以形成旋转磁场，电动机则可旋转起来；同时，控制信号的频率变化，则电动机的转速也随之变化，这样就可以实现变频控制。

电动机旋转时，测速编码器也随电动机一起旋转。测速编码器将电动机的转速信号（含相位信号）变成电信号并送回 IC1 的⑦⑨、⑧③脚，作为 IC1 的控制依据。同时在电路的多个点设有霍尔电流传感器（CN61M/TBC25C04）进行电流和电压的检测，以检测电路的工作状态，从而保证系统的正常运行。

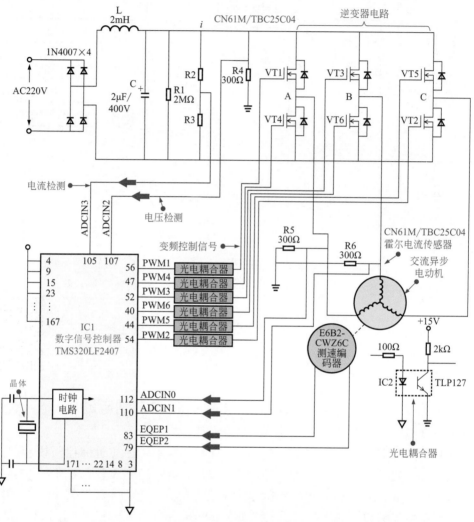

图 9-17 采用 TMS320LF2407 数字信号控制器的主轴电动机控制线路

3. 主轴电动机变频驱动线路

图 9-18 是数控机床主轴电动机的变频驱动线路实例。数控机床的数控芯片（FANUC-0i）的 JA40 输出口输出变频控制信号，该信号送到变频器 E700 的控制端。E700 是一套完整的变频驱动电路。三相交流 380V 电压经断路器（QF）和交流接触器（KM）送到变频器的 R、S、T 端，经整流器、电抗器、浪涌电流抑制电路、制动单元变成直流电电压。直流电压为逆变器（JK）供电。逆变器在数控芯片的控制下输出变频信号，去驱动主轴电动机。主轴电动机的转子带动编码器（G），编码器将电动机的速度和位置变成电信号再送回数控中心进行判别，然后进一步输出控制信号。

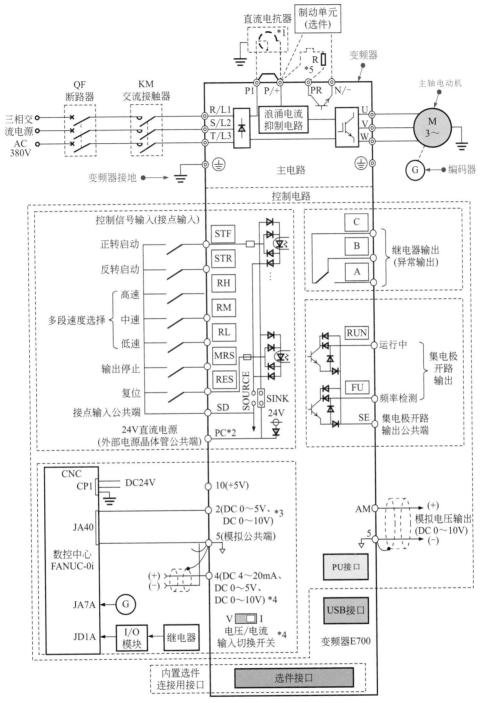

图9-18 数控机床主轴电动机的变频驱动线路实例

*1：连接直流电抗器（FR-HEL）时，应取下 P1-P/+ 之间的短路片。

*2：端子 PC-SD 间作为 DC 24V 电源使用时，应注意两端子间不要短路。

　　*3：可通过模拟量输入选择（Pr.73）进行变更（Pr.73 为设定参数）。

　　*4：可通过模拟量输入选择（Pr.267）进行变更。当设为电压输入（0～5V/0～10V）时，应将电压/电流输入切换开关置为"V"；当设为电流输入（4～20mA）时，应将电压/电流切换开关置为"I"（初始值）。

　　*5：为防止制动电阻器（FR-ABR 型）过热或烧损，应安装热继敏电器。

4. 数控机床伺服电动机的驱动线路

　　图 9-19 是数控机床伺服电动机的驱动线路，该线路是由位置控制电路、速度控制电路、电流控制电路、伺服放大器和交流伺服电动机等组成的。电动机上设有速度和位置信号检测器（PG），该检测器是与电动机转子同步转动的。

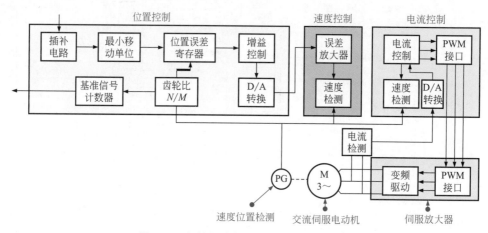

图 9-19　数控机床伺服电动机的驱动线路

　　位置控制电路是将电动机的位置信号经齿轮比（N/M）分频后与插补电路送来的目标（基准）信号进行比较，并取得位置误差信号，再经增益控制电路调整增益后，由 D/A 转换器变成模拟信号。该模拟信号送到速度控制电路中的误差放大器，由电动机 PG 产生的速度信号也送到速度控制电路中。两信号在误差放大器中进行速度比较，求得速度误差信号，再经放大形成速度控制信号。速度控制信号再送到电流控制电路，同时电动机速度检测信号也送到电流控制电路，从驱动电动机线路中取得的电流检测信号经 D/A 转换器也送到电流控制电路。电流控制电路形成三相变频控制信号，经 PWM 接口送到伺服放大器中，经逆变器变成三相变频电压驱动电动机，使电动机受到精密的控制。

四、机器人电气控制系统

1. 机器人的基本结构

　　图 9-20 是两种典型的工业机器人的结构，它们是在生产线上常见的机器人。这类机器人的功能比较单一，只相当于一个机械臂或机械手。从图中可见，它们由多个可转动的轴和机械臂组成，可进行多方位运动。每个轴均由伺服机构组成，互相协调运动，最终可达到人

们所希望的结果。

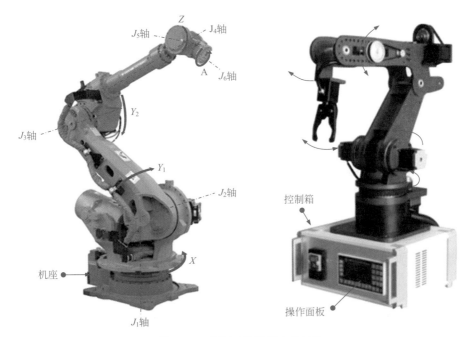

图 9-20 典型工业机器人的结构

每个机器人均由机械部分和电气控制部分组成。电气控制部分被称为机器人控制器。它与数控机床控制部分的结构和功能类似，也是以计算机为核心的控制系统。该系统有人工指令、数据和程序的输入和存储部分，有液晶显示器用以显示机器人的工作状态、工作数据参数等项，有键盘可以方便地输入数据和指令。控制中心对各伺服电动机输出控制信号，同时接收来自电动机的速度、相位等位置信号，同时输出有关电和气的阀门、开关等的控制信号，使整个机器人系统协调一致。

其中，检测各伺服机构运动是否到位的各传感器是伺服系统反馈环节的重要部件。

2. 机器人控制系统的结构

机器人控制系统根据控制方式可分为以下三类。

（1）集中控制系统

即使用一台计算机（PC）实现集中控制功能，该机内部设有多种控制卡，外部传感器都可以通过标准 PCI 插槽或标准串口 / 并口连接到控制系统中。这种方式具有硬件成本低、便于信息采集和分析、易于实现系统最优控制、整体性与协调性较好的优点。

（2）主从控制系统

整个控制系统由主、从两级处理器（CPU）构成。主处理器（CPU）实现管理、坐标变换、轨迹生成和系统自诊等功能。从处理器（CPU）实现所有环节的控制功能。这种方式实时性好，适用于高精度、高速度控制。

（3）分散控制系统

这种控制系统分成几个模块联合实现整体控制功能，每个模块有不同的控制项目和控制方式。各模块之间可以是主从关系，也可以是平等关系，用以实现分散控制、集中管理的模式；另外，各模块之间可以通过网络进行通信。

其中两级分布式控制系统通常由上位机、下位机和网络组成。上位机是指直接发出指令的计算机，一般是（PC/host computer/master computer/upper computer），屏幕上能显示各种信号（如液压、水位、温度等）变化。下位机是直接控制设备，获取设备状态的计算机，一般是 PLC/单片机。上位机发出的指令先给下位机，下位机再根据此指令解释成相对应的时序信号，直接控制相应的设备。下位机还不时地读取设备的状态数据，如果是模拟量再转换成数字量反馈给上位机。上位机可进行不同的轨迹规划和控制算法。下位机进行插补细分和控制优化等操作。插补就是数控机床系统依照一定方法确定刀具运动轨迹的过程。例如已知曲线上的某些数据，按照某种算法计算已知点之间的中间点数据的方法，也称为数据点的密化（完成这种机能的过程被称为插补）。上位机和下位机通过通信总线相互协调工作，这里的通信总线可以是 RS-232、RS-485、EEE-488 以及 USB 总线等形式。目前以太网和现场总线技术为机器人各单元之间提供了快捷有效的通信服务。

图 9-21 是典型汽车装配机器人控制器的结构框图。从图中可见，机器人控制器的核心是一个以超大规模集成芯片为中心的控制电路，该电路俗称"工控机"，它类似于计算机中的 CPU 芯片。工控机（Industrial Personal Computer，IPC）即工业控制计算机，它具有计算机主板、CPU 芯片、硬盘内存、外设及接口，并有操作系统、控制网络和协议。

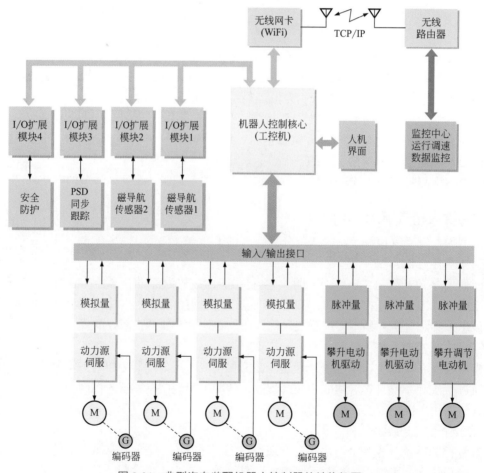

图 9-21　典型汽车装配机器人控制器的结构框图

机器人的控制中心最大的特点是具有高速数据处理能力。人机界面采用与工控机配套的触摸屏和液晶显示器，方便显示主机的工作状态、数据等，也方便人工指令和各种参数的输入。设置在机器人各部位的传感器，为控制中心提供各运动机构的状态和位置信息。系统中设有多个 PSD 位置传感模块。机器人系统中设有多个伺服机构，其中伺服电动机是其动力源，伺服机构是机器人控制器的主要控制对象。机器人在工作时，几乎都处于全自动工作状态。为了设备和人员的安全，在控制系统中设有多重安全防护措施。此外，电源模块也是受控制中心控制的，它为机器人的各种电气部分供电。一种是将三相交流电源或单相交流电源变成驱动伺服电动机的电源；另一种是为集成电路、晶体管和各种传感器提供直流稳压电源。机器人控制器往往安装在一个金属盒中，通过插头座与各个电路单元连接，典型的结构如图 9-22 所示。

图 9-22　机器人控制器的典型结构

五、机器人伺服驱动线路

图 9-23 是典型焊接机器人伺服驱动控制线路。该机器人的主体设有六台电动机，其中有左右行走电动机、焊枪摆动步进电动机、焊枪高低运动步进电动机、焊缝跟踪运动步进电动机和直流送丝电动机。这些电动机需要互相协调动作，因而由机器人控制器（TMS320LF2407 芯片）统一控制。该芯片通过误差向量幅度的控制，实现对焊缝的跟踪和控制。主控芯片输出的控制信号经过光电耦合器变成电信号分别对步进电动机驱动模块、继电器和左右行走电动机的驱动模块输出控制信号。

步进电动机采用脉冲驱动方式，转速和位置是由脉冲信号的频率和脉冲数控制的。

送丝电动机是直流电动机，它的动作是由继电器控制供电电源，接通电源则启动，断开电源则停机。

左右行走电动机是交流伺服电动机，驱动模块采用模拟方式，每台电动机的转子带动一个检测速度和位置的编码器，经编码器将速度和位置信号变成数字编码信号反馈到驱动模块，从而实现准确的跟踪控制。

步进电动机驱动模块所需要的直流稳压电源（稳压器），也是由光电耦合器输出的信号控制的。

机器人的动作还受遥控信号的控制。此外，传感器电路和焊缝跟踪电路将工作状态信号送到主控芯片中，为主控芯片提供控制依据。

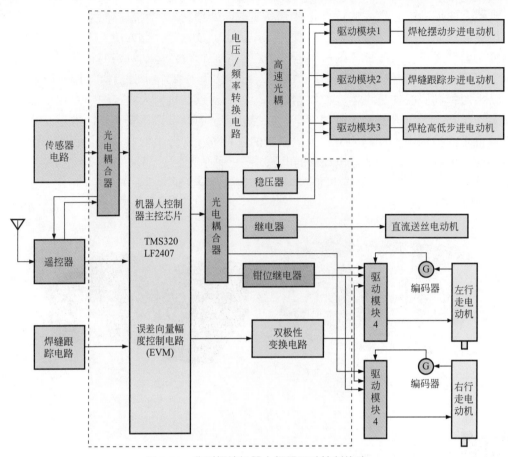

图 9-23 典型焊接机器人伺服驱动控制线路

六、机器人直流供电线路

机器人的供电电路通常分为两种。小型可移动机器人是由可充电电池进行供电的，充电后才能工作。固定式机器人（机械臂）通常由交流电源进行供电。例如，有的使用单相交流220V 供电，有的使用三相交流 380V 供电。

1. 机器人的直流供电方式

图 9-24 是机器人的直流供电方式。该供电方式适用于小功率可移动机器人的电源系统。这种机器人具有充电接口，由外部充电器为机内的电池组充电。外部直流充电电压在充电管理电路的控制下以一定的电压和电流对电池组进行充电。电路中设有电流检测与控制电路、电压检测与控制电路。充电完成后，电池组的输出经电压、电流检测与控制电路输出三路电源。一路经开关电源（DC/DC）和低压差稳压器输出 3.3V 小电流，为小信号处理电路供电；另一路经开关电源（DC/DC）输出 3.3V 大电流，为机器人的大电流芯片供电；第三路输出为电动机供电电源。电源电路的供电对象是数据采集电路、处理运算电路和电动机驱动电路。

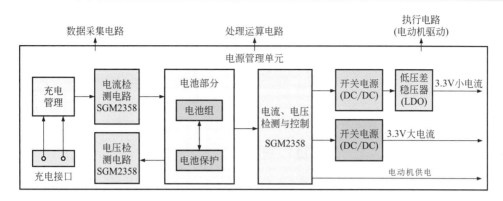

图 9-24　机器人的直流供电方式

2. 机器人直流电动机的供电和驱动线路

图 9-25 是机器人直流电动机的供电和驱动线路。电动机采用桥式驱动电路，IR2103 芯片和两个场效应驱动晶体管构成一个半桥电路，两组构成全桥电路，可实现电动机的正反向驱动。直流 24V 电源分别为半桥芯片和两组场效应晶体管供电。

机器人直流电动机的供电和驱动线路

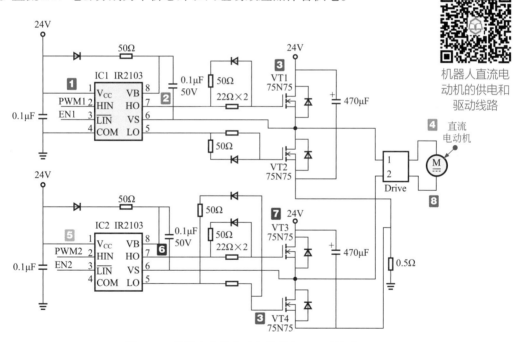

图 9-25　机器人直流电动机的供电和驱动线路

图解

1 当需要电动机正转时，IC1 的②脚输入控制信号，同时 IC2 的③脚输入控制信号。

1→**2** IC1 的⑦脚和 IC2 的⑤脚输出高电平。

3 高电平分别使外接的场效应晶体管 VT1 和 VT4 导通。

4 于是 +24V 电源经 VT1→直流电动机 1 端→电动机绕组→直流电动机 2 端→ VT4 → 0.5Ω 电阻器→地形成回路，电动机开始正转。

5 当需要电动机反转时，控制信号分别加到 IC2 的②脚和 IC1 的③脚。

5→**6** IC2 的⑦脚和 IC1 的⑤脚输出高电平。

7 高电平分别使外接的场效应晶体管 VT3 和 VT2 导通。

8 于是 +24V 电源经 VT3 →直流电动机 2 端→电动机绕组→直流电动机 1 端→ VT2 → 0.5Ω 电阻器→地形成回路，电动机开始反转。

七、机器人交流供电线路

图 9-26 是采用交流供电方式的机器人电路框图。从图中可见，它由交流电源（单相 220V/ 三相 380V）经断路器、滤波器和变压器变成多路交流电压，再经电源供给电路进行 整流、稳压后为控制单元供电。控制单元在操作电路的控制下为多轴伺服放大器提供交流 210V 电压和直流 24V 电压以及操作控制信号，经伺服放大器为机器人主体中的伺服电动机 提供电源。伺服电动机工作时，还把位置信号变成脉冲编码信号反馈给伺服放大器。伺服放 大器与机器人主体之间设有接口电路，用于互通信息。

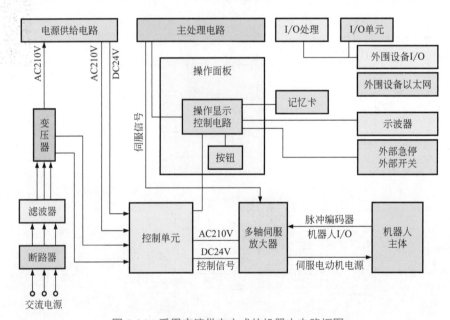

图 9-26　采用交流供电方式的机器人电路框图

主处理电路和操作显示控制电路等都是由低压直流电源提供工作电压的。

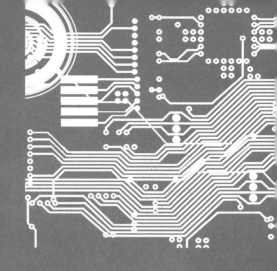

第十章
农机控制线路

一、农机设备（水泵）控制线路

农机控制线路是指在农业生产中所需设备的控制电路，例如排灌设备、农产品加工设备、养殖和畜牧设备等的控制线路。不同农机控制线路选用的控制器件、功能部件、连接部件等基本相同，但根据选用部件数量的不同以及部件间的不同组合，便可以实现不同的控制功能。

图 10-1 为农机设备（水泵）控制线路的结构组成。

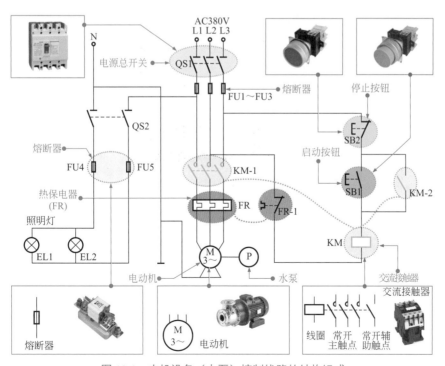

图 10-1　农机设备（水泵）控制线路的结构组成

图 10-2 为农机设备（水泵）控制线路的接线关系。

典型农机设备
控制线路

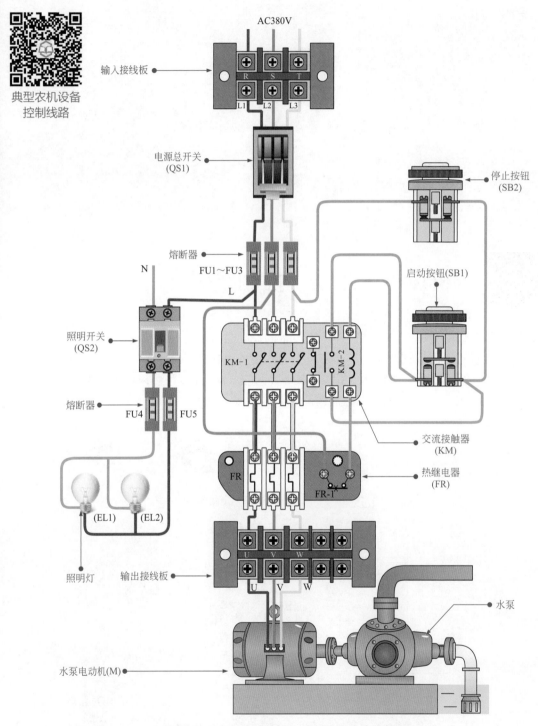

图 10-2　农机设备（水泵）控制线路的接线关系

图 10-3 为农机设备（水泵）控制线路的工作过程分析。

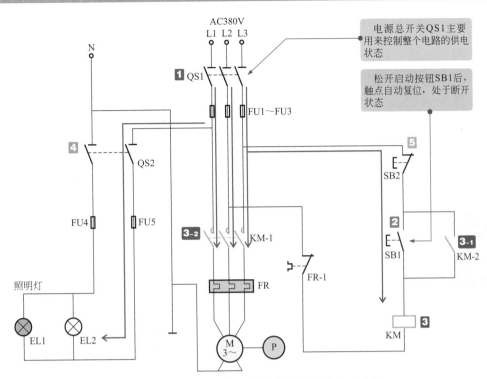

图 10-3　农机设备（水泵）控制线路的工作过程分析

1 合上电源总开关 QS1，接通三相电源，为电路进入工作状态做好准备。

2 按下启动按钮 SB1，其常开触点闭合。

3 交流接触器 KM 线圈得电，其触点全部动作。

　　　3-1 常开辅助触点 KM-2 闭合，实现自锁功能。

　　　3-2 常开主触点 KM-1 闭合，接通电动机三相电源。电动机通电启动运转，带动水泵开始工作。

　　4 在需要照明时，合上电源开关 QS2，照明灯 EL1、EL2 接通电源开始点亮；不需要照明时，可关闭电源开关 QS2。

　　5 需要停机时，按下停止按钮 SB2，交流接触器 KM 线圈失电，其触点全部复位，从而切断电动机供电电源，电动机及水泵停止运转。

二、禽蛋孵化箱控制线路

　　禽蛋孵化箱控制线路用来控制恒温箱内的温度保持恒定温度值。当恒温箱内的温度降低时，自动启动加热器加热；当恒温箱内的温度达到预定温度时，自动停止加热器加热，保证恒温箱内的温度恒定。

图 10-4 为禽蛋孵化箱控制线路的结构组成。

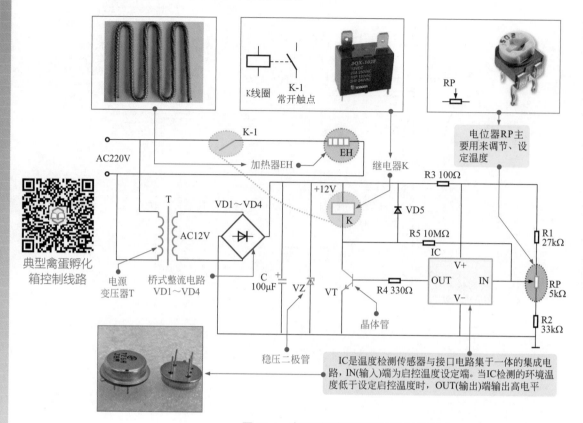

图 10-4　禽蛋孵化箱控制线路的结构组成

图 10-5 为禽蛋孵化箱控制线路的工作过程分析。

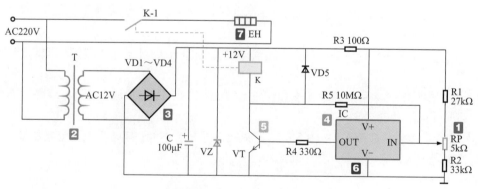

图 10-5　禽蛋孵化箱控制线路的工作过程分析

 图 解

1 通过电位器 RP 预先调节好禽蛋孵化恒温箱内的温控值。

2 接通电源，交流 220V 电压经电源变压器 T 降压后，由二次侧输出交流 12V 电压。

3 交流 12V 电压经桥式整流器 VD1 ～ VD4 整流、滤波电容器 C 滤波、稳压二极管 VZ 稳压后，输出 +12V 直流电压，为温度控制电路供电。

4 当禽蛋孵化恒温箱内的温度低于电位器 RP 预先设定的温控值时，温度传感器集成电路 IC 的 OUT 端输出高电平。

4→**5** 晶体管 VT 导通，继电器 K 线圈得电，常开触点 K-1 闭合，接通加热器 EH 的供电电源，加热器 EH 开始加热。

6 当禽蛋孵化恒温箱内的温度上升至电位器 RP 预先设定的温控值时，温度传感器集成电路 IC 的 OUT 端输出低电平。

6→**7** 晶体管 VT 截止，继电器 K 线圈失电，常开触点 K-1 复位断开，切断加热器 EH 的供电电源，加热器 EH 停止加热。

加热器停止加热一段时间后，禽蛋孵化恒温箱内的温度缓慢下降。当温度再次低于电位器 RP 预先设定的温控值时，温度传感器集成电路 IC 的 OUT 端再次输出高电平，晶体管 VT 再次导通，继电器 K 线圈再次得电，常开触点 K-1 闭合，再次接通加热器 EH 的供电电源，加热器 EH 开始加热。如此反复循环，保证温度恒定。

三、排水设备自动控制线路

图 10-6 为一种常见的排水设备自动控制线路。该控制线路主要由总断路器 QF、液位继电器 KA1、辅助继电器 KA2、交流接触器 KM、桥式整流器 UR、水位检测电极 BL1 ～ BL3、三相交流电动机 M 和水泵 P 等构成。

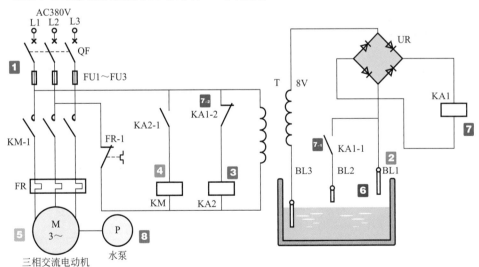

图 10-6 常见的排水设备自动控制线路

1 合上总断路器 QF，接通三相电源，为电路进入工作状态做好准备。

2 当水位处于电极 BL1 以下时，各电极之间处于开路状态。

3 辅助继电器 KA2 线圈得电，其常开触点 KA2-1 闭合。

3→**4** 交流接触器 KM 线圈得电，其常开主触点 KM-1 闭合。

4→**5** 电动机接通三相电源，三相交流电动机带动水泵运转开始供水。

6 当水位处于电极 BL1 以上时，由于水的导电性，各电极之间处于通路状态。

7 8V 交流电压经桥式整流器 UR 整流后，为液位继电器 KA1 线圈供电。

   7₋₁ 常开触点 KA1-1 闭合。

   7₋₂ 常闭触点 KA1-2 断开，使辅助继电器 KA2 线圈失电。

7₋₂→**8** 常开触点 KA2-1 断开，KM 线圈失电，常开主触点 KM-1 断开，泵和电动机停止工作。

四、农田排灌设备自动控制线路

农田排灌自动控制线路可在农田灌溉时根据排水渠中水位的高低自动控制排灌电动机的启动和停机，防止排水渠中无水而排灌电动机仍然工作的现象，起到保护排灌电动机的作用。

图 10-7 为农田排灌设备自动控制线路的结构组成。

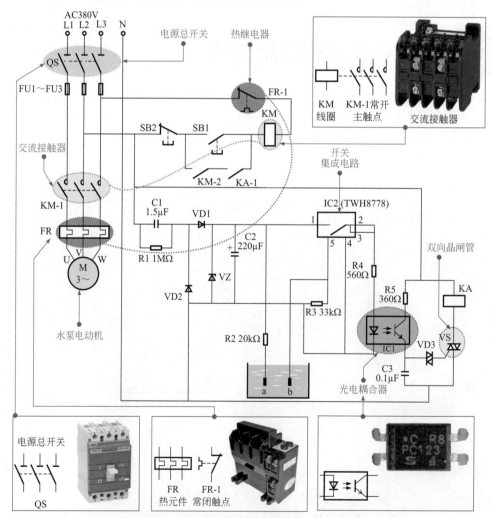

图 10-7 农田排灌设备自动控制线路的结构组成

图 10-8 为农田排灌设备自动控制线路的工作过程分析。

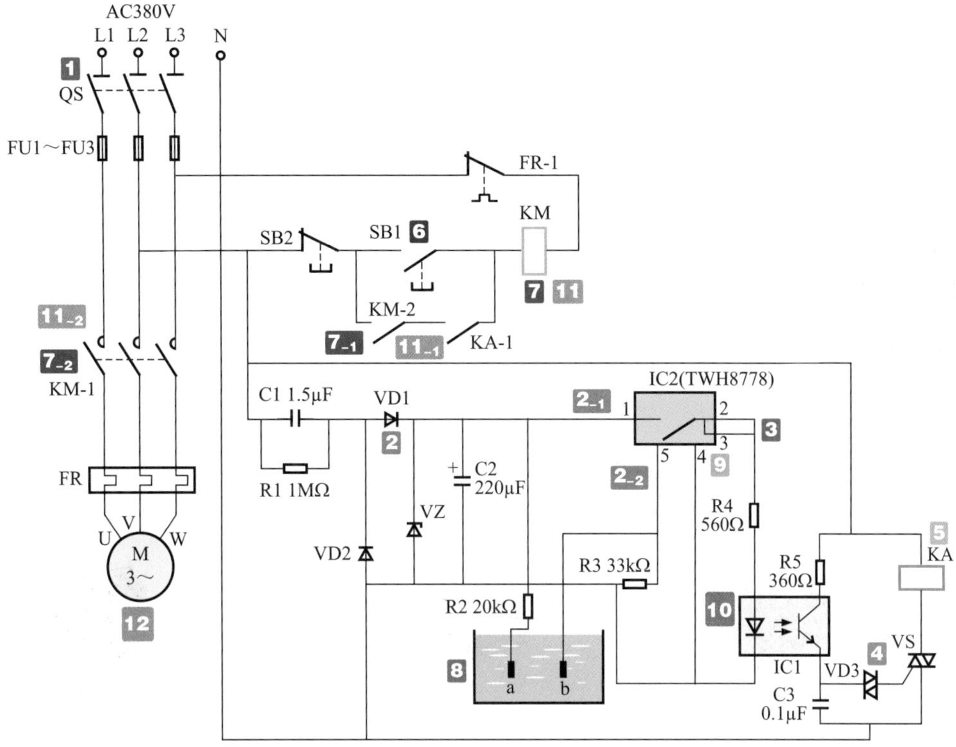

图 10-8 农田排灌设备自动控制线路的工作过程分析

图解

1 闭合电源总开关 QS，接通三相电源，为电路进入工作状态做好准备。

2 交流 220V 电压经电阻器 R1 和电容器 C1 降压，整流二极管 VD1、VD2 整流，稳压二极管 VZ 稳压，滤波电容器 C2 滤波后，输出 +9 V 直流电压。

2-1 一路加到开关集成电路 IC2 的①脚。

2-2 另一路经 R2 和电极 a、b 加到 IC2 的⑤脚。

2-1 + **2-2** → **3** 开关集成电路 IC2 内部的电子开关导通，由②脚输出 +9V 电压。

3 → **4** +9V 电压经 R4 为光电耦合器 IC1 供电，输出触发信号，触发双向触发二极管 VD3 导通。

4 → **5** VD3 导通后，触发双向晶闸管 VS 导通，中间继电器 KA 线圈得电，常开触点 KA-1 闭合。

6 按下启动按钮 SB1，其常开触点闭合。

7 交流接触器 KM 线圈得电，其相应的触点动作。

7-1 常开自锁触点 KM-2 闭合自锁，锁定启动按钮 SB1，即使松开 SB1，KM 线圈仍可保持得电状态。

7-2 常开主触点 KM-1 闭合，接通电源，水泵电动机 M 带动水泵启动运转，对农田灌溉。

8 排水渠水位降低至最低，水位检测电极 a、b 由于无水而处于开路状态。

8 → **9** 开关集成电路 IC2 内部的电子开关复位断开。

9 → 10 光电耦合器 IC1、双向触发二极管 VD3、双向晶闸管 VS 均截止，中间继电器 KA 线圈失电，触点 KA-1 复位断开。

10 → 11 交流接触器 KM 线圈失电，其相应触点复位。

11₋₁ 常开自锁触点 KM-2 复位断开。

11₋₂ 常开主触点 KM-1 复位断开，按钮 SB1 锁定，为控制线路下次启动做好准备。

12 电动机电源被切断，电动机停止运转，自动停止灌溉作业。

五、稻谷加工机的电气控制线路

稻谷加工机的电气控制线路通过启动按钮、停止按钮、接触器等控制部件控制各功能电动机的启动运转，带动稻谷加工机的机械部件运作，完成稻谷加工作业。

图 10-9 为稻谷加工机电气控制线路的结构组成。

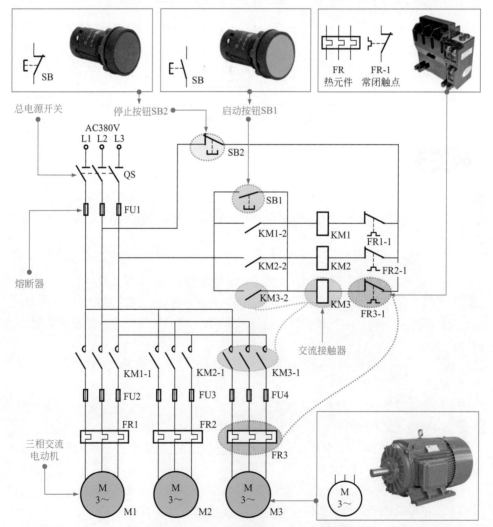

图 10-9　稻谷加工机电气控制线路的结构组成

图 10-10 为稻谷加工机电气控制线路的工作过程分析。

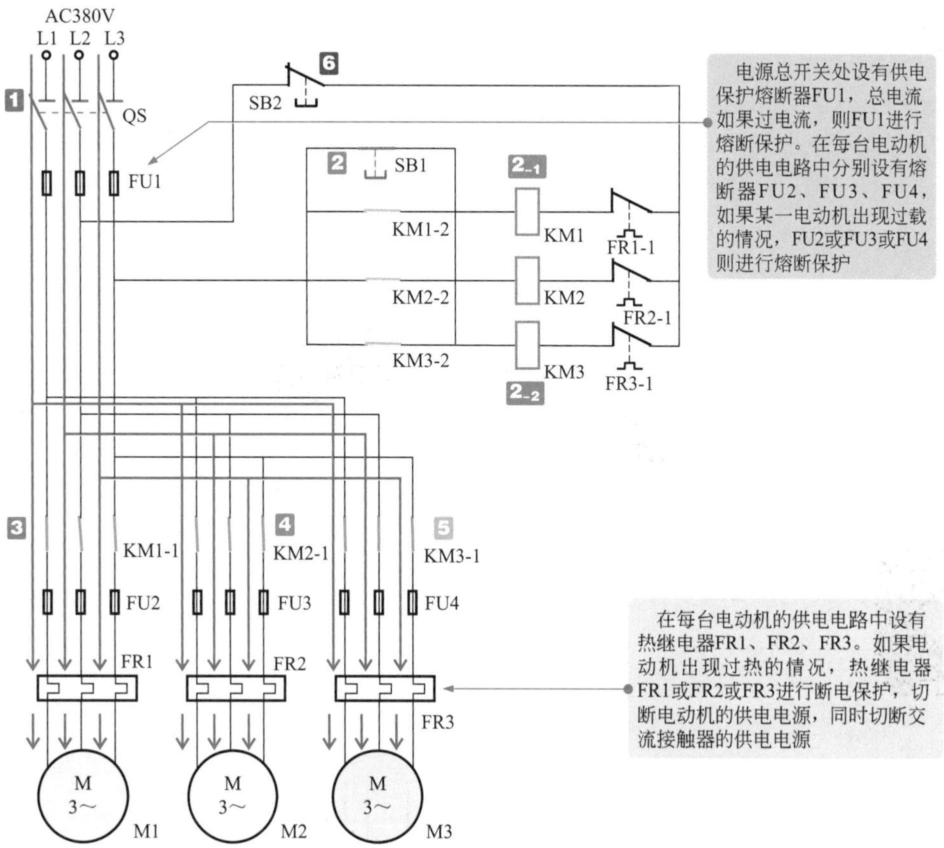

图 10-10 稻谷加工机电气控制线路的工作过程分析

图解

1 闭合电源总开关 QS，接通三相电源，为电路进入工作状态做好准备。

2 按下启动按钮 SB1，其常开触点闭合。

    2₋₁ 交流接触器 KM1 线圈得电，其相应触点动作。

    2₋₂ 交流接触器 KM2、KM3 线圈得电，其相应触点动作。

2₋₁ → 3 常开自锁触点 KM1-2 闭合自锁，即使松开 SB1 后，交流接触器 KM1 线圈仍保持得电状态，控制电动机 M1 的常开主触点 KM1-1 闭合，电动机 M1 通电启动运转。

2₋₂ → 4 常开自锁触点 KM2-2 闭合自锁，松开 SB1 后，交流接触器 KM2 线圈仍保持得电状态，控制电动机 M2 的常开主触点 KM2-1 闭合，电动机 M2 通电启动运转。

2₋₂ → 5 常开自锁触点 KM3-2 闭合自锁，松开 SB1 后，交流接触器 KM3 线圈仍保持得电状态，控制电动机 M3 的常开主触点 KM3-1 闭合，电动机 M3 通电启动运转。

6 当工作完成后，按下停止按钮 SB2，停机过程与启动过程相似。

按下停止按钮后，交流接触器 KM1、KM2、KM3 线圈失电，三个交流接触器复位，常开自锁触点 KM1-2、KM2-2、KM3-2 断开，常开主触点 KM1-1、KM2-1、KM3-1 断开，电动机的供电电路被切断，电动机 M1、M2、M3 停止工作。

六、鱼池增氧设备控制线路

鱼池增氧设备控制线路是一种控制电动机间歇工作的电路，通过定时器集成电路输出不同相位的信号控制继电器的间歇工作，同时通过控制开关的闭合与断开控制继电器触点接通时间与断开时间的比例。

图 10-11 为鱼池增氧设备控制线路的结构组成。

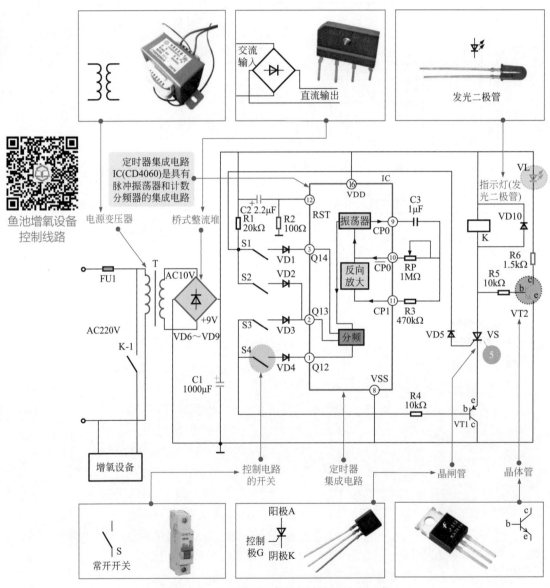

图 10-11　鱼池增氧设备控制线路的结构组成

图 10-12 为鱼池增氧设备控制线路的工作过程分析。

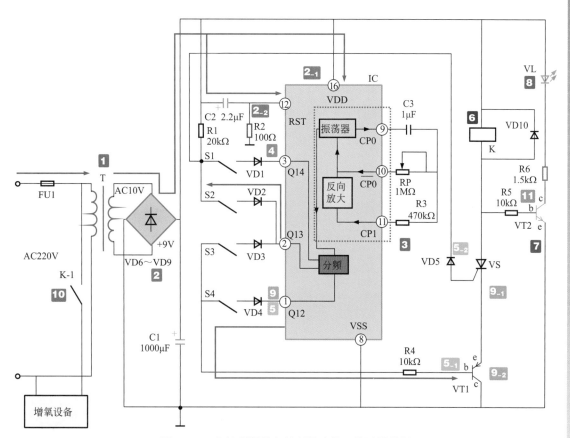

图 10-12 鱼池增氧设备控制线路的工作过程分析

图 解

1 接通电源，交流 220V 电压经电源变压器 T 降压后，由二次侧输出交流 10V 电压。

2 交流 10V 电压经桥式整流器 VD6 ～ VD9 整流、滤波电容器 C1 滤波后，输出稳定的 +9V 直流电压。

2₋₁ +9V 直流电压一路直接加到定时器集成电路 IC 的⑯脚，为 IC 提供工作电压。

2₋₂ +9V 直流电压另一路经电容器 C2、电阻器 R2 为定时器集成电路 IC 的⑫脚提供复位电压，使定时器集成电路中的计数器清零复位。

3 定时器集成电路 IC 的⑨脚～⑪脚内部的振荡器工作，产生计数脉冲。

3 → **4** 定时器集成电路 IC 的①脚～③脚均为分频信号输出端，各脚输出的脉冲相位和时序不同，利用输出信号的相位关系，可以使继电器间歇工作。例如，将开关 S1 和 S3 设置为断开，S2 和 S4 设置为闭合。

5 在定时器集成电路 IC 的①脚输出为高电平、②脚输出为低电平时段。

5₋₁ IC 的①脚输出高电平使晶体管 VT1 截止（晶体管 VT1 为 PNP 型晶体管，当基极 b 电压低于发射极 e 电压时才可导通）。

5₋₂ IC 的②脚输出低电平使二极管 VD5 截止，触发晶闸管 VS 也截止。

5₋₂→6 继电器 K 线圈不能得电，增氧设备不能启动工作。

7 晶体管 VT1 和晶闸管 VS 截止，晶体管 VT2 的基极 b 电压升高，晶体管 VT2 导通。

7→8 晶体管 VT2 导通，指示灯 VL 点亮（晶体管 VT2 为 NPN 型晶体管，当基极电压 b 高于发射极电压时即可导通）。

9 定时器集成电路 IC 的①脚输出为低电平、②脚输出为高电平的时段。

9₋₁ IC 的②脚输出高电平，使二极管 VD5 导通，触发晶闸管 VS 也导通。

9₋₂ IC 的①脚输出低电平，使晶体管 VT1 导通（此时，晶体管 VT1 基极 b 电压低于发射极 e 电压）。

9₋₁+9₋₂→10 晶闸管 VS 和晶体管 VT1 导通后，继电器 K 线圈得电，常开触点 K-1 闭合，接通增氧设备供电电源，增氧设备启动，开始增氧工作。

11 晶体管 VT1 和晶闸管 VS 导通后，晶体管 VT2 的基极 b 为低电平。晶体管 VT2 截止，指示灯 VL 熄灭（此时，晶体管 VT2 的基极 b 电压降低）。

提示

在定时器集成电路 IC 的①脚和②脚输出均为低电平时段，二极管 VD5 截止，晶闸管 VS 截止，晶体管 VT1 也截止（此时，晶体管 VT1 的发射极 e 无电压）。

继电器 K 线圈失电，常开触点 K-1 复位断开，切断增氧设备的供电电源，增氧设备停止增氧工作。

晶体管 VT1 和晶闸管 VS 截止后，晶体管 VT2 的基极电压再次变为高电平，进而 VT2 导通，指示灯 VL 再次点亮（此时，晶体管 VT2 的基极电压 b 高于发射极 e 电压），如此反复循环，实现养鱼池间歇增氧控制。

七、电围栏控制线路

电围栏控制线路可以利用直流和交流两种电压为电围栏供电，通常用于养殖业中。当有动物碰到电围栏时，会受到电围栏高压电击（不致命），使动物产生惧怕心理，防止动物丢失或被外来猛兽袭击。此外，该控制线路也可以用于农田耕种的保护，防止动物入侵。

图 10-13 为电围栏控制线路的结构组成，图 10-14 为电围栏控制线路的工作过程分析。

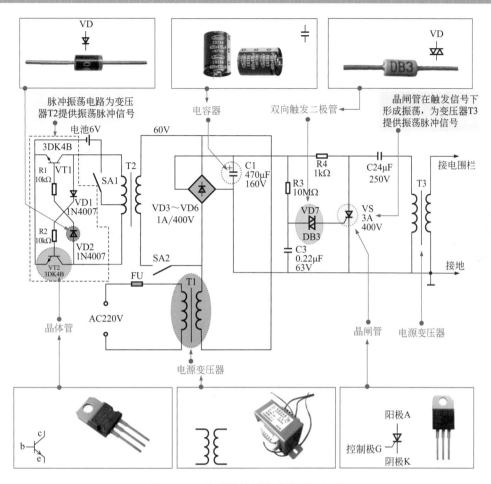

图 10-13　电围栏控制线路的结构组成

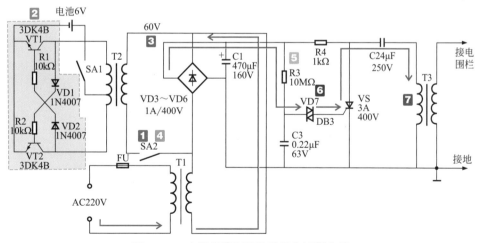

图 10-14　电围栏控制线路的工作过程分析

1 电围栏在直流电压供电时，应将开关 SA1、SA2 接通。

2 6V 电池电压经开关 SA1 加到脉冲振荡电路中。

3 振荡脉冲加到变压器 T2 的二次侧，经变压输出 60V 脉冲电压送到电围栏线路上供电。

4 电围栏在交流电压供电时，应当将开关 SA1、SA2 断开，交流 220V 电压经变压器 T1 降压。

4 → **5** 该电压经桥式整流器整流和电容器 C1 滤波后形成直流电压，经电阻器 R3 为电容器 C3 充电。

5 → **6** 电容器 C3 充电后的电压使双向触发二极管 VD7 导通，发出信号使晶闸管 VS 触发导通，晶闸管 VS 在触发信号的作用下形成振荡。

6 → **7** 晶闸管 VS 的振荡信号送到升压变压器 T3，电压升高后送到电围栏线路上供电。

八、养鱼池水泵和增氧泵自动交替运转的控制线路

养鱼池水泵和增氧泵自动交替运转的控制线路是一种自动工作的电路，电路通电后，每隔一段时间便会自动接通或切断水泵、增氧泵的供电，维持池水的含氧量、清洁度。

图 10-15 为养鱼池水泵和增氧泵自动交替运转控制线路的结构组成。

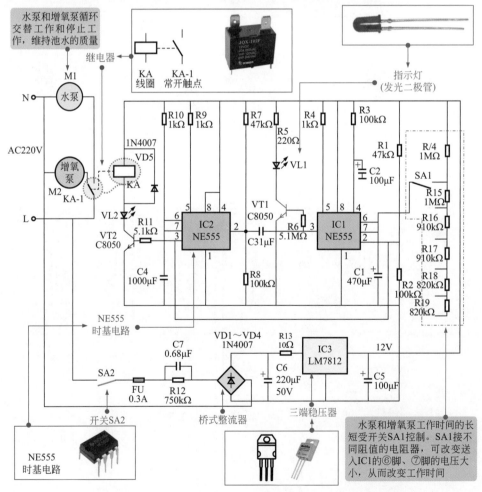

图 10-15　养鱼池水泵和增氧泵自动交替运转控制线路的结构组成

图 10-16 为养鱼池水泵和增氧泵自动交替运转控制线路的工作过程。

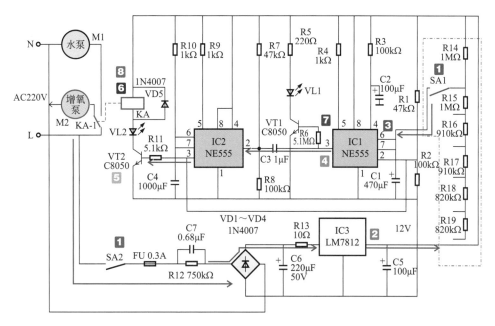

图 **10-16** 养鱼池水泵和增氧泵自动交替运转控制线路的工作过程分析

图解

1 开关 SA1、SA2 闭合，交流 220V 电源电压为电路供电。在初始状态下，水泵工作，增氧泵停机。

2 交流电压经桥式整流器整流、电容器 C6 滤波和三端稳压器 IC3 稳压后，输出 12V 直流电压。

2 → **3** 12V 直流电压经 SA1 后为电容器 C1 充电，电容器 C1 电压上升，IC1 的⑥、⑦脚电压也升高。

4 IC1 的③脚端输出低电平，送到 IC2 的②脚上。

4 → **5** IC2 的③脚输出高电平，使晶体管 VT2 导通，指示灯 VL2 亮。

5 → **6** 继电器 KA 线圈得电，触点 KA-1 转换，水泵停机，增氧泵工作。

7 一段时间后（电容器 C1 充电完成，IC1 的③脚输出高电平），IC2 的②脚上升到高电平，③脚输出低电平，电路又回到初始状态。

8 继电器 KA 线圈失电，触点 KA-1 复位，水泵工作，增氧泵停机。

九、自动灌水控制线路

图 10-17 是一种水池自动灌水控制线路。在水池中设有三个电极（A、B、C）用于检测池中水位，根据所测水位自动控制是否需要灌水。

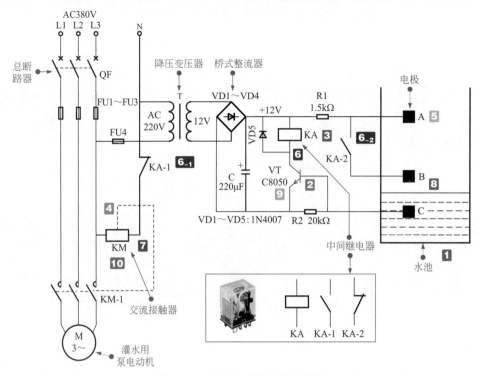

图 10-17 水池自动灌水控制线路

图解

1 当池中无水或水位很低时，电极 A、B、C 之间断路。

2 晶体管 VT 的基极为低电压，使 VT 截止。

3 中间继电器 KA 无电流，则触点保持初始状态：KA-1 闭合，KA-2 断开。

4 在此种状态下，当接通断路器 QF 时，交流接触器 KM 线圈得电，主触点 KM-1 闭合，泵电动机通电带动水泵为池中灌水。

5 当池中的水位升高至 A 电极位置时，电极 A、C 之间短路。

6 使晶体管 VT 的基极电压升高而导通，则继电器 KA 线圈得电。

　6-1 常闭触点 KA-1 断开。

　6-2 常开触点 KA-2 闭合。

6-1 → **7** 交流接触器 KM 线圈失电，主触点 KM-1 断开，泵电动机停止为水池供水。

6-2 → **8** 由于 KA-2 短路，池中水消耗到电极 B 位置以下时，电极 A、C 之间断路。

9 VT 基极电压下降而截止。

10 中间继电器 KA 失电复位，触点 KA-1 闭合，重新使 KM 线圈得电，电动机启动又自动开始灌水。

十、秬秆切碎机驱动控制线路

秬秆切碎机驱动控制线路是指利用两台电动机带动机械设备动作，完成送料和切碎工作的一类农机控制电路，可有效节省人力劳动，提高工作效率。

图 10-18 为秸秆切碎机驱动控制线路的结构组成。

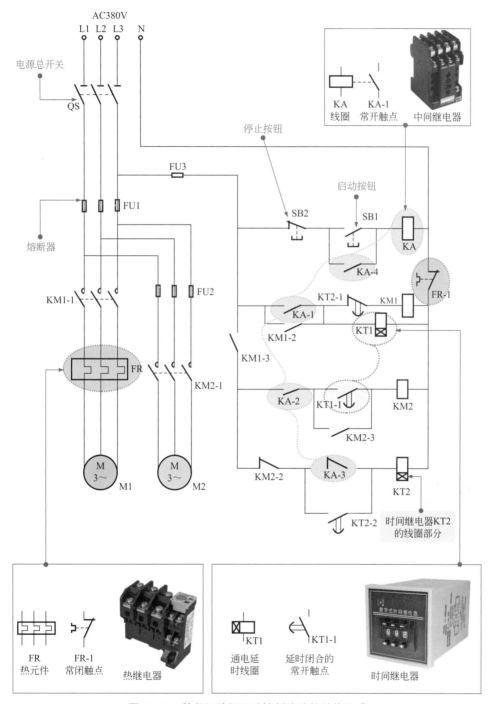

图 10-18 秸秆切碎机驱动控制线路的结构组成

图 10-19 为秸秆切碎机驱动控制线路的工作过程分析。

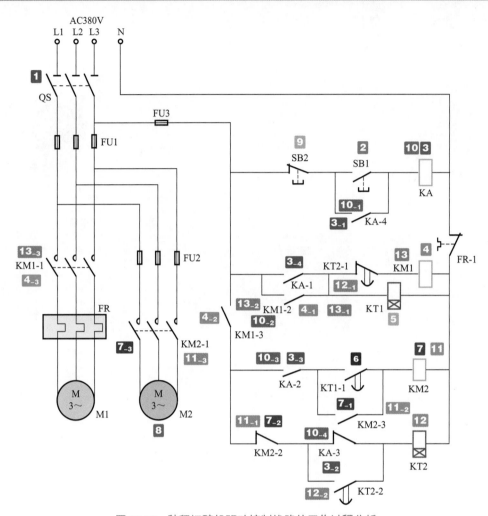

图 10-19 秸秆切碎机驱动控制线路的工作过程分析

图解

1 闭合电源总开关 QS，接通三相电路，为电路进入工作状态做好准备。

2 按下启动按钮 SB1，其常开触点闭合。

2→3 中间继电器 KA 线圈得电，其相应触点动作。

3₋₁ 常开自锁触点 KA-4 闭合自锁，即使松开 SB1，中间继电器 KA 线圈仍保持得电状态。

3₋₂ 控制时间继电器 KT2 的常闭触点 KA-3 断开，防止时间继电器 KT2 线圈得电。

3₋₃ 控制交流接触器 KM2 的常开触点 KA-2 闭合，为 KM2 线圈得电做好准备。

3₋₄ 控制交流接触器 KM1 的常开触点 KA-1 闭合。

3₋₄→4 交流接触器 KM1 线圈得电，其相应触点动作。

4₋₁ 常开自锁触点 KM1-2 闭合自锁，即当触点 KA-1 断开后，交流接触器 KM1 线圈仍保持得电状态。

$\boxed{4_{-2}}$ 常开辅助触点 KM1-3 闭合，为 KM2、KT2 线圈得电做好准备。

$\boxed{4_{-3}}$ 常开主触点 KM1-1 闭合，切料电动机 M1 启动运转。

$\boxed{3_{-4}}$ → $\boxed{5}$ 时间继电器 KT1 线圈得电，时间继电器开始计时（30s），实现延时功能。

$\boxed{5}$ → $\boxed{6}$ 当时间经 30s 后，时间继电器 KT1 中延时闭合的常开触点 KT1-1 闭合。

$\boxed{4_{-3}}$ + $\boxed{6}$ → $\boxed{7}$ 交流接触器 KM2 线圈得电。

$\boxed{7_{-1}}$ 常开自锁触点 KM2-3 闭合，实现自锁功能。

$\boxed{7_{-2}}$ 时间继电器 KT2 线路上的常闭触点 KM2-2 断开。

$\boxed{7_{-3}}$ KM2 的常开主触点 KM2-1 闭合。

$\boxed{7_{-3}}$ → $\boxed{8}$ 接通送料电动机电源，电动机 M2 启动运转。

实现 M2 在 M1 启动 30s 后才启动，可以防止因进料机中的进料过多而溢出。

$\boxed{9}$ 当需要系统停止工作时，按下停止按钮 SB2，其常闭触点断开。

$\boxed{9}$ → $\boxed{10}$ 中间继电器 KA 线圈失电。

$\boxed{10_{-1}}$ 常开自锁触点 KA-4 复位断开，解除自锁功能。

$\boxed{10_{-2}}$ 控制交流接触器 KM1 的常开触点 KA-1 断开，由于 KM1-2 自锁功能，此时 KM1 线圈仍处于得电状态。

$\boxed{10_{-3}}$ 控制交流接触器 KM2 的常开触点 KA-2 断开。

$\boxed{10_{-4}}$ 控制时间继电器 KT2 的常闭触点 KA-3 闭合。

$\boxed{10_{-3}}$ → $\boxed{11}$ 交流接触器 KM2 线圈失电。

$\boxed{11_{-1}}$ 常闭辅助触点 KM2-2 复位闭合。

$\boxed{11_{-2}}$ 常开自锁触点 KM2-3 复位断开，解除自锁功能。

$\boxed{11_{-3}}$ 常开主触点 KM2-1 复位断开，送料电动机 M2 停止工作。

$\boxed{10_{-4}}$ + $\boxed{11_{-1}}$ → $\boxed{12}$ 时间继电器 KT2 线圈得电，其相应的触点开始动作。

$\boxed{12_{-1}}$ 延时断开的常闭触点 KT2-1 在 30s 后断开。

$\boxed{12_{-2}}$ 延时闭合的常开触点 KT2-2 在 30s 后闭合。

$\boxed{12_{-1}}$ → $\boxed{13}$ 交流接触器 KM1 线圈失电，其相应触点复位。

$\boxed{13_{-1}}$ 常开自锁触点 KM1-2 复位断开，解除自锁，时间继电器 KT1 线圈失电。

$\boxed{13_{-2}}$ 常开辅助触点 KM1-3 复位断开，时间继电器 KT2 线圈失电。

$\boxed{13_{-3}}$ 常开主触点 KM1-1 复位断开，切料电动机 M1 停止工作，M1 在 M2 停转 30s 后停止。

$\boxed{14}$ 在工作过程中若电路出现过载、电动机堵转导致过电流、温度过热，热继电器 FR 主电路中的热元件发热，常闭触点 FR-1 自动断开电源，电动机停转，进入保护状态。

十一、磨面机驱动控制线路

磨面机驱动控制线路利用电气部件对电动机进行控制，由电动机带动磨面机工作，实现磨面功能。

图 10-20 为磨面机驱动控制线路的结构组成。

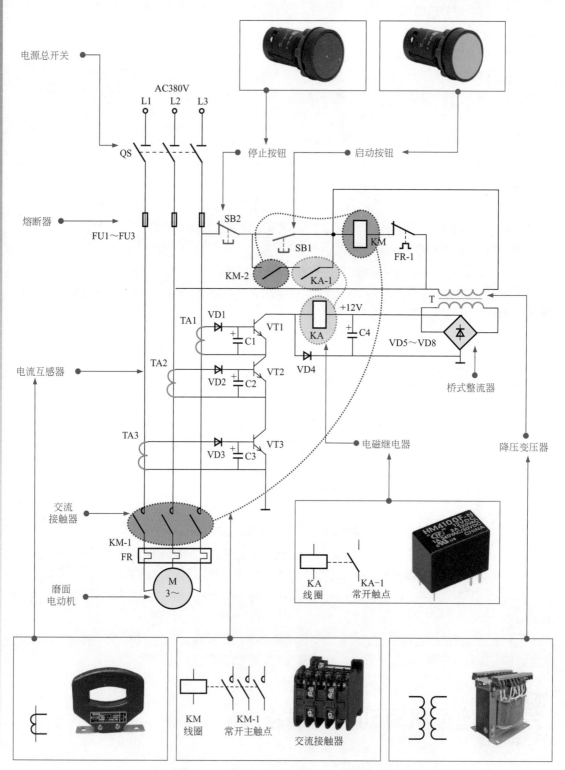

图 10-20　磨面机驱动控制线路的结构组成

图 10-21 为磨面机驱动控制线路的工作过程分析。

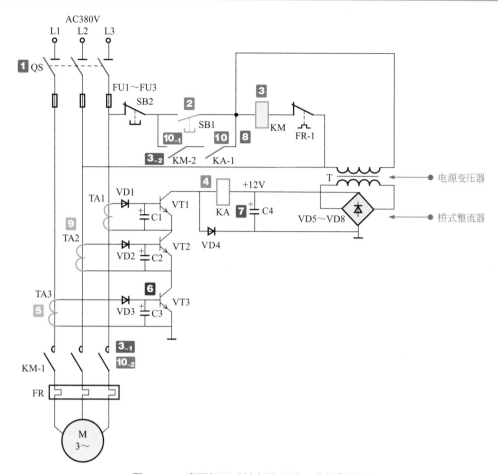

图 10-21　磨面机驱动控制线路的工作过程分析

图解

1 当需要磨面机驱动控制电路工作时，首先接通电源总开关 QS。

2 按下启动按钮 SB1 后，其常开触点闭合。SB1 闭合后，交流 380V 电压经降压变压器 T 降压、VD5 ～ VD8 整流、C4 滤波后，输出 +12V 电压为继电器 KA 供电，继电器 KA 线圈得电。

2 → **3** 交流接触器 KM 线圈得电。

　　　　3₋**₁** 常开主触点 KM-1 闭合，接通三相电源，磨面电动机 M 启动运转，带动负载工作。

　　　　3₋**₂** 常开辅助触点 KM-2 闭合自锁，锁定启动按钮 SB1。

2 → **4** 继电器 KA 线圈得电，常开触点 KA-1 闭合，KM-2、KA-1 串联后，锁定启动按钮 SB1，即使松开 SB1，KM 线圈仍保持得电状态。

5 电动机启动后，供电电路中有电流流过，电流互感器 TA1 ～ TA3 中感应出交流电压。

5 → **6** 交流电压经整流二极管 VD1 ～ VD3 输出直流电压，三路直流电压分别经滤波电容器 C1 ～ C3 滤波后，加到晶体管 VT1 ～ VT3 的基极上。

6 → **7** 晶体管 VT1 ～ VT3 均导通，此时继电器 KA 线圈得电。

8 继电器 KA 的常开触点 KA-1 闭合，KA-1 与 KM-2 串联在为 KM 供电的电路中，维持交流接触器 KM 的吸合状态，电动机 M 正常工作。

9 当用电部分出现某一相缺相情况时，电流互感器 TA1 ～ TA3 中会有一个无信号输出。晶体管 VT1 ～ VT3 中会有一个晶体管截止，使继电器 KA 线圈失电。

9 → **10** 继电器 KA 常开触点 KA-1 复位断开，交流接触器 KM 线圈失电。

10-1 常开自锁触点 KM-2 复位断开，解除自锁功能。

10-2 常开主触点 KM-1 复位断开，切断三相电源，电动机 M 停止工作，实现缺相保护。

十二、淀粉加工机控制线路

图 10-22 为淀粉加工机控制线路。从图中可以看到，该控制线路由控制电路、保护电路和电动机负载组成。控制电路由电源总开关、启动按钮、停止按钮、交流接触器、中间继电器组成；保护电路由熔断器和热继电器组成。

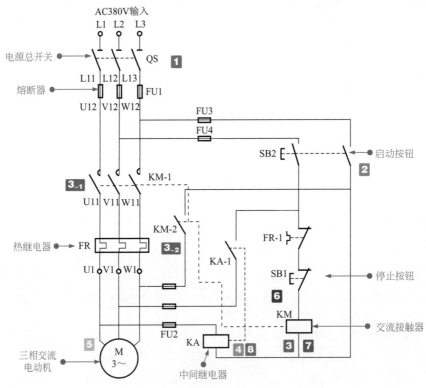

图 10-22 淀粉加工机控制线路

 图解

1 闭合电源总开关 QS，接通交流电源，为电路进入工作状态做好准备。

2 按下启动按钮 SB2，其常开触点闭合。

2 → **3** 交流接触器 KM 线圈得电。

3-1 常开主触点 KM-1 闭合，电动机接通电源启动运转，开始淀粉加工。

3₋₂ 常开辅助触点 KM-2 闭合。

2→**4** 中间继电器 KA 线圈得电，其常开触点 KA-1 闭合。

3₋₂＋**4**→**5** 松开按钮 SB2 后，交流接触器 KM 线圈仍能与 SB1、FR-1、KA-1、KM-2 形成通路保持得电状态，电动机连续运转。

6 当需要电动机停机时，按下停止按钮 SB1，其常闭触点断开。

6→**7** 交流接触器 KM 线圈失电，其所有触点复位，电动机断电停止工作。

6→**8** 中间继电器 KA 线圈失电，其所有触点复位。

在正常工作状态下，如果出现缺相故障则 KA 线圈或 KM 线圈失电，触点 KM-1、KM-2、KA-1 都会断开，从而切断电动机的供电电源，电动机停机进行自我保护。

若连续工作时间过长使电动机温度上升过高，热继电器 FR 动作，自动切断电动机的供电电源，电动机自动停机。

 谷物加工机控制线路

图 10-23 为谷物加工机控制线路。该控制线路由控制电路、保护电路和电动机负载组成。控制电路由电源总开关、启动按钮、停止按钮、交流接触器组成；保护电路由熔断器和过热保护继电器组成。

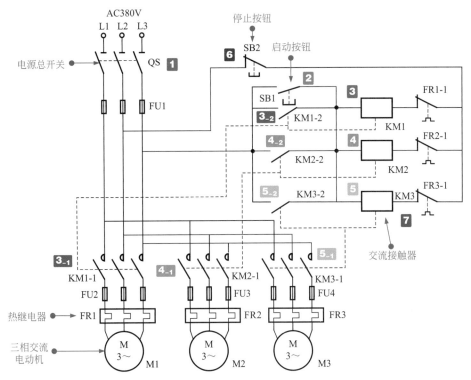

图 10-23　谷物加工机控制线路

1 闭合电源总开关 QS，接通三相电源，为电路进入工作状态做好准备。

2 按下启动按钮 SB1，其常开触点闭合。

2→**3** 交流接触器 KM1 线圈得电。

　　3₋₁ 常开主触点 KM1-1 闭合，接通交流电动机 M1 电源，M1 启动运转。

　　3₋₂ 常开辅助触点 KM1-2 闭合，实现自锁功能。

2→**4** 交流接触器 KM2 线圈得电。

　　4₋₁ 常开主触点 KM2-1 闭合，接通交流电动机 M2 电源，M2 启动运转。

　　4₋₂ 常开辅助触点 KM2-2 闭合，实现自锁功能。

2→**5** 交流接触器 KM3 线圈得电。

　　5₋₁ 常开主触点 KM3-1 闭合，接通交流电动机 M3 电源，M3 启动运转。

　　5₋₂ 常开辅助触点 KM3-2 闭合，实现自锁功能。

6 当工作完成后，按下停止按钮 SB2，其常闭触点断开。

6→**7** 交流接触器 KM1～KM3 的线圈失电，交流接触器的常开主触点 KM1-1、KM2-1、KM3-1 复位断开，常开自锁触点 KM1-2、KM2-2、KM3-2 复位断开，电动机的供电电路被切断，电动机 M1～M3 停止工作。

提示

　　电源总开关处设有供电保护熔断器 FU1，总电流如果过电流则 FU1 进行熔断保护。在每台电动机的供电电路中分别设有熔断器 FU2、FU3、FU4，如果某一电动机出现过载的情况，FU2 或 FU3 或 FU4 进行熔断保护。此外在每台电动机的供电电路中设有热继电器 FR1、FR2、FR3。如果电动机出现过热的情况，热继电器 FR1 或 FR2 或 FR3 进行断电保护，切断电动机的供电电源，同时切断交流接触器的供电电源。

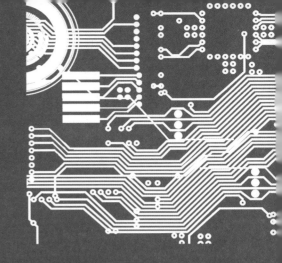

第十一章
PLC 应用控制线路

一、 三相交流电动机连续运转的 PLC 控制线路

图 11-1 为三相交流电动机连续运转 PLC 控制线路的结构组成。该控制线路主要由 FX_{2N}-32MR 型 PLC，输入设备 SB1、SB2、FR，输出设备 KM、HL1、HL2 及电源总开关 QF、三相交流电动机 M 等构成。

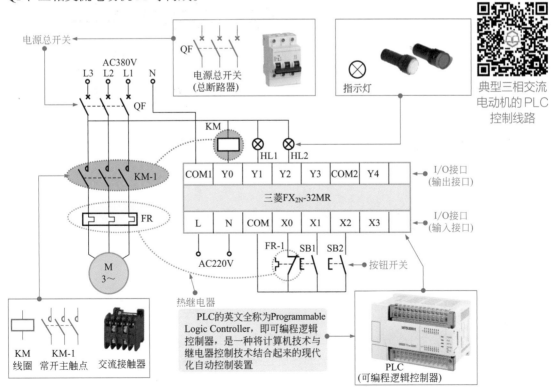

典型三相交流电动机的 PLC 控制线路

PLC的英文全称为Programmable Logic Controller，即可编程逻辑控制器，是一种将计算机技术与继电器控制技术结合起来的现代化自动控制装置

图 11-1　三相交流电动机连续运转 PLC 控制线路的结构组成

图 11-2 为三相交流电动机连续运转 PLC 控制线路的接线关系。

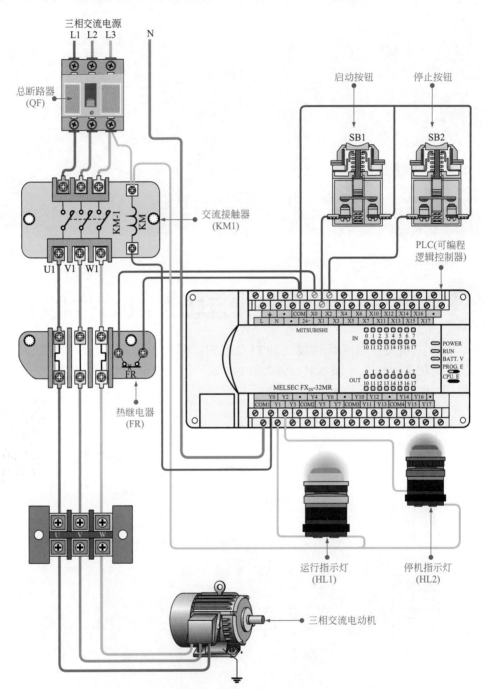

图 11-2　三相交流电动机连续运转 PLC 控制线路的接线关系

　　输入设备和输出设备分别连接到 PLC 相应的 I/O 接口上，它是根据 PLC 控制系统设计之初建立的 I/O 分配表进行连接分配的，所连接的接口名称对应 PLC 内部程序的编程地址编号。表 11-1 为三相交流电动机连续运转 PLC 控制线路中 PLC（三菱 FX$_{2N}$ 系列）I/O 分配表。

表 11-1 三相交流电动机连续运转 PLC 控制线路中 PLC（三菱 FX2N 系列）I/O 分配表

输入信号及地址编号			输出信号及地址编号		
名称	代号	输入点地址编号	名称	代号	输出点地址编号
热继电器	FR-1	X0	交流接触器	KM	Y0
启动按钮	SB1	X1	运行指示灯	HL1	Y1
停止按钮	SB2	X2	停机指示灯	HL2	Y2

图 11-3 为三相交流电动机连续运转 PLC 控制线路的工作过程分析。

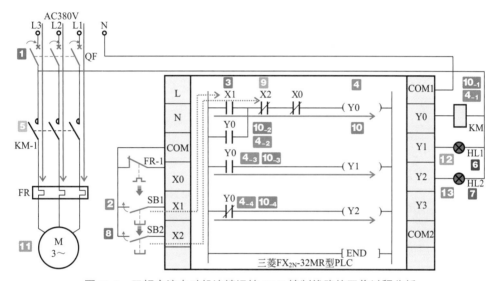

图 11-3 三相交流电动机连续运转 PLC 控制线路的工作过程分析

图解

1 合上总断路器 QF，接通三相电源，为电路进入工作状态做好准备。

2 按下启动按钮 SB1，其常开触点闭合。

3 将输入继电器常开触点 X1 置 1，即常开触点 X1 闭合。

4 输出继电器 Y0 线圈得电。

    4-1 控制 PLC 外接交流接触器 KM 线圈得电。

    4-2 常开自锁触点 Y0 闭合，实现自锁功能。

    4-3 控制输出继电器 Y1 的常开触点 Y0 闭合。

    4-4 控制输出继电器 Y2 的常闭触点 Y0 断开。

4→5 主电路中的主触点 KM-1 闭合，接通电动机 M 电源，电动机 M 启动运转。

4→6 输出继电器 Y1 线圈得电，运行指示灯 HL1 点亮。

4→7 输出继电器 Y2 线圈失电，停机指示灯 HL2 熄灭。

8 当需要停机时，按下停止按钮 SB2，其触点闭合。

9 输入继电器常闭触点 X2 置 0，即常闭触点 X2 断开。

10 输出继电器线圈 Y0 失电。

10₋₁ 控制 PLC 外接交流接触器 KM 线圈失电。

10₋₂ 常开自锁触点 Y0 复位断开，解除自锁功能。

10₋₃ 控制输出继电器 Y1 的常开触点 Y0 断开。

10₋₄ 控制输出继电器 Y2 的常闭触点 Y0 闭合。

10₋₁ → **11** 主电路中的主触点 KM-1 复位断开，切断电动机 M 电源，电动机 M 断电停转。

10₋₃ → **12** 输出继电器 Y1 线圈失电，运行指示灯 HL1 熄灭。

10₋₄ → **13** 输出继电器 Y2 线圈得电，停机指示灯 HL2 点亮。

二、三相交流电动机联锁启停的 PLC 控制线路

图 11-4 为三相交流电动机联锁启停 PLC 控制线路的结构组成，该控制线路主要由两台电动机、FX₂ₙ-32MR 型三菱 PLC、PLC 输入设备 / 输出设备、总电源开关 QS、热继电器 FR 等构成。

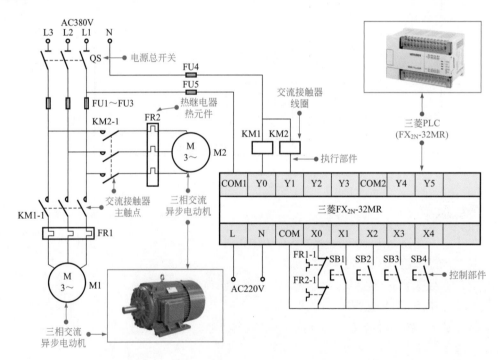

图 11-4 三相交流电动机联锁启停 PLC 控制线路的结构组成

在三相交流电动机联锁启停 PLC 控制线路中，PLC（可编程逻辑控制器）采用的型号为三菱 FX₂ₙ-32MR，外部的控制部件和执行部件都是通过 PLC 预留的 I/O 接口连接到 PLC 上的，各部件之间没有复杂的连接关系。

控制部件和执行部件分别连接到 PLC 相应的 I/O 接口上，它是根据 PLC 控制系统设计之初建立的 I/O 分配表进行连接分配的，其所连接的接口名称对应于 PLC 内部程序的编程地址编号。表 11-2 为三相交流电动机联锁启停 PLC 控制线路中 PLC（三菱

FX$_{2N}$-32MR）I/O 分配表。

表 11-2　三相交流电动机联锁启停 PLC 控制线路中 PLC（三菱 FX$_{2N}$-32MR）I/O 分配表

输入信号及地址编号			输出信号及地址编号		
名称	代号	输入点地址编号	名称	代号	输出点地址编号
热继电器	FR1-1、FR2-1	X0	电动机 M1 交流接触器	KM1	Y0
M1 停止按钮	SB1	X1	电动机 M2 交流接触器	KM2	Y1
M1 启动按钮	SB2	X2			
M2 停止按钮	SB3	X3			
M1 启动按钮	SB4	X4			

　　三相交流电动机联锁启停 PLC 控制线路实现了两台电动机顺序启动、反顺序停机的控制过程。将 PLC 内部梯形图与外部电气部件控制关系结合，了解具体控制过程。

　　图 11-5 为三相交流电动机联锁启停 PLC 控制线路中两台电动机顺序启动的工作过程分析。

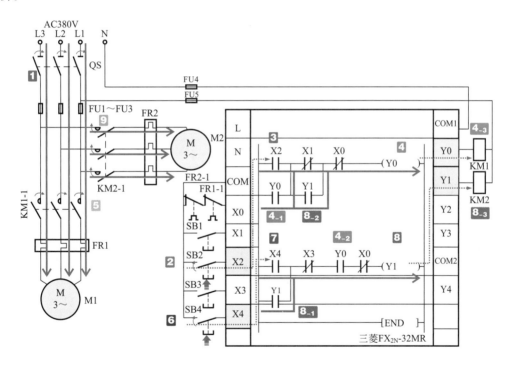

图 11-5　三相交流电动机联锁启停 PLC 控制线路中两台电动机顺序启动的工作过程分析

图解

1 合上总电源开关 QS，接通三相电源，为电路进入工作状态做好准备。

2 按下电动机 M1 的启动按钮 SB2。

3 PLC 程序中输入继电器常开触点 X2 置 1，即常开触点 X2 闭合。

4 输出继电器 Y0 线圈得电。

4₋₁ 常开自锁触点 Y0 闭合，实现自锁功能。

4₋₂ 同时控制输出继电器 Y1 的常开触点 Y0 闭合，为 Y1 线圈得电做好准备。

4₋₃ PLC 外接交流接触器 KM1 线圈得电。

4₋₃ → 5 主电路中的主触点 KM1-1 闭合，接通电动机 M1 电源，电动机 M1 启动运转。

6 当需要电动机 M2 运行时，按下电动机 M2 的启动按钮 SB4。

7 PLC 程序中的输入继电器常开触点 X4 置 1，即常开触点 X4 闭合。

8 输出继电器 Y1 线圈得电。

8₋₁ 常开自锁触点 Y1 闭合，实现自锁功能（锁定停止按钮 SB1，用于防止当启动电动机 M2 时，误操作按下电动机 M1 的停止按钮 SB1，而关断电动机 M1，不符合反顺序停机的控制要求）。

8₋₂ 控制输出继电器 Y0 的常开触点 Y1 闭合，锁定常闭触点 X1。

8₋₃ PLC 外接交流接触器 KM2 线圈得电。

8₋₃ → 9 主电路中的主触点 KM2-1 闭合，接通电动机 M2 电源，电动机 M2 继 M1 之后启动运转。

图 11-6 为三相交流电动机联锁启停 PLC 控制线路中两台电动机反顺序停机的工作过程分析。

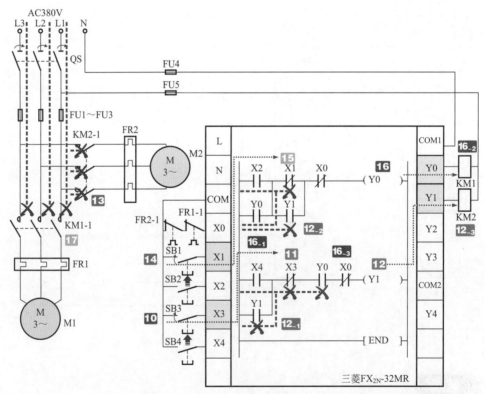

图 11-6 三相交流电动机联锁启停 PLC 控制线路中两台电动机反顺序停机的工作过程分析

10 按下电动机 M2 的停止按钮 SB3。

11 将 PLC 程序中的输入继电器常闭触点 X3 置 1，即常闭触点 X3 断开。

12 输出继电器 Y1 线圈失电。

　12₋₁ 常开自锁触点 Y1 复位断开，解除自锁功能。

　12₋₂ 常开联锁触点 Y1 复位断开，解除对常闭触点 X1 的锁定。

　12₋₃ 控制 PLC 外接交流接触器 KM2 线圈失电。

12₋₃ → **13** 连接在主电路中的主触点 KM2-1 复位断开，电动机 M2 供电电源被切断，电动机 M2 停转。

14 按照反顺序停机要求，按下停止按钮 SB1。

15 将 PLC 程序中输入继电器常闭触点 X1 置 1，即常闭触点 X1 断开。

16 输出继电器 Y0 线圈失电。

　16₋₁ 常开自锁触点 Y0 复位断开，解除自锁功能。

　16₋₂ PLC 外接交流接触器 KM1 线圈失电。

　16₋₃ 同时，控制输出继电器 Y1 的常开触点 Y0 复位断开。

16₋₂ → **17** 主电路中 KM1-1 复位断开，电动机 M1 供电电源被切断，M1 继 M2 后停转。

三、 三相交流电动机反接制动的 PLC 控制线路

图 11-7 为三相交流电动机反接制动 PLC 控制线路的结构组成。该电路主要由三菱 FX_{2N} -16MR 型 PLC、输入设备（SB1、SB2、KS-1、FR-1）、输出设备（KM1/KM2）及电源总开关 QS、三相交流电动机 M 等构成。

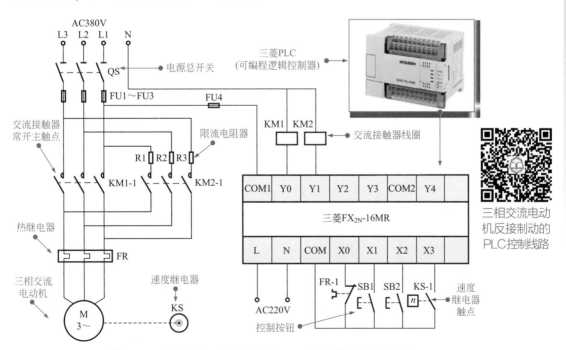

图 11-7　三相交流电动机反接制动 PLC 控制线路的结构组成

输入设备和输出设备分别连接到 PLC 相应的 I/O 接口上，它是根据 PLC 控制系统设计之初建立的 I/O 分配表进行连接分配的，所连接的接口名称对应 PLC 内部程序的编程地址编号。表 11-3 为三相交流电动机反接制动 PLC 控制线路中 PLC（三菱 FX₂N -16MR）I/O 分配表。

表 11-3　三相交流电动机反接制动 PLC 控制线路中 PLC（三菱 FX$_{2N}$ -16MR）I/O 分配表

输入信号及地址编号			输出信号及地址编号		
名称	代号	输入点地址编号	名称	代号	输出点地址编号
热继电器常闭触点	FR-1	X0	交流接触器	KM1	Y0
启动按钮	SB1	X1	交流接触器	KM2	Y1
停止按钮	SB2	X2			
速度继电器常开触点	KS-1	X3			

从控制部件、梯形图程序与执行部件的控制关系入手，逐一分析各组成部件的动作状态，即可弄清三相交流电动机在 PLC 控制下实现反接制动的控制过程。

图 11-8 为三相交流电动机反接制动 PLC 控制线路的工作过程分析。

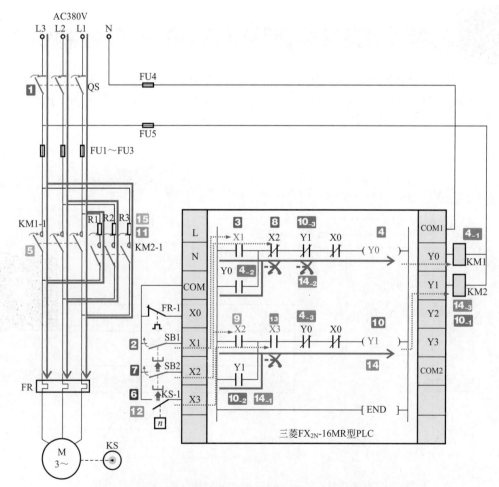

图 11-8　三相交流电动机反接制动 PLC 控制线路的工作过程分析

1 闭合电源总开关 QS，接通三相电源，为电路进入工作状态做好准备。

2 按下启动按钮 SB1，其常开触点闭合。

3 将 PLC 内的 X1 置 1，该触点闭合。

4 输出继电器 Y0 线圈得电。

    4-1 控制 PLC 外接交流接触器 KM1 线圈得电。

    4-2 自锁常开触点 Y0 闭合自锁，使松开的启动按钮仍保持接通。

    4-3 常闭触点 Y0 断开，防止 Y2 线圈得电，即防止接触器 KM2 线圈得电。

4-1 → **5** 主电路中的常开主触点 KM1-1 闭合，接通电动机电源，电动机启动运转。

4-1 → **6** 同时速度继电器 KS 与电动机连轴同速运转，触点 KS-1 接通，PLC 内部触点 X3 接通。

电动机的制动过程如下。

7 按下停止按钮 SB2，其触点闭合，控制 PLC 内输入继电器 X2 触点动作。

7 → **8** 控制输出继电器 Y0 线圈的常闭触点 X2 断开，输出继电器 Y0 线圈失电，控制 PLC 外接交流接触器 KM1 线圈失电，带动主电路中主触点 KM1-1 复位断开，电动机断电做惯性运转。

7 → **9** 控制输出继电器 Y1 线圈的常开触点 X2 闭合。

10 输出继电器 Y1 线圈得电。

    10-1 控制 PLC 外接交流接触器 KM2 线圈得电。

    10-2 常开自锁触点 Y1 接通，实现自锁功能。

    10-3 控制输出继电器 Y0 线圈的常闭触点 Y1 断开，防止 Y0 线圈得电，即防止接触器 KM1 线圈得电。

10-1 → **11** 带动主电路中常开主触点 KM2-1 闭合，电动机串联限流电阻器 R1 ～ R3 后反接制动。

12 由于制动作用使电动机转速减小到零时，速度继电器触点 KS-1 断开。

13 将 PLC 内输入继电器 X3 置 0，即控制输出继电器 Y1 线圈的常开触点 X3 断开。

14 输出继电器 Y1 线圈失电。

    14-1 常开触点 Y1 断开，解除自锁功能。

    14-2 常闭触点 Y1 复位闭合，为 Y0 下次得电做好准备。

    14-3 PLC 外接交流接触器 KM2 线圈失电。

14-3 → **15** 常开主触点 KM2-1 断开，电动机切断电源，制动结束，电动机停止运转。

四、电动葫芦的 PLC 控制线路

电动葫芦是起重运输机械的一种，主要用来提升或下降、平移重物。图 11-9 为电动葫芦的 PLC 控制线路的结构组成。该控制线路主要由三菱 FX 系列 PLC、按钮、行程开关、交流接触器、交流电动机等构成。

电路主要由 PLC、与 PLC 输入接口连接的控制部件（SB1 ～ SB4、SQ1 ～ SQ4）、与 PLC 输出接口连接的执行部件（KM1 ～ KM4）等构成。

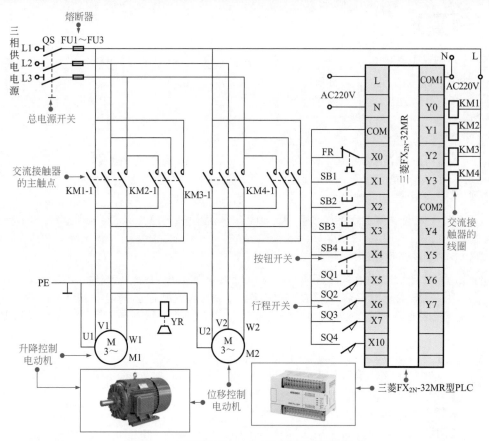

图 11-9　电动葫芦的 PLC 控制线路的结构组成

在该电路中，PLC 控制器采用的是三菱 FX$_{2N}$-32MR 型 PLC，外部的控制部件和执行部件都是通过 PLC 控制器预留的 I/O 接口连接到 PLC 上的，各部件之间没有复杂的连接关系。

PLC 输入接口外接的按钮、行程开关等控制部件和交流接触器线圈（即执行部件）分别连接到 PLC 相应的 I/O 接口上，它是根据 PLC 控制系统设计之初建立的 I/O 分配表进行连接分配的，其所连接的接口名称对应于 PLC 内部程序的编程地址编号，如表 11-4 所示。

表 11-4　电动葫芦 PLC 控制线路中 PLC（三菱 FX$_{2N}$-32MR）I/O 分配表

输入信号及地址编号			输出信号及地址编号		
名称	代号	输入点地址编号	名称	代号	输出点地址编号
电动葫芦上升点动按钮	SB1	X1	电动葫芦上升接触器	KM1	Y0
电动葫芦下降点动按钮	SB2	X2	电动葫芦下降接触器	KM2	Y1
电动葫芦左移点动按钮	SB3	X3	电动葫芦左移接触器	KM3	Y2
电动葫芦右移点动按钮	SB4	X4	电动葫芦右移接触器	KM4	Y3
电动葫芦上升限位行程开关	SQ1	X5			
电动葫芦下降限位行程开关	SQ2	X6			
电动葫芦左移限位行程开关	SQ3	X7			
电动葫芦右移限位行程开关	SQ4	X10			

从控制部件、梯形图程序与执行部件的控制关系入手，逐一分析各组成部件的动作状态，即可弄清电动葫芦 PLC 控制线路的控制过程。图 11-10 为电动葫芦 PLC 控制线路的工作过程分析。

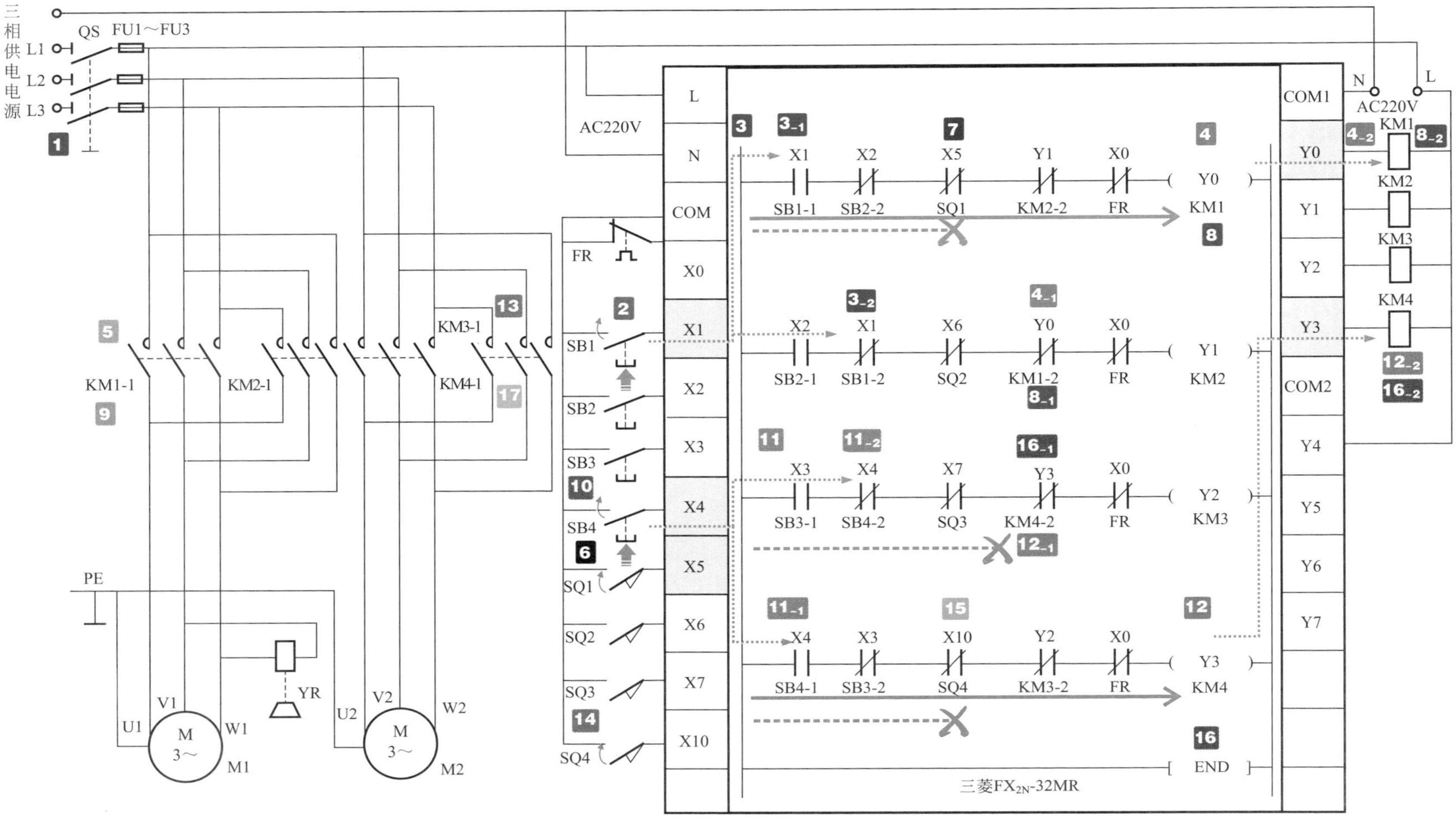

图 11-10　电动葫芦 PLC 控制线路的工作过程分析

图解

1 闭合电源总开关 QS，接通三相电源，为电路进入工作状态做好准备。

2 按下上升点动按钮 SB1，其常开触点闭合。

3 将 PLC 程序中输入继电器常开触点 X1 置 1、常闭触点 X1 置 0。

    3₋₁ 控制输出继电器 Y0 的常开触点 X1 闭合。

    3₋₂ 控制输出继电器 Y1 的常闭触点 X1 断开，实现输入继电器互锁。

3₋₁ → 4 输出继电器 Y0 线圈得电。

    4₋₁ 常闭触点 Y0 断开实现互锁，防止输出继电器 Y1 线圈得电。

    4₋₂ 控制 PLC 外接交流接触器 KM1 线圈得电。

4₋₁ → 5 带动主电路中的常开主触点 KM1-1 点闭合，接通升降电动机正向电源，电动机正向启动运转，开始提升重物。

6 当电动机上升到限位开关 SQ1 位置时，限位开关 SQ1 动作。

7 将 PLC 程序中输入继电器常闭触点 X5 置 1，即常闭触点 X5 断开。

8 输出继电器 Y0 线圈失电。

    8₋₁ 控制 Y1 线路中的常闭触点 Y0 复位闭合解除互锁，为输出继电器 Y1 线圈得电做好准备。

    8₋₂ 控制 PLC 外接交流接触器 KM1 线圈失电。

8₋₂ → 9 带动主电路中常开主触点 KM1-1 断开，断开升降电动机正向电源，电动机停转，停止提升重物。

10 按下右移点动按钮 SB4。

11 将 PLC 程序中输入继电器常开触点 X4 置 1、常闭触点 X4 置 0。

    11₋₁ 控制输出继电器 Y3 的常开触点 X4 闭合。

    11₋₂ 控制输出继电器 Y2 的常闭触点 X4 断开，实现输入继电器互锁。

11₋₁ → 12 输出继电器 Y3 线圈得电。

    12₋₁ 常闭触点 Y3 断开实现互锁，防止输出继电器 Y2 线圈得电。

    12₋₂ 控制 PLC 外接交流接触器 KM4 线圈得电。

12₋₂ → 13 带动主电路中的常开主触点 KM4-1 闭合，接通位移电动机正向电源，电动机正向启动运转，开始带动重物向右平移。

14 当电动机右移到限位开关 SQ4 位置时，限位开关 SQ4 动作。

15 将 PLC 程序中输入继电器常闭触点 X10 置 1，即常闭触点 X10 断开。

16 输出继电器 Y3 线圈失电。

    16₋₁ 常闭触点 Y3 复位闭合解除互锁，为输出继电器 Y2 线圈得电做好准备。

    16₋₂ 控制 PLC 外接交流接触器 KM4 线圈失电。

16₋₂ → 17 带动常开主触点 KM4-1 断开，断开位移电动机正向电源，电动机停转，停止平移重物。

五、PLC 车床控制线路

图 11-11 为 PLC 车床控制线路的结构组成。该控制线路主要由操作部件（如控制按钮、传感器等）、PLC、执行部件（如继电器、接触器、电磁阀等）和机床构成。

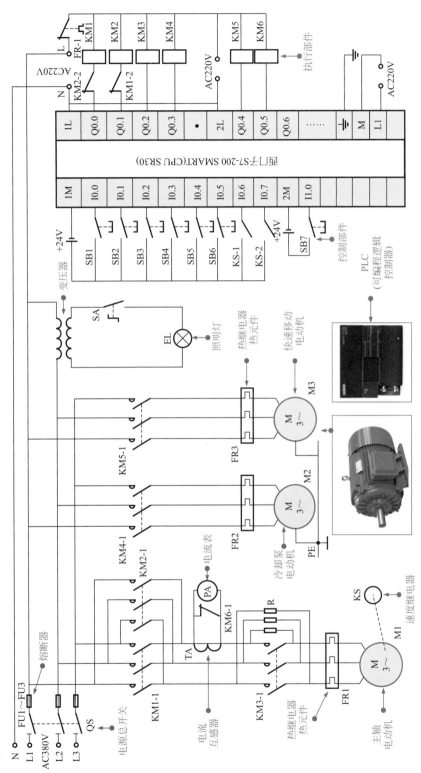

图 11-11 PLC 车床控制线路的结构组成

表 11-5 为 PLC 车床控制线路中 PLC（西门子 S7-200 SMART PLC）的 I/O 地址分配表。

表 11-5　PLC 车床控制线路中 PLC（西门子 S7-200 SMART PLC）的 I/O 地址分配表

输入信号及地址编号			输出信号及地址编号		
名称	代号	输入点地址编号	名称	代号	输出点地址编号
停止按钮	SB1	I0.0	主轴电动机 M1 正转接触器	KM1	Q0.0
点动按钮	SB2	I0.1	主轴电动机 M2 反转接触器	KM2	Q0.1
正转启动按钮	SB3	I0.2	切断电阻接触器	KM3	Q0.2
反转启动按钮	SB4	I0.3	冷却泵接触器	KM4	Q0.3
冷却泵启动按钮	SB5	I0.4	快速电动机接触器	KM5	Q0.4
冷却泵停止按钮	SB6	I0.5	电流表接入接触器	KM6	Q0.5
速度继电器正转触点	KS-1	I0.6			
速度继电器反转触点	KS-2	I0.7			
刀架快速移动点动按钮	SB7	I1.0			

从控制部件、PLC（内部梯形图程序）与执行部件的控制关系入手，逐一分析各组成部件的动作状态，即可弄清 C650 型卧式车床 PLC 控制线路的工作过程。

图 11-12 为 PLC 车床控制线路的工作过程分析。

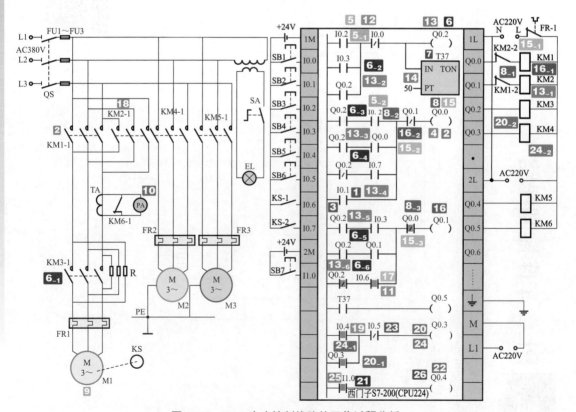

图 11-12　PLC 车床控制线路的工作过程分析

图解

1 按下点动按钮 SB2，PLC 程序中的输入继电器常开触点 I0.1 置 1，即常开触点 I0.1 闭合。

1 → **2** 输出继电器 Q0.0 线圈得电，控制 PLC 外接主轴电动机 M1 的正转接触器 KM1 线圈得电，带动主电路中的常开主触点 KM1-1 闭合，接通电动机 M1 正转电源，电动机 M1 正转启动。

3 松开点动按钮 SB2，PLC 程序中的输入继电器常开触点 I0.1 复位置 0，即常开触点 I0.1 断开。

3 → **4** 输出继电器 Q0.0 线圈失电，控制 PLC 外接主轴电动机 M1 的正转接触器 KM1 线圈失电释放，电动机 M1 停转。

上述工作过程使主轴电动机 M1 完成一次点动控制循环。

5 按下正转启动按钮 SB3，将 PLC 程序中的输入继电器常开触点 I0.2 置 1。

    5₋₁ 控制输出继电器 Q0.2 的常开触点 I0.2 闭合。

    5₋₂ 控制输出继电器 Q0.0 的常开触点 I0.2 闭合。

5₋₁ → **6** 输出继电器 Q0.2 线圈得电。

    6₋₁ PLC 外接接触器 KM3 线圈得电，带动常开主触点 KM3-1 闭合，短接电阻器 R。

    6₋₂ 常开自锁触点 Q0.2 闭合，实现自锁功能。

    6₋₃ 控制输出继电器 Q0.0 的常开触点 Q0.2 闭合。

    6₋₄ 控制输出继电器 Q0.0 的常闭触点 Q0.2 断开。

    6₋₅ 控制输出继电器 Q0.1 的常开触点 Q0.2 闭合。

    6₋₆ 控制输出继电器 Q0.1 的常闭触点 Q0.2 断开。

5₋₁ → **7** 定时器 T37 线圈得电，开始 5s 计时。计时时间到，定时器延时闭合常开触点 T37 闭合。

5₋₂ + **6₋₃** → **8** 输出继电器 Q0.0 线圈得电。

    8₋₁ PLC 外接接触器 KM1 线圈得电吸合。

    8₋₂ 常开自锁触点 Q0.0 闭合，实现自锁功能。

    8₋₃ 控制输出继电器 Q0.1 的常闭触点 Q0.0 断开，实现互锁，防止 Q0.1 得电。

6₋₁ + **8₋₁** → **9** 电动机 M1 短接电阻器 R 正转启动。

7 → **10** 输出继电器 Q0.5 线圈得电，PLC 外接接触器 KM6 线圈得电吸合，带动主电路中常闭触点 KM6-1 断开，电流表 PA 投入使用。

主轴电动机 M1 反转启动运行的工作过程与上述过程大致相同，可参照上述分析进行了解，这里不再重复。

11 主轴电动机正转启动，转速上升至 130r/min 以上后，速度继电器 KS 的正转触点 KS-1 闭合，将 PLC 程序中的输入继电器常开触点 I0.6 置 1，即常开触点 I0.6 闭合。

12 按下停止按钮 SB1，将 PLC 程序中的输入继电器常闭触点 I0.0 置 0，即梯形图中的常闭触点 I0.0 断开。

12 → **13** 输出继电器 Q0.2 线圈失电。

    13₋₁ PLC 外接接触器 KM3 线圈失电释放。

    13₋₂ 常开自锁触点 Q0.2 复位断开，解除自锁功能。

    13₋₃ 控制输出继电器 Q0.0 的常开触点 Q0.2 复位断开。

    13₋₄ 控制输出继电器 Q0.0 的常闭触点 Q0.2 复位闭合。

    13₋₅ 控制输出继电器 Q0.1 的常开触点 Q0.2 复位断开。

13₋₆ 控制输出继电器 Q0.1 的常闭触点 Q0.2 复位闭合。

12 → **14** 定时器线圈 T37 失电。

13₋₁ → **15** 输出继电器 Q0.0 线圈失电。

15₋₁ PLC 外接接触器 KM1 线圈失电释放，带动主电路中常开主触点 KM1-1 复位断开。

15₋₂ 常开自锁触点 Q0.0 复位断开，解除自锁功能。

15₋₃ 控制输出继电器 Q0.1 的常闭互锁触点 Q0.0 闭合。

11 + **13₋₆** + **15₋₃** → **16** 输出继电器 Q0.1 线圈得电。

16₋₁ 控制 PLC 外接接触器 KM2 线圈得电，电动机 M1 串电阻器 R 反接启动。

16₋₂ 控制输出继电器 Q0.0 的常闭互锁触点 Q0.1 断开，防止 Q0.0 线圈得电。

16₋₁ → **17** 当电动机转速下降至 130 r/min 以下时，速度继电器正转触点 KS-1 断开，PLC 程序中的输入继电器常开触点 I0.6 复位置 0，即常开触点 I0.6 断开。

17 → **18** 输出继电器 Q0.1 线圈失电，PLC 外接接触器 KM2 线圈失电释放，电动机停转，反接制动结束。

19 按下冷却泵启动按钮 SB5，PLC 程序中的输入继电器常开触点 I0.4 置 1，即常开触点 I0.4 闭合。

19 → **20** 输出继电器 Q0.3 线圈得电。

20₋₁ 常开自锁触点 Q0.3 闭合，实现自锁功能。

20₋₂ PLC 外接接触器 KM4 线圈得电吸合，带动主电路中常开主触点 KM4-1 闭合，冷却泵电动机 M2 启动，提供冷却液。

21 按下刀架快速移动点动按钮 SB7，PLC 程序中的输入继电器常开触点 I1.0 置 1，即常开触点 I1.0 闭合。

21 → **22** 输出继电器 Q0.4 线圈得电，PLC 外接接触器 KM5 线圈得电吸合，带动主电路中常开主触点 KM5-1 闭合，快速移动电动机 M3 启动，带动刀架快速移动。

23 按下冷却泵停止按钮 SB6，PLC 程序中的输入继电器常闭触点 I0.5 置 0，即常闭触点 I0.5 断开。

23 → **24** 输出继电器 Q0.3 线圈失电。

24₋₁ 常开自锁触点 Q0.3 复位断开，解除自锁功能。

24₋₂ PLC 外接接触器 KM4 线圈失电释放，带动主电路中常开主触点 KM4-1 断开，冷却泵电动机 M2 停转。

25 松开刀架快速移动点动按钮 SB7，PLC 程序中的输入继电器常开触点 I1.0 置 0，即常开触点 I1.0 断开。

25 → **26** 输出继电器 Q0.4 线圈失电，PLC 外接接触器 KM5 线圈失电释放，主电路中常开主触点 KM5-1 断开，快速移动电动机 M3 停转。

六、 PLC 和变频器组合的刨床控制线路

1. 变频器和 PLC 的控制关系

图 11-13 是刨床拖动系统中的变频器和 PLC 控制关系。

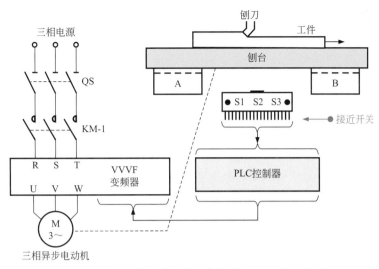

图 11-13　刨床拖动系统中的变频器和 PLC 控制关系

　　主拖动系统需要一台三相异步电动机，调速系统由专用接近开关得到的信号，接至 PLC 控制器的输入端，通过 PLC 的输出端控制变频器，以调整刨床在各时间段的转速。

2. PLC 和变频器组合的控制线路

　　刨床的 PLC 和变频器组合的控制线路如图 11-14 所示。

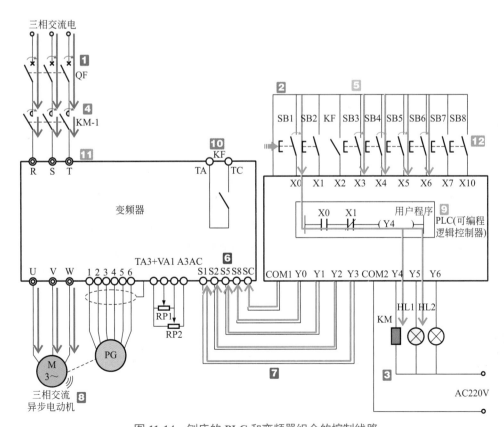

图 11-14　刨床的 PLC 和变频器组合的控制线路

1 合上总断路器 QF，接通三相电源，为电路进入工作状态做好准备。

2 按下通电控制按钮 SB1，该控制信号经 PLC 的 X0 端子送入内部。

3 经 PLC 内部程序识别、处理后，由 PLC 输出端子 Y4、Y5 输出控制信号，交流接触器 KM1 线圈得电，同时电源指示灯 HL1 点亮，表示总电源接通。

4 常开主触点 KM-1 闭合，变频器主电路的输入端子 R、S、T 得电，变频器进入待机准备状态。

5 PLC 的输入端子 X3 ~ X6 外接主机电动机的控制开关，当操作相应的控制按钮时，可将相应的控制指令送入 PLC 中。

6 变频器的调速控制端 S1、S2、S5、S8 分别与 PLC 的输出端子 Y0 ~ Y3 相连接，即变频器的工作状态和输出频率取决于 PLC 输出端子 Y0 ~ Y3 的状态。

7 PLC 对输入开关量信号进行识别和处理后，在内部用户程序的控制下由控制信号输出端子 Y0 ~ Y3 输出控制信号，并将该信号加到变频器的 S1、S2、S5、S8 端子上，由变频器输入端子为变频器输入不同的控制指令。

8 变频器执行各种控制指令，内部主电路部分进入工作状态，变频器的 U、V、W 端输出相应的变频调速控制信号，控制主机电动机各种步进、步退、前进、后退和变速的工作过程。

9 当需要电动机 M1 停机时，按下停止按钮 SB7，PLC 输出端子输出停机指令并送至变频器中，变频器主电路部分停止输出，M1 在一个往复周期结束之后才切断变频器的电源。

10 一旦变频器发生故障或检测到控制线路及负载电动机出现过载、过热故障，由变频器故障输出端 TA、TC 端输出故障信号，常开触点 KF 闭合，将故障信号经 PLC 的 X2 端子送入内部。PLC 内部识别出故障停机指令，由输出端子 Y4 ~ Y6 输出，控制交流接触器 KM1 线圈失电，故障指示灯 HL2 点亮，进行故障报警指示。

11 同时，交流接触器 KM1 的常开主触点 KM-1 复位断开，切断变频器的供电电源，电源指示灯 HL1 熄灭。变频器失电停止工作，电动机 M1 断电停转，实现线路保护功能。

12 当遇紧急情况需要停机时，按下系统总控制按钮 SB8，PLC 将输出紧急停止指令，控制交流接触器 KM 线圈失电，进而切断变频器供电电源（其控制过程与故障停机过程基本相同）。

七、PLC 和变频器组合的电梯控制线路

PLC 和变频器组合的电梯控制线路如图 11-15 所示。

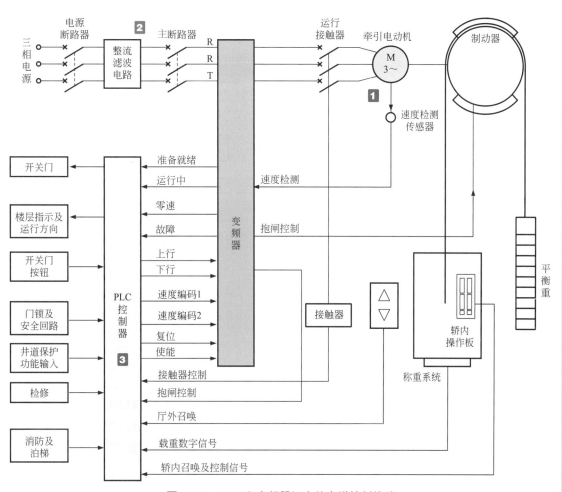

图 11-15　PLC 和变频器组合的电梯控制线路

1 电梯的驱动动力源是电动机，电动机在驱动过程中运转速度和运转方向都有很大的变化，电梯内和每层楼都有人工指令输入装置，电梯在运行时必须有多种自动保护环节。

2 三相交流电源经电源断路器、整流滤波电路、主断路器加到变频器的 R、S、T 端，经变频器变频后输出变频驱动信号，经运行接触器为牵引电动机供电。

3 为了实现多功能多环节的控制和自动保护功能，在控制系统中设置了 PLC 控制器，指令信号、传感信号和反馈信号都送到 PLC 中，经 PLC 后为变频器提供控制信号。

八、PLC 和变频器组合的多泵电动机驱动控制线路

PLC 和变频器组合的多泵电动机驱动控制线路如图 11-16 所示。

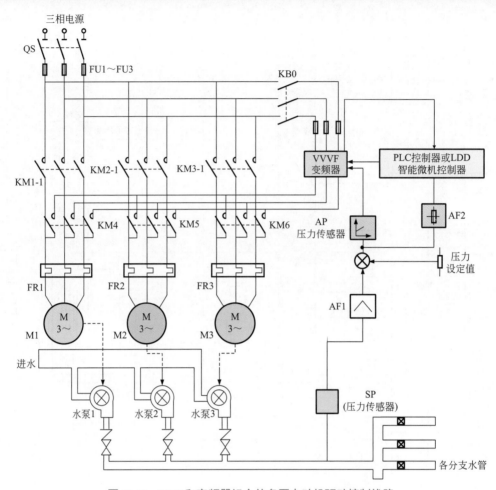

图 11-16　PLC 和变频器组合的多泵电动机驱动控制线路

　　该泵站系统中设有 3 台驱动水泵的电动机，统一由一台变频器控制。三相交流电源经总电源开关（QS）、接触器和熔断器向变频器供电，经变频器后转换为频率和电压可变的驱动信号，并加给 3 台电动机。电动机的运转情况经压力传感器反馈到 PLC 控制电路和变频器。PLC 的控制信号送给变频器作为控制信号。这样就构成了泵站系统的自动控制系统。

九、自动门 PLC 控制线路

　　图 11-17 为自动门 PLC 控制线路的结构组成。该控制线路主要是由三菱 FX 系列 PLC、按钮、位置检测开关、开 / 关门接触器线圈和常开主触点、报警灯、交流电动机等部分构成的。

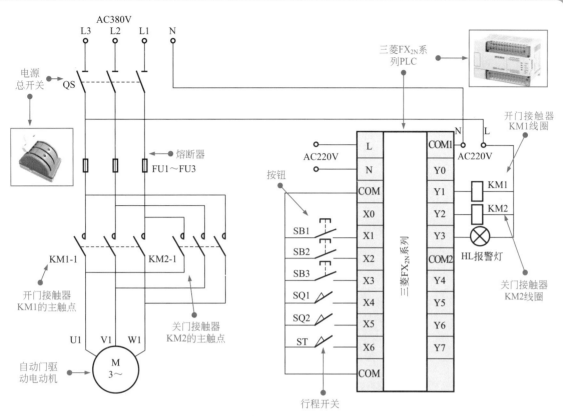

图 11-17 自动门 PLC 控制线路的结构组成

输入设备和输出设备分别连接到 PLC 输入接口相应的 I/O 接口上，其所连接的接口名称根据 PLC 系统设计之初建立的 I/O 分配表分配，对应 PLC 内部程序的编程地址编号。

表 11-6 为自动门 PLC 控制线路的 I/O 分配表。

表 11-6 自动门 PLC 控制线路的 I/O 分配表

输入信号及地址编号			输出信号及地址编号		
名称	代号	输入点地址编号	名称	代号	输出点地址编号
开门按钮	SB1	X1	开门接触器	KM1	Y1
关门按钮	SB2	X2	关门接触器	KM2	Y2
停止按钮	SB3	X3	报警灯	HL	Y3
开门限位开关	SQ1	X4			
关门限位开关	SQ2	X5			
安全开关	ST	X6			

结合 PLC 内部梯形图程序及 PLC 外接输入 / 输出设备分析电路工作过程，如图 11-18、图 11-19 所示。

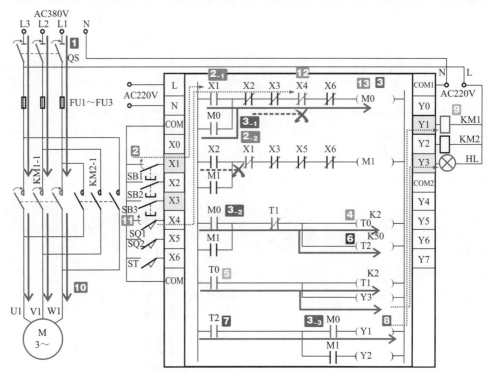

图 11-18　在 PLC 控制下自动门开门的工作过程分析

图解

1 合上电源总开关 QS，接通三相电源，为电路进入工作状态做好准备。

2 按下开门开关 SB1。

　　2₋₁ PLC 内部的输入继电器 X1 常开触点置 1，控制辅助继电器 M0 的常开触点 X1 闭合。

　　2₋₂ PLC 内部控制 M1 的常闭触点 X1 置 0，防止 M1 线圈得电。

2₋₁ → 3 辅助继电器 M0 线圈得电。

　　3₋₁ 控制 M0 线路的常开触点 M0 闭合，实现自锁功能。

　　3₋₂ 控制时间继电器 T0、T2 的常开触点 M0 闭合。

　　3₋₃ 控制输出继电器 Y1 的常开触点 M0 闭合。

3₋₂ → 4 时间继电器 T0 线圈得电。

5 延时 0.2s 后，T0 的常开触点闭合，为定时器 T1 和 Y3 供电，使报警灯 HL 以 0.4s 为周期进行闪烁。

3₋₂ → 6 时间继电器 T2 线圈得电。

7 延时 5s 后，控制 Y1 线路中的常开触点 T2 闭合。

8 输出继电器 Y1 线圈得电。

9 PLC 外接的开门接触器 KM1 线圈得电吸合。

10 带动常开主触点 KM1-1 闭合，接通电动机三相电源，电动机正转，控制大门打开。

11 当碰到开门限位开关 SQ1 后，SQ1 动作。

12 常闭触点 X4 置 0（断开）。

13 辅助继电器 M0 线圈失电，所有触点复位，所有关联部件复位，电动机停止转动，门停止移动。

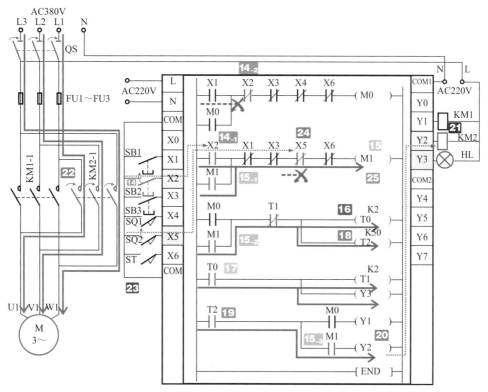

图 11-19　在 PLC 控制下自动门关门的工作过程分析

图解

14 当需要关门时，按下关门开关 SB2，其内部的常闭触点断开。向 PLC 内送入控制指令，梯形图中的输入继电器触点 X2 动作。

　　　　14₋₁ PLC 内部控制 M1 的常开触点 X2 置 1，即触点闭合。

　　　　14₋₂ PLC 内部控制 M0 的常闭触点 X2 置 0，防止 M0 线圈得电。

14₋₁ → 15 辅助继电器 M1 线圈得电。

　　　　15₋₁ 控制 M1 线路的常开触点 M1 闭合，实现自锁功能。

　　　　15₋₂ 控制时间继电器 T0、T2 的常开触点 M1 闭合。

　　　　15₋₃ 控制输出继电器 Y2 的常开触点 M1 闭合。

15₋₂ → 16 时间继电器 T0 线圈得电。

17 延时 0.2s 后，T0 的常开触点闭合，为定时器 T1 和 Y3 供电，使报警灯 HL 以 0.4s 为周期进行闪烁。

15₋₂ → 18 时间继电器 T2 线圈得电。

19 延时 5s 后，控制 Y2 线路中的常开触点 T2 闭合。

20 输出继电器 Y2 线圈得电。

21 外接的关门接触器 KM2 线圈得电吸合。

22 带动常开主触点 KM2-1 闭合，反相接通电动机三相电源，电动机反转，控制大门关闭。

23 当碰到开门限位开关 SQ2 后，SQ2 动作。

24 PLC 内输入继电器 X5 置 0（断开）。

25 辅助继电器 M1 线圈失电，所有触点复位，所有关联部件复位，电动机停止转动，门停止移动。

蓄水池双向进排水 PLC 控制线路

蓄水池双向进排水 PLC 控制线路的功能结构如图 11-20 所示。

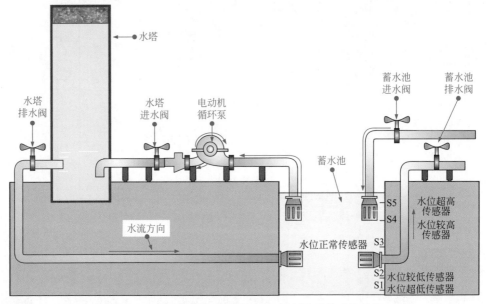

图 11-20　蓄水池双向进排水 PLC 控制线路的功能结构

从图中可以看出，整个蓄水池双向进排水线路主要是由蓄水池、水塔、水塔进/排水阀、电动机循环泵、蓄水池进/排水阀等部分构成的。

蓄水池水量的控制功能如下。

① 当蓄水池水位超低（-50mm 以下）时，停止排水，开始双进水（蓄水池进水阀门打开开始进水，同时水塔开始向蓄水池排水）。

② 当蓄水池水位较低（-40 ～ -20mm）时，停止排水，开始单进水（水塔开始向蓄水池排水）。

③ 当蓄水池水位正常（-10 ～ 10mm）时，蓄水池不进水，也不出水。

④ 当蓄水池水位较高（40 ～ 20mm）时，开始单进水（打开水塔进水阀，延迟 1s 后再次打开电动机循环泵，开始向水塔进水）。

⑤ 当蓄水池水位超高（50mm 以上）时，开始双排水（蓄水池排水阀门打开开始排水，同时水塔开始进水）。

注意：在水塔准备进水操作时，应先打开进水阀，延迟 1 s 后再次打开电动机循环泵；停止水塔进水操作时，则需要先停止电动机循环泵，延迟 1 s 后再关闭进水阀。

采用 PLC 控制蓄水池的进排水，是通过 PLC 接收传感器输入量信号来对蓄水池中的电磁阀、循环水泵进行自动控制的。在该控制系统中，各主要控制部件和功能部件都直接连接到 PLC 相应的接口上，然后根据 PLC 内部程序的设定，实现对蓄水池进排水的控制功能。

图 11-21 为蓄水池双向进排水 PLC 控制线路的结构组成。在蓄水池自动进排水 PLC 控制线路中，控制部件和执行部件分别连接到 PLC 输入接口相应的 I/O 接口上，它是根据 PLC 控制系统设计之初建立的 I/O 分配表进行连接分配的，其所连接的接口名称对应于 PLC 内部程序的编程地址编号。蓄水池双向进排水 PLC 控制线路的 I/O 分配表如表 11-7 所示。

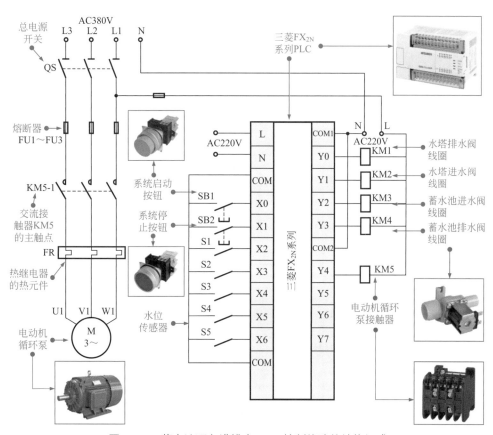

图 11-21　蓄水池双向进排水 PLC 控制线路的结构组成

表 11-7　由三菱 FX$_{2N}$ 系列 PLC 控制的蓄水池控制线路 I/O 分配表

输入信号及地址编号			输出信号及地址编号		
名称	代号	输入点地址编号	名称	代号	输出点地址编号
系统启动按钮	SB1	X0	水塔排水阀接触器	KM1	Y0
系统停止按钮	SB2	X1	水塔进水阀接触器	KM2	Y1
蓄水池水位超低传感器	S1	X2	蓄水池进水阀接触器	KM3	Y2
蓄水池水位较低传感器	S2	X3	蓄水池排水阀接触器	KM4	Y3

续表

输入信号及地址编号			输出信号及地址编号		
名称	代号	输入点地址编号	名称	代号	输出点地址编号
蓄水池水位正常传感器	S3	X4	电动机循环泵接触器	KM5	Y4
蓄水池水位较高传感器	S4	X5			
蓄水池水位超高传感器	S5	X6			

　　从控制部件、PLC（内部梯形图程序）与执行部件的控制关系入手，逐一分析各组成部件的动作状态，即可弄清蓄水池双向进排水 PLC 控制线路的工作过程。

　　蓄水池双向进排水 PLC 控制线路的工作过程分析如图 11-22 所示。

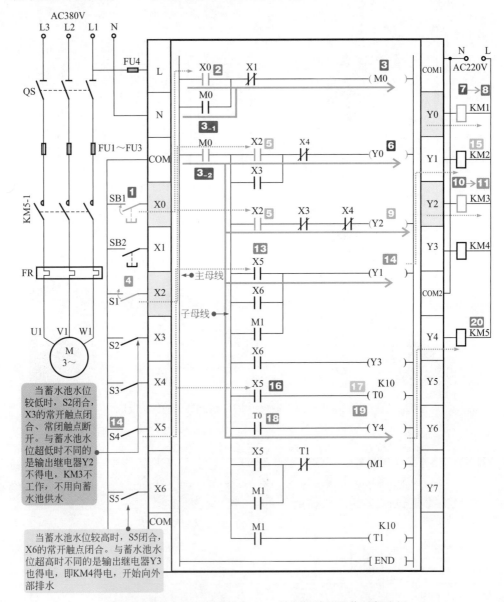

图 11-22　蓄水池双向进排水 PLC 控制线路的工作过程分析

1 按下系统启动按钮 SB1。

2 梯形图中输入继电器 X0 置 1，即常开触点 X0 闭合。

3 辅助继电器 M0 线圈得电。

    3-1 常开自锁触点 M0 闭合，实现自锁功能。

    3-2 常开触点 M0 闭合使子母线上的设备进入工作准备状态。

3-2 → 4 当蓄水池水位超低时，S1 闭合。

5 梯形图中输入继电器 X2 的常开触点闭合。

5 → 6 输出继电器 Y0 线圈得电。

7 PLC 输出接口交流接触器外接 KM1 线圈得电。

8 带动水塔排水阀阀门打开，蓄水池排水。

5 → 9 输出继电器 Y2 线圈得电。

10 PLC 输出接口外接交流接触器 KM3 线圈得电。

11 带动蓄水池进水阀阀门打开，向蓄水池供水。

12 当蓄水池水位超高时，S4 闭合。

12 → 13 控制 Y1 的输入继电器 X5 的常开触点闭合。

14 输出继电器 Y1 线圈得电。

15 KM2 得电带动水塔进水阀门打开，蓄水池中水向水塔排放。

12 → 16 控制 T0 的常开触点 X5 闭合。

17 时间继电器 T0 得电开始计时。

18 延迟 1s 后时间继电器的常开触点 T0 闭合。

19 输出继电器 Y4 线圈得电。

20 交流接触器 KM5 线圈得电，控制电动机循环泵启动运转，从而实现由蓄水池向水塔的进水过程。

 十一、雨水利用 PLC 控制线路

雨水利用 PLC 控制线路的功能结构如图 11-23 所示。

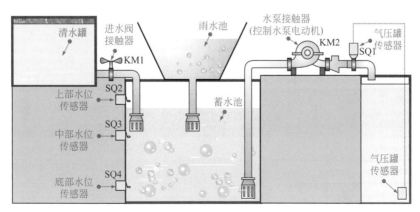

图 11-23 雨水利用 PLC 控制线路的功能结构

在水泵和进水阀接触器的控制下，实现雨水和清水的混合，合理地利用水资源。该控制线路的控制要求如下。

● 当气压罐的压力值低于设定值且蓄水池的液面高于底部水位传感器 SQ4 时，气压罐传感器 SQ1 无动作，水泵接触器 KM2 得电，控制水泵工作。当气压罐的压力值高于设定值时，气压罐传感器动作，10s 后水泵停止工作。

● 当蓄水池的液面低于底部水位传感器 SQ4 时，水泵不工作。

● 当蓄水池的液面低于中部水位传感器 SQ3 时，进水阀接触器 KM1 开始工作，为蓄水池注入清水。

● 当蓄水池的液面高于上部水位传感器 SQ2 时，进水阀接触器 KM1 停止工作，停止注入清水。

雨水利用 PLC 控制线路的结构组成如图 11-24 所示。

该控制线路采用三菱 FX$_{2N}$ 系列 PLC，电路中 PLC 控制 I/O 分配表如表 11-8 所示。

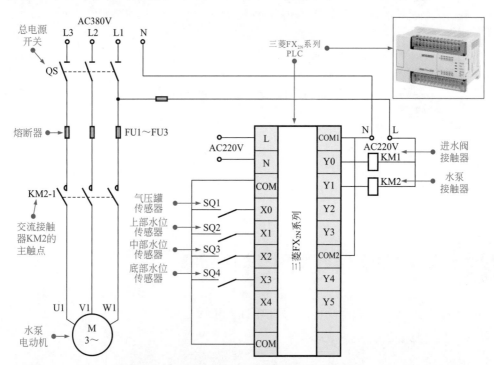

图 11-24 雨水利用 PLC 控制线路的结构组成

表 11-8 雨水利用 PLC 控制线路中 PLC 的 I/O 分配表

输入信号及地址编号			输出信号及地址编号		
名称	代号	输入点地址编号	名称	代号	输出点地址编号
气压罐传感器	SQ1	X0	进水阀接触器	KM1	Y0
上部水位传感器	SQ2	X1	水泵接触器	KM2	Y1
中部水位传感器	SQ3	X2			
底部水位传感器	SQ4	X3			

结合 PLC 内的梯形图程序，了解雨水利用 PLC 控制线路的工作过程，如图 11-25 所示。

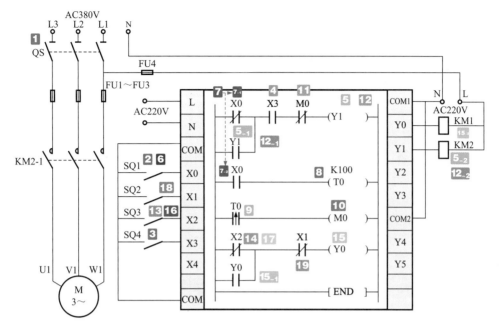

图 11-25　雨水利用 PLC 控制线路的工作过程分析

图解

1 闭合电源总开关 QS，接入三相电源，为电路进入工作状态做好准备。

2 当气压罐中的压力值低于设定值时，SQ1 不动作。

3 此时若蓄水池中的水位高于 SQ4，SQ4 动作。

4 PLC 内部的常开触点 X3 闭合。

4 → **5** 输出继电器 Y1 线圈得电。

5₋₁ 常开触点 Y1 闭合，实现自锁功能。

5₋₂ PLC 外接的 KM2 线圈得电，其主电路的常开主触点 KM2-1 闭合，水泵电动机通电开始旋转。

6 若气压罐中的压力值高于设定值，SQ1 动作。

7 对应 PLC 内部的触点 X0 动作。

7₋₁ 控制输出继电器 Y1 的常闭触点 X0 断开。

7₋₂ 控制时间继电器 T0 的常开触点 X0 闭合。

7₋₂ → **8** 定时器 T0 线圈得电。

9 经延迟 10s 后定时器的常开触点 T0 闭合。

9 → **10** 辅助继电器 M0 线圈得电。

11 辅助继电器常闭触点 M0 断开。

11 → **12** 输出继电器 Y1 线圈失电。

12₋₁ 常开触点 Y1 断开，解除自锁功能。

12₋₂ PLC 外接的 KM2 线圈失电，其触点复位，水泵电动机停止旋转。

进水阀主要用来在雨水不足的情况下，控制清水池为蓄水池注入清水，保持水泵电动机的工作以及气压罐中的压力。

13 当蓄水池中的水低于中部水位时，SQ3 不动作。

14 PLC 内部的 X2 和 X1 均处于闭合状态。

15 输出继电器 Y0 线圈得电。

15₋₁ 常开触点 Y0 闭合，实现自锁功能。

15₋₂ PLC 外接的接触器 KM1 动作，其常开触点闭合，进水阀打开，清水由清水池流入蓄水池中。

16 当蓄水池中的水位高于中部水位时，SQ3 动作，对应 PLC 梯形图中的常闭触点 X2 断开。

17 由于 Y0 的常开触点闭合自锁，X3 虽然断开，Y1 线圈继续得电，KM1 保持动作状态。

18 当蓄水池中的水位高于上部水位时，SQ2 动作。

19 对应 PLC 内梯形图中的常闭触点 X1 断开，Y0 线圈失电，KM1 线圈失电，进水阀关闭，停止进水。

十二、汽车自动清洗 PLC 控制线路

汽车自动清洗系统是由可编程逻辑控制器（PLC）、喷淋器、刷子电动机、车辆检测器等部件组成的。当有汽车等待冲洗时，车辆检测器将检测信号送入 PLC，PLC 便会控制相应的清洗机电动机、喷淋器电磁阀以及刷子电动机动作，实现自动清洗、停止的控制。

图 11-26 为汽车自动清洗 PLC 控制线路。

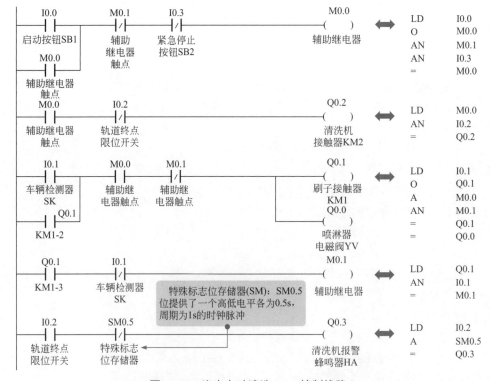

图 11-26　汽车自动清洗 PLC 控制线路

控制部件和执行部件由 I/O 分配表连接分配，对应 PLC 内部程序的编程地址编号。表 11-9 为由西门子 S7-200 SMART 系列 PLC 控制汽车自动清洗控制线路的 I/O 分配表。

表 11-9　由西门子 S7-200 SMART 系列 PLC 控制汽车自动清洗控制线路的 I/O 分配表

输入信号及地址编号			输出信号及地址编号		
名称	代号	输入点地址编号	名称	代号	输出点地址编号
启动按钮	SB1	I0.0	喷淋器电磁阀	YV	Q0.0
车辆检测器	SK	I0.1	刷子接触器	KM1	Q0.1
轨道终点限位开关	SQ	I0.2	清洗机接触器	KM2	Q0.2
紧急停止按钮	SB2	I0.3	清洗机报警蜂鸣器	HA	Q0.3

从控制部件、梯形图程序与执行部件的控制关系入手，逐一分析各组成部件的动作状态，即可弄清汽车自动清洗 PLC 控制线路的工作过程。

图 11-27、图 11-28 为汽车自动清洗 PLC 控制线路的工作过程分析。

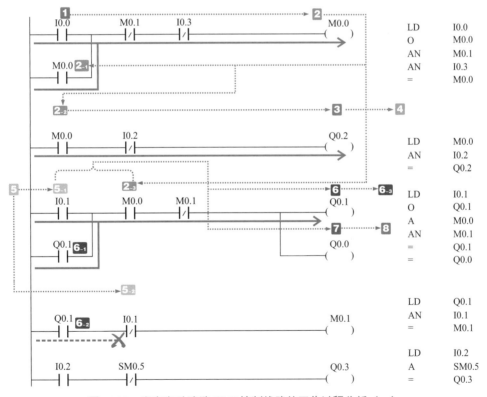

图 11-27　汽车自动清洗 PLC 控制线路的工作过程分析（一）

图解

1 按下启动按钮 SB1，将 PLC 程序中的输入继电器常开触点 I0.0 置 1，即常开触点 I0.0 闭合。

2 辅助继电器 M0.0 线圈得电。

2₋₁ 常开自锁触点 M0.0 闭合，实现自锁功能。

2₋₂ 控制输出继电器 Q0.2 的常开触点 M0.0 闭合。

2₋₃ 控制输出继电器 Q0.1、Q0.0 的常开触点 M0.0 闭合。

2₋₂ → **3** 输出继电器 Q0.2 线圈得电。

4 控制 PLC 外接接触器 KM2 线圈得电，带动主电路中的主触点闭合，接通清洗机电动机电源，清洗机电动机开始运转，并带动清洗机沿导轨移动。

5 当车辆检测器 SK 检测到有待清洗的汽车时，SK 闭合，将 PLC 程序中的输入继电器常开触点 I0.1 置 1、常闭触点 I0.1 置 0。

5₋₁ 常开触点 I0.1 闭合。

5₋₂ 常闭触点 I0.1 断开。

2₋₃ + **5₋₂** → **6** 输出继电器 Q0.1 线圈得电。

6₋₁ 常开自锁触点 Q0.1 闭合，实现自锁功能。

6₋₂ 控制辅助继电器 M0.1 的常开触点 Q0.1 闭合。

6₋₃ 控制 PLC 外接接触器 KM1 线圈得电，带动主电路中的主触点闭合，接通刷子电动机电源，刷子电动机开始运转，并带动刷子进行刷洗操作。

2₋₃ + **5₋₁** → **7** 输出继电器 Q0.0 线圈得电。

8 控制 PLC 外接喷淋器电磁阀 YV 线圈得电，打开喷淋器电磁阀，进行喷水操作，这样清洗机边移动边进行清洗操作。

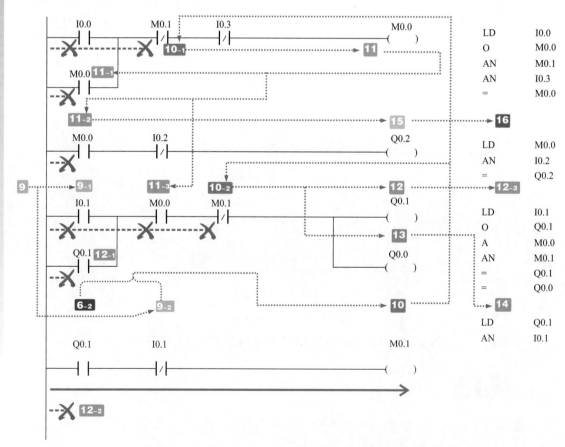

图 11-28　汽车自动清洗 PLC 控制线路的工作过程分析（二）

图解

9 汽车清洗完成后移出清洗机。当车辆检测器 SK 检测到没有待清洗的汽车时，SK 复位断开，PLC 程序中的输入继电器常开触点 I0.1 复位置 0、常闭触点 I0.1 复位置 1。

9₋₁ 常开触点 I0.1 复位断开。

9₋₂ 常闭触点 I0.1 复位闭合。

6₋₂ + **9₋₂** → **10** 辅助继电器 M0.1 线圈得电。

10₋₁ 控制辅助继电器 M0.0 的常闭触点 M0.1 断开。

10₋₂ 控制输出继电器 Q0.1、Q0.0 的常闭触点 M0.1 断开。

10₋₁ → **11** 辅助继电器 M0.0 线圈失电。

11₋₁ 常开自锁触点 M0.0 复位断开。

11₋₂ 控制输出继电器 Q0.2 的常开触点 M0.0 复位断开。

11₋₃ 控制输出继电器 Q0.1、Q0.0 的常开触点 M0.0 复位断开。

10₋₂ → **12** 输出继电器 Q0.1 线圈失电。

12₋₁ 常开自锁触点 Q0.1 复位断开。

12₋₂ 控制辅助继电器 M0.1 的常开触点 Q0.1 复位断开。

12₋₃ 控制 PLC 外接接触器 KM1 线圈失电，带动主电路中的主触点复位断开，切断刷子电动机电源，刷子电动机停止运转，刷子停止刷洗操作。

10₋₂ → **13** 输出继电器 Q0.0 线圈失电。

14 控制 PLC 外接喷淋器电磁阀 YV 线圈失电，喷淋器电磁阀关闭，停止喷水操作。

11₋₂ → **15** 输出继电器 Q0.2 线圈失电。

16 控制 PLC 外接接触器 KM2 线圈失电，带动主电路中的主触点复位断开，切断清洗机电动机电源，清洗机电动机停止运转，清洗机停止移动。

提示

若汽车在清洗过程中碰到轨道终点限位开关 SQ，SQ 闭合，将 PLC 程序中的输入继电器常闭触点 I0.2 置 0、常开触点 I0.2 置 1，即常闭触点 I0.2 断开、常开触点 I0.2 闭合。输出继电器 Q0.2 线圈失电，控制 PLC 外接接触器 KM1 线圈失电，带动主电路中的主触点复位断开，切断清洗机电动机电源，清洗机电动机停止运转，清洗机停止移动。经延迟 1s 脉冲发生器 SM0.5 动作，输出继电器 Q0.3 间断接通，控制 PLC 外接蜂鸣器 HA 间断发出报警信号。

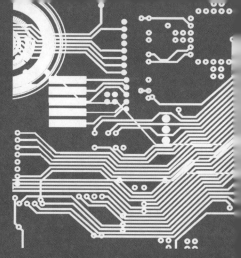

第十二章
变频器及软启动器控制线路

 一、升降机变频驱动控制线路

图 12-1 为升降机变频驱动控制线路。图中升降机采用变频电路驱动电动机。

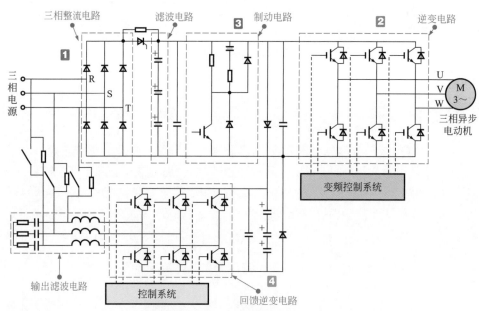

图 12-1　升降机变频驱动控制线路

1 三相电源经过三相桥式整流电路、滤波电路为逆变电路提供直流电压。

2 逆变电路在变频控制系统的作用下输出变频电流驱动电动机旋转。

③ 制动电路用于吸收制动过程中电动机产生的电能，回馈逆变电路用于将制动时电动机产生的电能回馈到电源供电系统中。

④ 回馈逆变电路用于检测变频电路。

二、高压变频驱动控制线路

图 12-2 为高压变频驱动控制线路。在高压系统中采用变频控制电路，由晶闸管构成逆变电路，触发信号由变频控制器提供，可实现高压大功率电动机变频驱动。

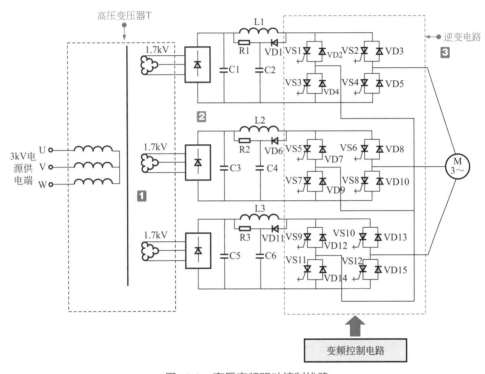

图 12-2　高压变频驱动控制线路

① 3 kV 高压电源经高压变压器 T 降压后，输出 1.7 kV 的三相交流电压。

② 1.7 kV 的三相交流电压经桥式整流电路变成三路直流高压。

③ 三路直流高压逆变器为三相交流电动机提供变频驱动过电流。逆变器是由晶闸管构成的。

三、鼓风机变频驱动控制线路

燃煤炉鼓风机变频驱动控制线路中采用康沃 CVF-P2-4T0055 型风机、水泵专用变频器，控制对象为 5.5kW 的三相交流电动机（鼓风机电动机）。变频器可对三相交流电动机的转速进行控制，从而调节风量、风速大小（要求由司炉工操作）。由于炉温较高，故要求变频器放在较远处的配电柜内。

图 12-3 为鼓风机变频驱动控制线路。

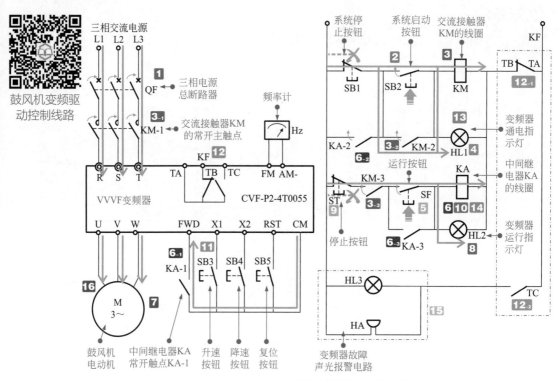

图 12-3　鼓风机变频驱动控制线路

图解

1 合上总断路器 QF，接通三相电源，为电路进入工作状态做好准备。

2 按下启动按钮 SB2，其常开触点闭合。

3 交流接触器 KM 线圈得电。

　　3₋₁ KM 常开主触点 KM-1 闭合，接通变频器电源。

　　3₋₂ KM 常开辅助触点 KM-2 闭合，实现自锁功能。

　　3₋₃ KM 常开辅助触点 KM-3 闭合，为 KA 线圈得电做好准备。

3₋₂ →**4** 变频器通电指示灯 HL1 点亮。

5 按下运行按钮 SF，其常开触点闭合。

3₋₃ +**5** →**6** 中间继电器 KA 线圈得电。

　　6₋₁ KA 常开触点 KA-1 闭合，向变频器送入正转运行指令。

　　6₋₂ KA 常开触点 KA-2 闭合，锁定系统停止按钮 SB1。

　　6₋₃ KA 常开触点 KA-3 闭合，实现自锁功能。

6₋₁ →**7** 变频器启动工作，向鼓风机电动机输出变频驱动电源，电动机开机正向启动，并在设定频率下正向运转。

3₋₃ +**5** →**8** 变频器运行指示灯 HL2 点亮。

9 当需要停机时，首先按下停止按钮 ST。

10 中间继电器 KA 线圈失电释放，其所有触点均复位：常开触点 KA-1 复位断开，变频器正转运行端 FWD 指令消失，变频器停止输出；常开触点 KA-2 复位断开，解除对停止按钮 SB1 的锁定；常开触点 KA-3 复位断开，解除对运行按钮 SF 的锁定。

11 当需要调整鼓风机电动机转速时，可通过操作升速按钮 SB3、降速按钮 SB4 向变频器送入调速指令，由变频器控制鼓风机电动机转速。

12 当变频器或控制电路出现故障时，其内部故障输出端子 TA-TB 断开、TA-TC 闭合。

　　12-1 TA-TB 触点断开，切断启动控制电路供电。

　　12-2 TA-TC 触点闭合，声光报警电路接通电源。

12-1 → **13** 交流接触器 KM 线圈失电，变频器通电指示灯 HL1 熄灭。

12-1 → **14** 中间继电器 KA 线圈失电，变频器运行指示灯 HL2 熄灭。

12-2 → **15** 报警指示灯 HL3 点亮、报警器 HA 发出报警声，进行声光报警。

16 变频器停止工作，鼓风机电动机停转，等待检修。

在鼓风机变频电路中，交流接触器 KM 和中间继电器 KA 之间具有联锁关系。例如，当交流接触器 KM 未得电之前，由于其常开辅助触点 KM-3 串联在 KA 线路中，KA 线圈无法得电。

当中间继电器 KA 得电工作后，由于其常开触点 KA-2 并联在停止按钮 SB1 两端，使其不起作用。因此，在常开触点 KA-2 闭合状态下，交流接触器 KM 也不能失电。

鼓风机是一种压缩和输送气体的机械。风压和风量是风机运行过程中的两个重要参数。其中风压（p_F）是管路中单位面积上风的压力；风量（Q_F）即空气的流量，指单位时间内排出气体的总量。

在转速不变的情况下，风压 p_F 和风量 Q_F 之间的关系曲线称为风压特性曲线。风压特性与水泵的扬程特性相当，但在风量很小时风压也较小。随着风量的增大，风压逐渐增大，当风压增大到一定程度后风量继续增大，则风压反而开始减小。故风压特性呈中间高、两边低的形状。

调节风量大小的方法有如下两种。

● 调节风门的开度。转速不变，故风压特性也不变，风阻特性则随风门开度的改变而改变。

● 调节转速。风门开度不变，故风阻特性也不变，风压特性则随转速的改变而改变。

在所需风量相同的情况下，调节转速所消耗的功率要小得多，其节能效果是十分显著的。

四、球磨机变频驱动控制线路

球磨机是机械加工领域中十分重要的生产设备，该设备功率大、效率低、耗电量高、启动时负载大且运行时负载波动大。使用变频控制线路进行控制，不仅可根据负载自动变频调速，还可降低启动电流。该电路中采用四方 E380 系列大功率变频器控制三相交流电动机。

当变频电路异常时，还可将三相交流电动机的运转模式切换为工频运转模式。

图 12-4 为球磨机变频驱动控制线路。

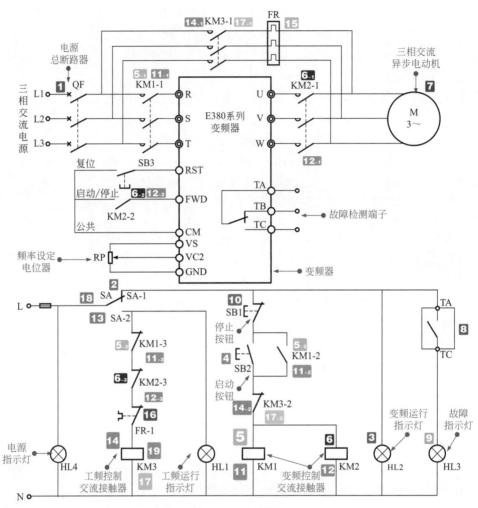

图 12-4　球磨机变频驱动控制线路

图解

1 合上总断路器 QF，接通三相电源，电源指示灯 HL4 点亮。

2 将转换开关 SA 拨至变频运行位置，SA-1 闭合。

3 变频运行指示灯 HL2 点亮。

4 按下启动按钮 SB2。

4→5 交流接触器 KM1 线圈得电。

　　　5₋₁ 常开主触点 KM1-1 闭合，变频器的主电路输入端 R、S、T 得电。

　　　5₋₂ 常开辅助触点 KM1-2 闭合，实现自锁功能。

　　　5₋₃ 常闭辅助触点 KM1-3 断开，防止交流接触器 KM3 线圈得电，起到联锁保护作用。

　　4→6 交流接触器 KM2 线圈同时得电。

　　　6₋₁ 常开主触点 KM2-1 闭合，为三相交流电动机的变频启动做好准备。

6₋₂ 常开辅助触点 KM2-2 闭合，变频器 FWD 端子与 CM 端子短接，变频器接收到启动指令（正转）。

6₋₃ 常闭辅助触点 KM2-3 断开，防止交流接触器 KM3 线圈得电，起到联锁保护作用。

5₋₁ + **6₋₁** + **6₋₂** → **7** 变频器内部主电路开始工作，U、V、W 端输出变频电源，经 KM2-1 后加到三相交流电动机的三相绕组上，三相交流电动机开始启动，启动完成后达到指定的速度运转。变频器按给定的频率驱动电动机，如需要微调频率可调整电位器 RP。

8 当球磨机变频控制线路出现过载、过电流、过热等故障时，变频器故障输出端子 TA 和 TC 短接。

9 故障指示灯 HL3 点亮，指示球磨机变频控制线路出现故障。

10 当需要停机时，按下停止按钮 SB1。

10 → **11** 交流接触器 KM1 线圈失电。

11₋₁ 常开主触点 KM1-1 复位断开，切断变频器的主电路输入端 R、S、T 的供电，变频器内部主电路停止工作，三相交流电动机断电停转。

11₋₂ 常开辅助触点 KM1-2 复位断开，解除自锁功能。

11₋₃ 常闭辅助触点 KM1-3 复位闭合，解除对交流接触器 KM3 线圈的联锁保护。

10 → **12** 交流接触器 KM2 线圈失电。

12₋₁ 常开主触点 KM2-1 复位断开，切断三相交流电动机的变频供电电路。

12₋₂ 常开辅助触点 KM2-2 复位断开，变频器 FWD 端子与 CM 端子断开，切断启动指令的输入，变频器内部控制电路停止工作。

12₋₃ 常闭辅助触点 KM2-3 复位闭合，解除对交流接触器 KM3 线圈的联锁保护。

13 当三相交流电动机不需要调速时，可直接将三相交流电动机的运转模式切换至工频运转。即将转换开关 SA 拨至工频运行位置，SA-2 闭合。

14 交流接触器 KM3 线圈得电。

14₋₁ 常开主触点 KM3-1 闭合，三相交流电动机接通电源，工频启动运转。

14₋₂ 常闭辅助触点 KM3-2 断开，防止交流接触器 KM1、KM2 线圈得电，起到联锁保护作用。

15 在工频运行过程中，当热继电器检测到三相交流电动机出现过载、断相、电流不平衡以及过热故障时，热继电器 FR 动作。

16 常闭触点 FR-1 断开。

17 交流接触器 KM3 线圈失电。

17₋₁ 常开主触点 KM3-1 复位断开，切断电动机供电电源，电动机停止运转。

17₋₂ 常闭辅助触点 KM3-2 复位闭合，解除对交流接触器 KM1、KM2 线圈的联锁保护。

18 当需要电动机工频运行停止时，将转换开关 SA 拨至变频运行位置，SA-1 闭合、SA-2 断开。

19 交流接触器 KM3 线圈失电，常开主触点 KM3-1 复位断开，常闭辅助触点 KM3-2 复位闭合，三相交流电动机停止运转。

五、离心机变频驱动控制线路

离心机是利用物体做圆周运动时所产生的离心力分离液体与固体、液体与液体混合物的机械，在工作过程中需要对离心机速度进行调节，来完成不同的工艺过程。用变频调速可避免手动调速的不安全性和随机性，也可提高系统运行的平稳性、可靠性。

图 12-5 为采用西门子 MM440 型变频器的离心机变频驱动控制线路。

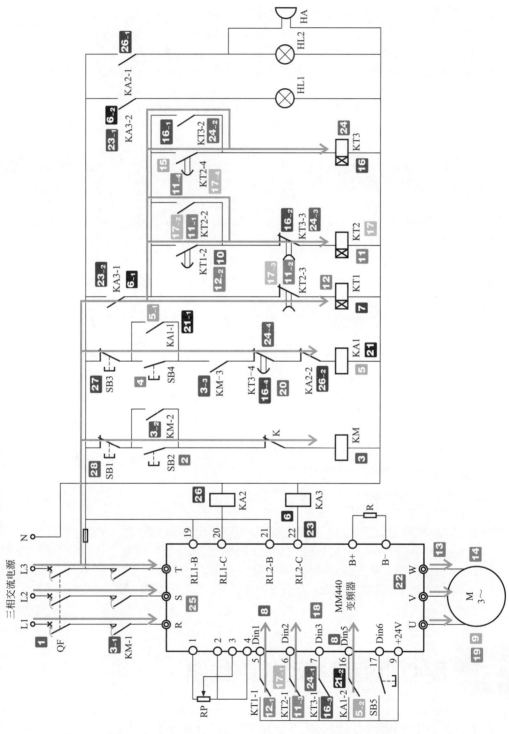

图 12-5 采用西门子 MM440 型变频器的离心机变频驱动控制线路

图解

1 合上总断路器 QF，接通三相电源，为电路进入工作状态做好准备。

2 按下启动按钮 SB2，其常开触点闭合。

3 交流接触器 KM 线圈得电。

3₋₁ 常开主触点 KM-1 闭合，变频器的主电路输入端 R、S、T 得电。

3₋₂ 常开辅助触点 KM-2 闭合，实现自锁功能。

3₋₃ 常开辅助触点 KM-3 闭合，为中间继电器 KA1 线圈得电做好准备。

4 按下启动按钮 SB4。

5 中间继电器 KA1 线圈得电。

5₋₁ 常开触点 KA1-1 闭合，实现自锁功能。

5₋₂ 常开触点 KA1-2 闭合，变频器 Din5（16）端子与 +24V（9）端子短接，变频器接收到启动指令。

6 变频器内部控制电路开始工作，变频器 RL2-B（21）端子与 RL2-C（22）端子短接，中间继电器 KA3 线圈得电。

6₋₁ 常开触点 KA3-1 闭合。

6₋₂ 常开触点 KA3-2 闭合，运行指示灯 HL1 点亮。

6₋₁→7 时间继电器 KT1 线圈得电，时间继电器 KT1 的常开触点 KT1-1 闭合。

8 变频器 Din1（5）端子与 +24V（9）端子短接，变频器接收到低速运转指令。

9 变频器内部主电路开始工作，U、V、W 端输出变频电源，并加到电动机的三相绕组上。电源频率按预置的升速时间上升至频率给定电位器设定值，电动机按照给定的频率低速运转。

7→10 当到达时间继电器 KT1 的延时时间后，延时闭合的常开触点 KT1-2 闭合。

11 时间继电器 KT2 线圈得电。

11₋₁ 普通常开触点 KT2-2 闭合，实现自锁功能。

11₋₂ 延时闭合的常闭触点 KT2-3 立即断开。

11₋₃ 普通常开触点 KT2-1 闭合，变频器 Din2（6）端子与 +24V（9）端子短接，变频器接收到中速运转指令。

11₋₄ 延时闭合的常开触点 KT2-4 进入延时状态。

11₋₂→12 时间继电器 KT1 线圈失电。

12₋₁ 普通常开触点 KT1-1 复位断开，变频器 Din1（5）端子与 +24V（9）端子断开，禁止变频器低速运转指令的输入。

12₋₂ 延时闭合的常开触点 KT1-2 复位断开。

13 变频器内部主电路 U、V、W 端输出变频电源，加到三相交流电动机的三相绕组上。

14 电源频率按预置的升速时间上升至频率给定电位器设定值，三相交流电动机按照给定的频率中速运转。

11₋₄→15 当到达时间继电器 KT2 的延时时间后，延时闭合的常开触点 KT2-4 闭合。

16 时间继电器 KT3 线圈得电。

16₋₁ 普通常开触点 KT3-2 闭合，实现自锁功能。

16₋₂ 延时闭合的常闭触点 KT3-3 立即断开。

16₋₃ 常开触点 KT3-1 闭合。

16₋₄ 延时断开的常闭触点 KT3-4 进入延时状态。

16₋₂ → **17** 时间继电器 KT2 线圈失电。

17₋₁ 常开触点 KT2-1 复位断开，变频器 Din2（6）端子与 +24V（9）端子断开，禁止变频器中速运转指令的输入。

17₋₂ 常开触点 KT2-2 复位断开，解除自锁功能。

17₋₃ 延时闭合的常闭触点 KT2-3 进入复位闭合延时状态，防止时间继电器 KT1 线圈立即得电。

17₋₄ 延时闭合的常开触点 KT2-4 复位断开。

16₋₃ → **18** 变频器 Din3（7）端子与 +24V（9）端子短接，变频器接收到高速运转指令。

19 变频器内部主电路 U、V、W 端输出变频电源，并加到三相交流电动机的三相绕组上。电源频率按预置的升速时间上升至频率给定电位器设定值，三相交流电动机按照给定的频率高速运转。

16₋₄ → **20** 当到达时间继电器 KT3 的延时时间后，延时断开的常闭触点 KT3-4 断开。

21 中间继电器 KA1 线圈失电。

21₋₁ 常开触点 KA1-1 复位断开，解除自锁功能。

21₋₂ 常开触点 KA1-2 复位断开，变频器 Din5（16）端子与 +24V（9）端子断开，禁止变频器启动指令的输入。

21₋₂ → **22** 变频器停止工作，三相交流电动机在制动电阻器 R 的作用下制动停机（常闭触点 K 为制动电阻器 R 的热敏开关。当制动电阻器过热时，热敏开关 K 断开）。

21₋₂ → **23** 变频器 RL2-B（21）端子与 RL2-C（22）端子断开，中间继电器 KA3 线圈失电。

23₋₁ 常开触点 KA3-2 复位断开，切断运行指示灯 HL1 供电电源，HL1 熄灭。

23₋₂ 常开触点 KA3-1 复位断开。

23₋₂ → **24** 时间继电器 KT3 线圈失电。

24₋₁ 普通常开触点 KT3-1 复位断开，变频器 Din3（7）端子与 +24V（9）端子断开，禁止变频器高速运转指令的输入。

24₋₂ 普通常开触点 KT3-2 复位断开，解除自锁功能。

24₋₃ 延时闭合的常闭触点 KT3-3 进入复位闭合延时状态，防止时间继电器 KT2 线圈立即得电。当到达延时时间后，触点 KT3-3 自动闭合。

24₋₄ 延时断开的常闭触点 KT3-4 复位闭合，等待下一次的启动运行。

25 当离心机变频调速控制线路出现过载、过电流、过热等故障时，变频器故障输出 RL1-B（19）端子与 RL1-C（20）端子短接。

26 中间继电器 KA2 线圈得电。

26₋₁ 常开触点 KA2-1 闭合，故障指示灯 HL2 点亮，蜂鸣器 HA 发出报警提示声。

26₋₂ 常闭触点 KA2-2 断开，中间继电器 KA1 线圈失电（参照自动停机过程进行分析）。

27 当离心机工作过程中需要停机时，按下停止按钮 SB3，中间继电器 KA1 线圈失电，实现停机。

28 当长时间不使用变频器需要切断其供电电源时，应按下系统停止按钮 SB1，交流接触器 KM 线圈失电，切断变频器主电路 R、S、T 端的供电，变频器停止工作。

六、冲压机变频驱动控制线路

图 12-6 为冲压机变频驱动控制线路，该系统中采用了 VVVF05 型通用变频器为电动机供电。

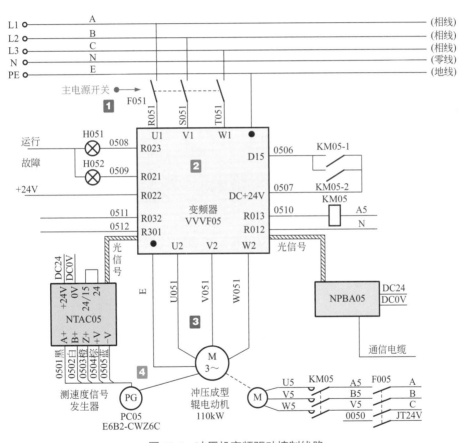

图 **12-6**　冲压机变频驱动控制线路

图解

1 三相交流电源经主电源开关 F051 为变频器供电，将三相电源加到变频器的 U1、V1、W1 端。

2 经变频器转换控制后，变成频率可变的驱动电流。

3 由变频器的 U2、V2、W2 端输出加到电动机的三相绕组上。

4 测速信号发生器 PG 为变频器提供速度检测信号。

七、拉线机变频驱动控制线路

拉线机属于工业线缆行业的一种常用设备。该设备对收线速度的稳定性要求比较高，使用变频控制线路可很好地控制前后级的线速度同步，可有效保证出线线径的质量。同时，主传动变频器可有效控制主传动电动机的加减速时间，实现平稳加减速，不仅能避免启动时的负载波动，实现节能效果，还可保证系统的可靠性和稳定性。

图 12-7 为拉线机变频驱动控制线路。

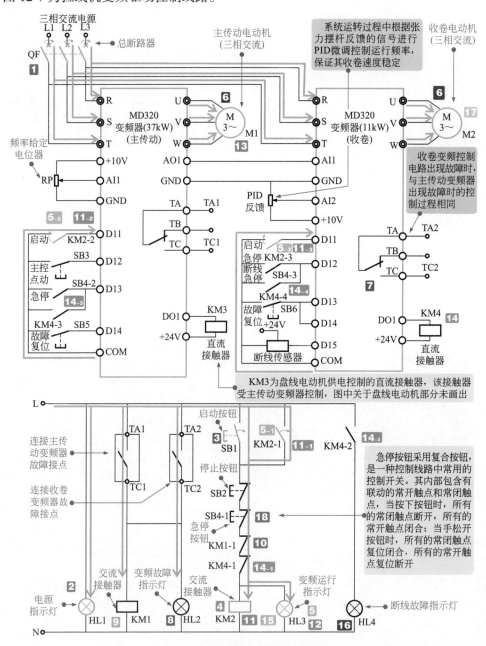

图 12-7 拉线机变频驱动控制线路

1 合上总断路器 QF，接通三相电源，为电路进入工作状态做好准备。

2 电源指示灯 HL1 点亮。

3 按下启动按钮 SB1，其常开触点闭合。

4 交流接触器 KM2 线圈得电。

5 变频运行指示灯 HL3 点亮。

5-1 常开触点 KM2-1 闭合，实现自锁功能。

5-2 常开触点 KM2-2 闭合，主传动用变频器执行启动指令。

5-3 常开触点 KM2-3 闭合，收卷用变频器执行启动指令。

6 主传动变频器和收卷变频器内部主电路开始工作，U、V、W 端输出变频电源，电源频率按预置的升速时间上升至与频率给定电位器设定值，主传动电动机 M1 和收卷电动机 M2 按照给定的频率正向运转。

7 若主传动变频控制电路出现过载、过电流等故障，主传动变频器故障输出端子 TA 和 TC 短接。

7 → **8** 故障指示灯 HL2 点亮。

7 → **9** 交流接触器 KM1 线圈得电。

10 常闭触点 KM1-1 断开。

10 → **11** 交流接触器 KM2 线圈失电。

11-1 常开触点 KM2-1 复位断开，解除自锁功能。

11-2 常开触点 KM2-2 复位断开，切断主传动变频器启动指令输入。

11-3 常开触点 KM2-3 复位断开，切断收卷变频器启动指令输入。

10 → **12** 变频运行指示灯 HL3 熄灭。

11-2 + **11-3** → **13** 主传动变频器和收卷变频器内部电路退出运行，主传动电动机和收卷电动机断电而停止工作，由此实现自动保护功能。

当系统运行过程中出现断线时，收卷电动机驱动变频器外接断线传感器将检测到的断线信号送至变频器中。

14 变频器 DO1 端子输出控制指令，直流接触器 KM4 线圈得电。

14-1 常闭触点 KM4-1 断开。

14-2 常开触点 KM4-2 闭合。

14-3 常开触点 KM4-3 闭合，为主传动变频器提供紧急停机指令。

14-4 常开触点 KM4-4 闭合，为收卷变频器提供紧急停机指令。

14-1 → **15** 交流接触器 KM2 线圈失电，其触点全部复位，切断变频器启动指令输入。

14-2 → **16** 断线故障指示灯 HL4 点亮。

14-3 + **14-4** → **17** 主传动变频器和收卷变频器执行急停车指令，主传动电动机和收卷电动机停转。

18 该变频控制电路还可通过按下急停按钮 SB4 实现紧急停机。常闭触点 SB4-1 断开，交流接触器 KM2 线圈失电，其触点全部复位断开,切断主传动变频器和收卷变频器启动指令的输入。同时，常开触点 SB4-2、SB4-3 闭合，分别为两台变频器送入急停机指令，控制主传动电动机及收卷电动机紧急停机。

工作人员完成接线处理后，可分别按动复位按钮SB5、SB6，变频器即可复位恢复正常工作。

八、传送带变频驱动控制线路

图 12-8 是传送带变频驱动控制线路，该系统采用变频器进行调速，继电器、开关按钮作为外围器件进行操作和控制。为了提高自动化控制，在系统中加入 PLC 控制器，如图 12-9 所示。

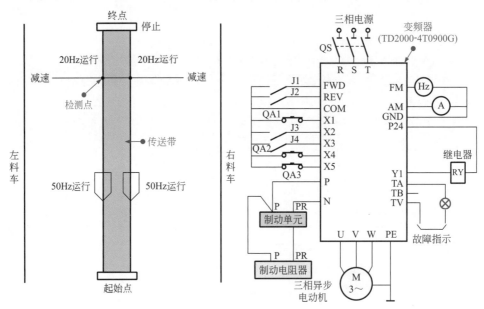

图 12-8　传送带变频驱动控制线路

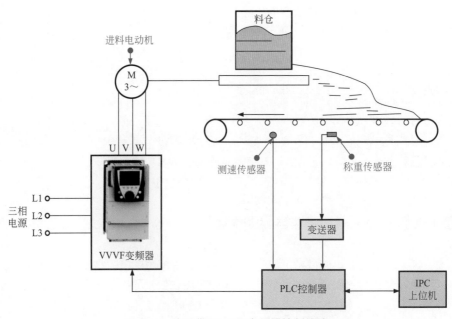

图 12-9　传送带 PLC 及变频器控制线路

将 VVVF 变频器、PLC 控制器加入控制系统中，由三相交流电源为变频器供电。在变频器中经整流滤波电路、变频控制电路和功率输出电路（逆变电路）后，由 U、V、W 端输出变频驱动信号，并加到进料电动机的三相绕组上。

变频器内的微处理器根据 PLC 的指令或外部设定开关，为变频器提供变频器控制信号。电动机启动后，传输带的转速信号经速度检测电路检测后，为 PLC 提供速度反馈信号，作为 PLC 的参考信号。经处理后由 PLC 为变频器提供实时控制信号。

九、物料传输机变频驱动控制线路

物料传输机是一种通过电动机带动传动设备来向定点位置输送物料的工业设备，该设备要求传输的速度可以根据需要改变，以保证物料的正常传送。在传统控制线路中一般由电动机通过齿轮或电磁离合器进行调速控制，其调速控制过程较硬，制动功耗较大。使用变频器进行控制，可有效减小启动及调速过程中的冲击，以降低耗电量，同时还大大提高调速控制的精度。

图 12-10 为物料传输机变频驱动控制线路。

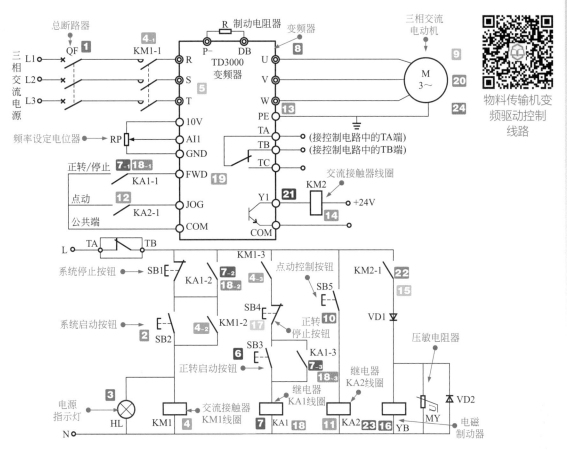

图 12-10　物料传输机变频驱动控制线路

 **图解**

1 合上总断路器 QF，接通三相电源，为电路进入工作状态做好准备。

2 按下启动按钮 SB2，其常开触点闭合。

2→**3** 电源指示灯 HL 点亮。

2→**4** 交流接触器 KM1 线圈得电。

　　4₋₁ 常开主触点 KM1-1 闭合。

　　4₋₂ 常开辅助触点 KM1-2 闭合，实现自锁功能。

　　4₋₃ 常开辅助触点 KM1-3 闭合，接入正向运转 / 停机控制电路。

4₋₁→**5** 三相电源接入变频器的主电路输入端 R、S、T 端，变频器进入待机状态。

6 按下正转启动按钮 SB3，其常开触点闭合。

7 继电器 KA1 线圈得电。

　　7₋₁ 常开触点 KA1-1 闭合，变频器执行正转启动指令。

　　7₋₂ 常开触点 KA1-2 闭合，防止误操作系统停止按钮 SB1 时切断电路。

　　7₋₃ 常开触点 KA1-3 闭合，实现自锁功能。

7₋₁→**8** 变频器内部主电路开始工作，U、V、W 端输出变频电源。

9 变频器输出的电源频率按预置的升速时间上升至与频率给定电位器设定值，电动机按照给定的频率正向运转。

10 当需要变频器进行点动控制时，可按下点动控制按钮 SB5。

11 继电器 KA2 线圈得电。

12 常开触点 KA2-1 闭合。

13 变频器执行点动运行指令。

14 当变频器 U、V、W 端输出频率超过电磁制动预置频率时，直流接触器 KM2 线圈得电。

15 常开触点 KM2-1 闭合。

16 电磁制动器 YB 线圈得电释放电磁抱闸，电动机启动运转。

17 按下正转停止按钮 SB4。

18 继电器 KA1 的线圈失电。

　　18₋₁ 常开触点 KA1-1 复位断开。

　　18₋₂ 常开触点 KA1-2 复位断开，解除联锁功能。

　　18₋₃ 常开触点 KA1-3 复位断开，解除自锁功能。

18₋₁→**19** 切断变频器正转运转指令输入。

20 变频器执行停机指令，由其 U、V、W 端输出变频停机驱动信号，加到三相交流电动机的三相绕组上，三相交流电动机转速开始降低。

21 在变频器输出停机指令过程中，当 U、V、W 端输出频率低于电磁制动预置频率（如 0.5Hz）时，直流接触器 KM2 线圈失电。

22 常开触点 KM2-1 复位断开。

23 电磁制动器 YB 线圈失电，电磁抱闸制动将电动机抱紧。

24 电动机停止运转。

 十、 **多电动机变频驱动控制线路**

　　图 12-11 是一种多电动机变频驱动控制线路。为了安装调试方便，每台电动机由一台变

频器控制。该系统采用的是 MD320 型变频器，该变频器被制成标准化的电路单元。两组操作控制电路分别控制变频器 2 和变频器 3，为收卷电动机 M2 和 M3 调速，而变频器 1 则是为主动轴电动机调速的。

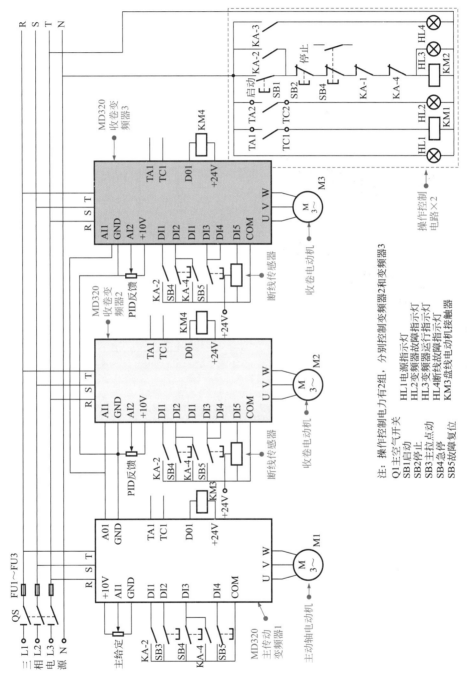

图 12-11　多电动机变频驱动控制线路

注：操作控制电力有2组，分别控制变频器2和变频器3
Q1主令空气开关　　　HL1电源指示灯
SB1启动　　　　　　　HL2变频器故障指示灯
SB2停止　　　　　　　HL3变频器运行指示灯
SB3主拉点动　　　　　HL4断线故障指示灯
SB4急停　　　　　　　KM3盘线电动机接触器
SB5故障复位

十一、FSBS15CH60 型变频控制线路

FSBS15CH60 模块是一种有 27 个引脚、标称参数为 15A/600V 的变频电路。图 12-12 为 FSBS15CH60 模块的实物外形、引脚排列和引脚功能。

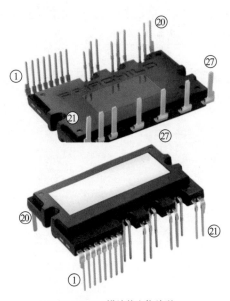

(a) FSBS15CH60模块的实物外形

(b) FSBS15CH60模块的引脚排列

引脚	字母代号	功能说明	引脚	字母代号	功能说明
①	$V_{CC(L)}$	低侧(IGBT)驱动电路供电端	⑮	$V_{B(V)}$	高端偏压供电(V相IGBT驱动)
②	COM	接地端	⑯	$V_{S(V)}$	接地端
③	$IN_{(UL)}$	信号接入端(低侧U相)	⑰	$IN_{(WH)}$	信号输入(高端W相)
④	$IN_{(VL)}$	信号接入端(低侧V相)	⑱	$V_{CC(WH)}$	高端偏压供电(W相驱动IC)
⑤	$IN_{(WL)}$	信号接入端(低侧W相)	⑲	$V_{B(W)}$	高端偏压供电(W相IGBT驱动)
⑥	V_{FO}	故障输出	⑳	$V_{S(W)}$	接地端
⑦	C_{FOD}	故障输出电容(饱和时间选择)	㉑	N_U	U相晶体管(IGBT)发射极
⑧	C_{SC}	滤波电容端(短路检测输入)	㉒	N_V	V相晶体管(IGBT)发射极
⑨	$IN_{(UH)}$	高端信号输入(U相)	㉓	N_W	W相晶体管(IGBT)发射极
⑩	$V_{CC(UH)}$	高端偏压供电(U相驱动IC)	㉔	U	U相驱动输出(电动机)
⑪	$V_{B(U)}$	高端偏压供电(U相IGBT驱动)	㉕	V	V相驱动输出(电动机)
⑫	$V_{S(U)}$	接地端	㉖	W	W相驱动输出(电动机)
⑬	$IN_{(VH)}$	信号输入(高端V相)	㉗	P	电源(+300V)输入端
⑭	$V_{CC(VH)}$	高端偏压供电(V相驱动IC)	—	—	—

(c) FSBS15CH60模块的引脚功能

图 12-12　FSBS15CH60 模块的实物外形、引脚排列和引脚功能

图 12-13 为采用 FSBS15CH60 模块构成的电动机变频驱动控制线路，在控制电路控制下输出变频驱动信号，驱动变频压缩机工作。

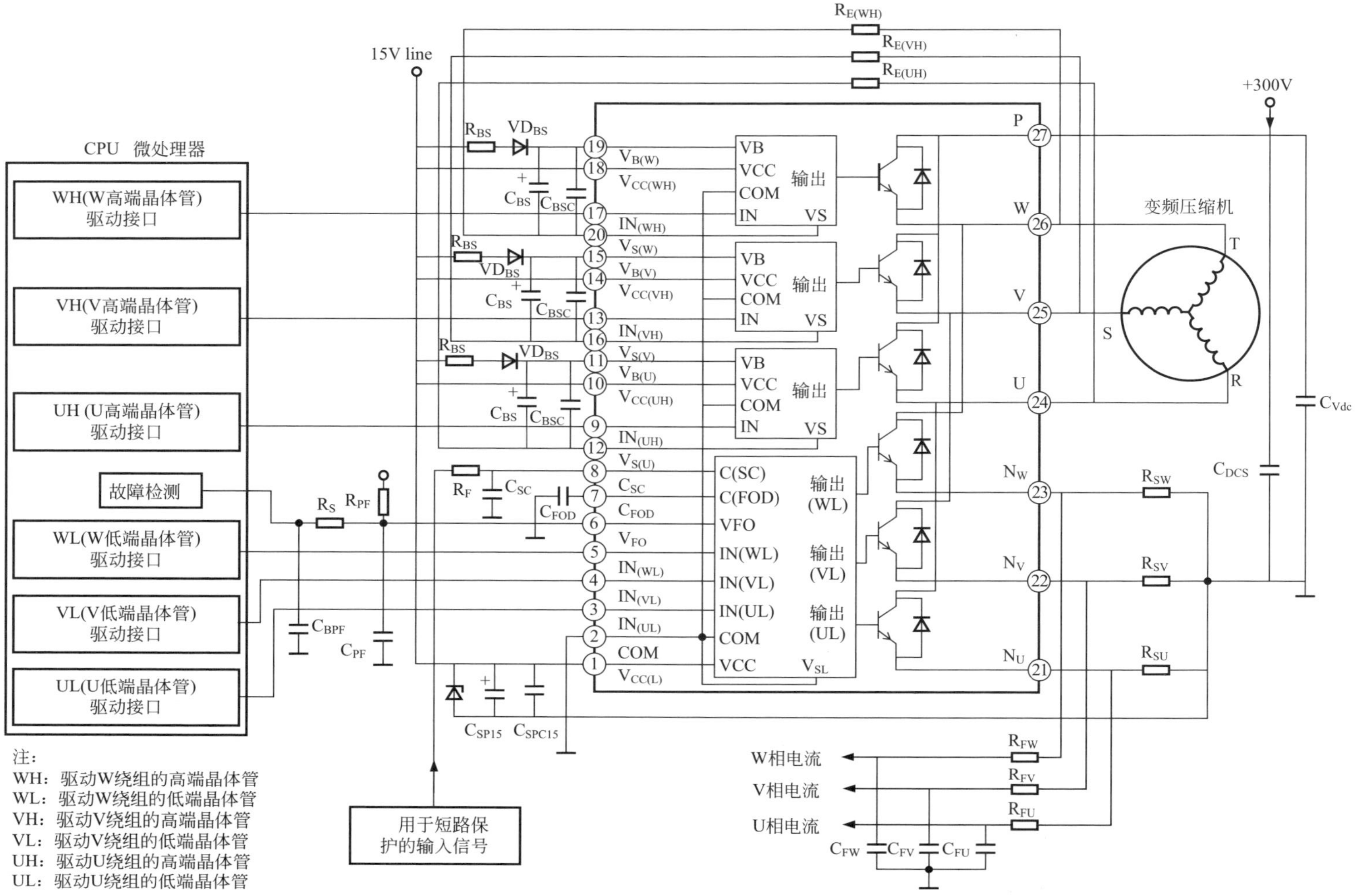
CPU 微处理器
WH(W高端晶体管)
驱动接口
VH(V高端晶体管)
驱动接口
UH (U高端晶体管)
驱动接口
故障检测
WL(W低端晶体管)
驱动接口
VL(V低端晶体管)
驱动接口
UL(U低端晶体管)
驱动接口
15V line
+300V
变频压缩机
用于短路保护的输入信号
W相电流
V相电流
U相电流
注：
WH：驱动W绕组的高端晶体管
WL：驱动W绕组的低端晶体管
VH：驱动V绕组的高端晶体管
VL：驱动V绕组的低端晶体管
UH：驱动U绕组的高端晶体管
UL：驱动U绕组的低端晶体管

图 12-13 采用 FSBS15CH60 模块构成的电动机变频驱动控制线路

　　微处理器（CPU）控制电路将控制信号输送到 FSBS15CH60 型变频功率模块的控制信号输入端（IN），对变频功率模块进行控制。CPU 内的"WH 门控管驱动"电路与 FSBS15CH60 变频功率模块的⑰脚连接，为 WH（W 绕组高端驱动晶体管）输入端的电路提供驱动信号，驱动 WH 门控管工作，㉖脚为变频压缩机的 W 绕组驱动端；CPU "VH 门控管驱动"电路为该模块的⑬脚提供驱动信号，驱动该内部电路中的门控管工作，㉕脚为变频压缩机 V 绕组驱动端；CPU 的"UH 门控管驱动"电路则为该变频功率模块的⑨脚提供驱动信号，驱动门控管工作，㉔脚为变频压缩机的 U 绕组驱动端。

十二、 PM50CTJ060-3 型变频控制线路

　　PM50CTJ060-3 模块是一种有 20 个引脚、标称参数为 30A/600V 的变频电路。图 12-14 为 PM50CTJ060-3 模块的实物外形、引脚排列和引脚功能以及模块内部主电路结构。

(a) PM50CTJ060-3型变频功率模块的实物外形

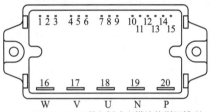

(b) PM50CTJ060-3型变频功率模块的引脚排列

引脚	标识	引脚功能	引脚	标识	引脚功能
①	VUPC	接地	⑪	VN1	欠电压检测端
②	UP	功率晶体管U(上)控制	⑫	UN	功率晶体管U(下)控制
③	VUP1	模块内IC供电	⑬	VN	功率晶体管V(下)控制
④	VVPC	接地	⑭	WN	功率晶体管W(下)控制
⑤	VP	功率晶体管V(上)控制	⑮	FO	故障检测
⑥	VVP1	模块内IC供电	⑯	P	直流供电端
⑦	VWPC	接地	⑰	N	直流供电负端
⑧	WP	功率晶体管W(上)控制	⑱	U	接电动机绕组U
⑨	VWP1	模块内IC供电	⑲	V	接电动机绕组V
⑩	VNC	接地	⑳	W	接电动机绕组W

(c) PM50CTJ060-3型变频功率模块的引脚功能

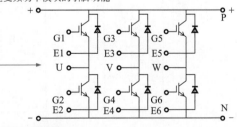

　　在该模块内，设置有4个逻辑控制电路、6个功率输出IGBT和6个阻尼二极管，用以实现变频驱动
　　控制电路将驱动信号加到IGBT的门极(G1～G6)，驱动其内部的IGBT工作；而较粗的引脚(U、V、W输出端)则主要为变频压缩机的电动机提供变频驱动信号；P、N端分别接于直流供电电路的正负极，为功率模块提供工作电压

(d) 模块内部主电路结构

图 12-14　PM50CTJ060-3 模块的实物外形、引脚排列和引脚功能以及模块主电路结构

图 12-15 为采用 PM50CTJ060-3 模块构成的电动机变频驱动控制线路，在控制电路控制下输出变频驱动信号，驱动电动机工作。

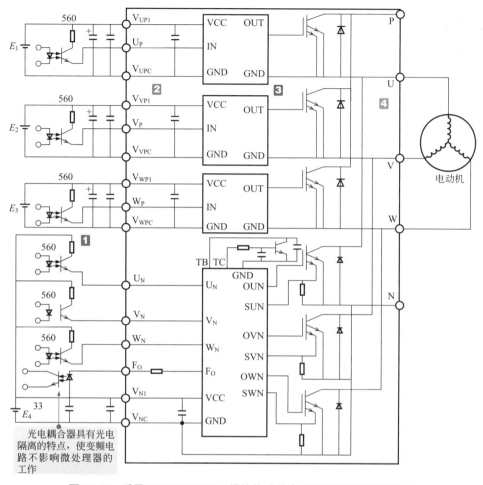

图 12-15 采用 PM50CTJ060-3 模块构成的电动机变频驱动控制线路

 图解

1 来自微处理器的控制信号送至变频控制电路中。

2 控制信号采用光电控制方式，由光电耦合器输出端将信号送到 PM50CTJ060 模块的 U_P、V_P、W_P 端。

3 控制信号在 PM50CTJ060 模块内进行逻辑处理后，送至驱动晶体管控制端。

4 最后经驱动晶体管后，变频信号由功率模块的 U、V、W 端输出，驱动电动机工作。

十三、三相交流电动机启停软启动控制线路

图 12-16 为采用软启动器的三相交流电动机启停控制线路。该软启动器控制线路通过不

同控制部件与软启动器的不同连接，从而实现对三相交流电动机的软启动、运行、软停车等功能的控制。

采用软启动器的三相交流电动机启停

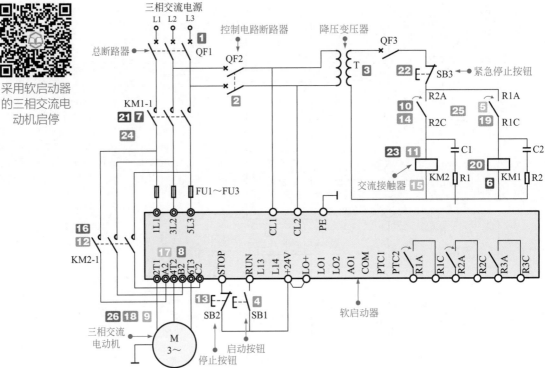

图 12-16　采用软启动器的三相交流电动机启停控制线路

图解

1 合上总断路器 QF1，接通三相电源，为电路进入工作状态做好准备。

2 合上控制电路断路器 QF2、QF3，接通控制电路供电电源。

3 三相交流电源经电源变压器 T 降压后，为控制电路提供所需的工作电压。

◆ 三相交流电动机的软启动过程

4 按下启动按钮 SB1，其常开触点闭合。

5 软启动器控制主电路输出继电器触点 R1A、R1C 闭合。

6 交流接触器 KM1 线圈得电。

7 常开主触点 KM1-1 闭合，接通软启动器的供电电源，软启动器为三相交流电动机供电，电动机开始启动。通过控制内部晶闸管导通角的大小，使调压电路输出的电压逐渐上升。

8 随着启动电压的逐渐上升，三相交流电动机的转速逐渐提高，软启动完成，于是三相交流电动机进入全速工作状态。

◆ 三相交流电动机的运行过程

9 当晶闸管调压电路中的晶闸管全部导通时，软启动器输出电压达全压状态，启动工作完成。

10 软启动器控制旁路输出继电器触点 R2A 和 R2C 闭合。

11 旁路交流接触器 KM2 线圈得电。

12 常开主触点 KM2-1 闭合，接通三相电源，代替软启动器为三相交流电动机正常运行提供额定电压，三相交流电动机进入正常运行状态。

◆ 三相交流电动机的软停车过程

13 当需要三相交流电动机停车时，按下停止按钮 SB2。

14 软启动器控制旁路输出继电器触点 R2A、R2C 复位断开。

15 旁路交流接触器 KM2 线圈失电。

16 常开主触点 KM2-1 复位断开，切断三相交流电动机的旁路供电电源。

17 同时，软启动器控制晶闸管导通角的大小，使调压电路输出的电压逐渐减小。

18 随着启动电压的逐渐减小，三相交流电动机的转速逐渐降低直至停机。

19 当三相交流电动机停止后，软启动器控制主电路输出继电器触点 R1A、R1C 复位断开。

20 交流接触器 KM1 线圈失电。

21 常开主触点 KM1-1 复位断开，切断主电路的供电电源，系统停机。

22 当需要三相交流电动机紧急停车时，按下紧急停止按钮 SB3。

23 交流接触器 KM1、KM2 线圈同时失电。

24 常开主触点 KM1-1、KM2-1 复位断开，切断主电路的供电电源。

25 软启动器停止工作，旁路输出继电器触点 R2A、R2C 和主电路输出继电器触点 R1A、R1C 全部复位断开。

26 三相交流电动机依惯性停止运转。

 知识链接

图 12-16 中软启动器各接线端子功能如表 12-1 所示。

表 **12-1** 软启动器各接线端子功能

端子名称	端子功能	端子名称	端子功能
1L1、3L2、5L3	主电路输入端子	AO1	可编程模拟输出端子
2T1、4T2、6T3	主电路输出端子	COM	公共端子
A2、B2、C2	旁路连接端子	PTC1、PTC2	PTC 传感器输入
STOP	停车端子	R1A、R1C	故障输出继电器端子（在此作为主电路输出继电器端子）
RUN	启动端子	R2A、R2C	旁路输出继电器端子
L13、L14	可编程逻辑输入端子	R3A、R3C	三相交流电动机通电继电器端子
+24 V	电源逻辑输入端子	CL1、CL2	控制电源输入端子
LO+	电源逻辑输出端子	PE	接地端子
LO1、LO2	可编程逻辑输出端子		

十四、新冶中正 eSTAR03 系列软启动器带有旁路交流接触器的控制线路

新冶中正 eSTAR03 系列软启动器是一种全数字智能化的软启动设备。图 12-17 为新冶中正 eSTAR03 系列软启动器带有旁路交流接触器的控制线路，该控制线路具有软启动、运行、故障控制、软停车等控制功能。

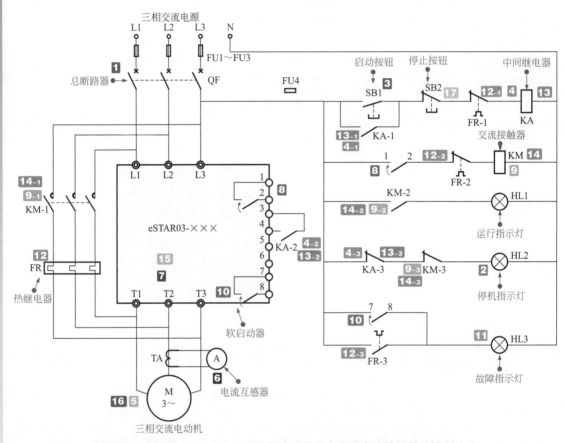

图 12-17 新冶中正 eSTAR03 系列软启动器带有旁路交流接触器的控制线路

 图解

1 合上总断路器 QF，接通三相电源，为电路进入工作状态做好准备。

2 交流 220V 电源经中间继电器 KA 的常闭触点 KA-3、旁路交流接触器 KM 的常闭辅助触点 KM-3 为停机指示灯 HL2 供电，HL2 点亮。

◆ 三相交流电动机的软启动过程

3 按下启动按钮 SB1，其常开触点闭合。

4 中间继电器 KA 线圈得电。

　　4₋₁ 常开触点 KA-1 闭合，实现自锁功能。

4₋₂ 常开触点 KA-2 闭合（3、4 为软启动器的启动端子），软启动器控制晶闸管导通角的大小，使调压电路输出的电压逐渐上升。

4₋₃ 常闭触点 KA-3 断开，切断停机指示灯 HL2 的供电电源，HL2 熄灭。

5 随着启动电压的逐渐上升，三相交流电动机的转速逐渐提高，软启动完成，三相交流电动机进入全速工作状态。

6 同时电流互感器 TA 检测电路中的电流由电流表输出。

◆ 三相交流电动机由启动到运行的工作过程

7 当晶闸管调压电路中的晶闸管全部导通时，软启动器输出电压达全压状态，启动工作完成。

8 软启动器控制旁路输出继电器触点 1 和 2 闭合。

9 旁路交流接触器 KM 线圈得电。

9₋₁ 常开主触点 KM-1 闭合，接通三相电源，代替软启动器为三相交流电动机正常运行提供额定电压。

9₋₂ 常开辅助触点 KM-2 闭合，运行指示灯 HL1 点亮，指示三相交流电动机处于运行状态。

9₋₃ 常闭辅助触点 KM-3 断开，切断停机指示灯 HL2 的供电电路。

◆ 三相交流电动机的故障控制过程

10 当三相交流电动机出现过载、过电流、过电压等故障时，软启动器控制故障输出继电器触点 7 和 8 闭合。

11 故障指示灯 HL3 点亮，指示三相交流电动机的运行出现故障。

12 当软启动器外置的热继电器检测到三相交流电动机出现过载、断相、电流不平衡以及过热故障时，热继电器 FR 动作。

12₋₁ 常闭触点 FR-1 断开。

12₋₂ 常闭触点 FR-2 断开，旁路交流接触器 KM 线圈失电。

12₋₃ 常开触点 FR-3 闭合，故障指示灯 HL3 点亮，指示三相交流电动机的运行出现故障。

12₋₁ → **13** 中间继电器 KA 线圈失电。

13₋₁ 常开触点 KA-1 复位断开，解除自锁功能。

13₋₂ 常开触点 KA-2 复位断开，软启动器接收到停车指令，控制旁路输出继电器触点 1 和 2 复位断开。

13₋₃ 常闭触点 KA-3 复位闭合，接通停机指示灯 HL2 供电电源，HL2 点亮。

13₋₂ → **14** 旁路交流接触器 KM 线圈失电。

14₋₁ 常开主触点 KM-1 复位断开，切断三相交流电动机的旁路供电电源。

14₋₂ 常开辅助触点 KM-2 复位断开，切断运行指示灯 HL1 的供电电源，HL1 熄灭。

14₋₃ 常闭辅助触点 KM-3 复位闭合，为停机指示灯 HL2 的点亮做好准备。

15 在旁路交流接触器失电的同时，软启动器开始控制晶闸管导通角的大小，使调压电路输出的电压逐渐减小。

16 随着启动电压的逐渐减小，三相交流电动机的转速逐渐降低，直至停机。

◆ 三相交流电动机的软停车过程

17 当需要三相交流电动机停车时，按下停止按钮 SB2，SB2 内部的常闭触点断开，中间继电器 KA 线圈失电。

十五、西普 STR 系列软启动器控制两台三相交流电动机启动的控制线路

图 12-18 为西普 STR 系列软启动器启动两台三相交流电动机的控制线路。在该控制线路中，由一台软启动器带动两台三相交流电动机运转，但两台三相交流电动机不能同时启动，而是启动其中一台三相交流电动机运转，而另一台三相交流电动机则作为备用。

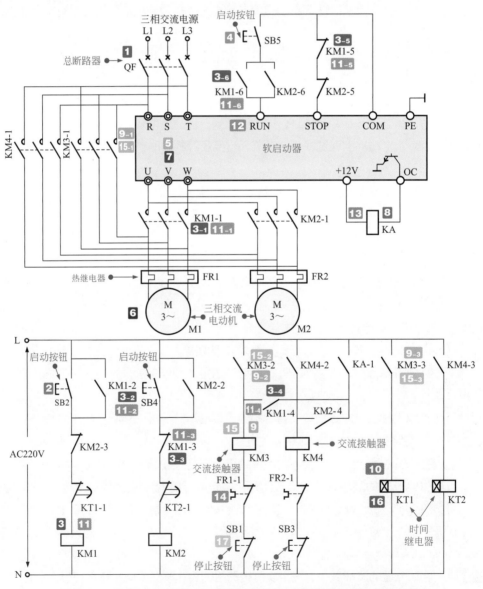

图 12-18　西普 STR 系列软启动器启动两台三相交流电动机的控制线路

 图解

1 合上总断路器 QF，接通三相电源，为电路进入工作状态做好准备。

◆ 三相交流电动机的软启动过程

2 按下启动按钮 SB2，其常开触点闭合。

3 交流接触器 KM1 线圈得电。

> **3₋₁** 常开主触点 KM1-1 闭合，为三相交流电动机 M1 的启动做好准备。

> **3₋₂** 常开辅助触点 KM1-2 闭合，实现自锁功能。

> **3₋₃** 常闭辅助触点 KM1-3 断开，防止 KM2 线圈得电，起到联锁保护作用。

> **3₋₄** 常开辅助触点 KM1-4 闭合，为 KM3 线圈得电做好准备。

> **3₋₅** 常闭辅助触点 KM1-5 断开，切断软启动器的停机电路。

> **3₋₆** 常开辅助触点 KM1-6 闭合，为软启动器的启动做好准备。

4 按下启动按钮 SB5，软启动器接收到启动指令。

5 软启动器控制晶闸管导通角的大小，使调压电路输出的电压逐渐上升。

6 随着启动电压的逐渐上升，三相交流电动机 M1 的转速逐渐提高，软启动完成。

◆ 三相交流电动机由启动到运行的工作过程

7 当晶闸管调压电路中的晶闸管全部导通时，软启动器输出电压达全压状态，启动工作完成。

8 软启动器控制旁路输出继电器 KA 线圈得电，常开触点 KA-1 闭合。

8→**9** 旁路交流接触器 KM3 线圈得电。

> **9₋₁** 常开主触点 KM3-1 闭合，接通三相电源，代替软启动器为三相交流电动机 M1 正常运行提供额定电压，三相交流电动机 M1 进入正常运行状态。

> **9₋₂** 常开辅助触点 KM3-2 闭合，实现自锁功能。

> **9₋₃** 常开辅助触点 KM3-3 闭合，时间继电器 KT1 线圈得电，进入软启动器的待机延时状态。

10 当时间继电器 KT1 到达预定的延时时间后，其常闭触点 KT1-1 延时断开。

11 交流接触器 KM1 线圈失电。

> **11₋₁** 常开主触点 KM1-1 复位断开，切断由软启动器为电动机 M1 的供电电源。

> **11₋₂** 常开辅助触点 KM1-2 复位断开，解除自锁功能。

> **11₋₃** 常闭辅助触点 KM1-3 复位闭合，解除联锁保护功能。

> **11₋₄** 常开辅助触点 KM1-4 复位断开，由于旁路交流接触器的常开辅助触点 KM3-2 闭合自锁，因此无法切断旁路交流接触器 KM3 线圈的供电电路。

> **11₋₅** 常闭辅助触点 KM1-5 复位闭合。

> **11₋₆** 常开辅助触点 KM1-6 复位断开。

11₋₆→**12** 切断软启动器启动回路，接通软启动器停机回路，此时软启动器控制晶闸管截止，使调压电路停止工作，从而降低了软启动器的热损耗。

13 此时旁路输出继电器 KA 线圈失电，常开触点 KA-1 复位断开。

◆ 三相交流电动机的故障控制过程

14 当软启动器外置的热继电器 FR1 检测到三相交流电动机 M1 出现过载、断相、电流不平衡以及过热故障时，热继电器 FR1 动作，常闭触点 FR1-1 断开。

14 → **15** 旁路交流接触器 KM3 线圈失电。

15₋₁ 常开主触点 KM3-1 复位断开，切断三相交流电动机 M1 正常运行的供电电源，三相交流电动机 M1 依惯性停止运转。

15₋₂ 常开辅助触点 KM3-2 复位断开，解除自锁功能。

15₋₃ 常开辅助触点 KM3-3 复位断开。

15₋₃ → **16** 时间继电器 KT1 线圈失电，常闭触点 KT1-1 复位闭合，为三相交流电动机 M1 下一次的启动做好准备。

17 当需要电动机 M1 停车时，按下停止按钮 SB1，交流接触器 KM3 线圈失电。

十六、常熟 CR1 系列软启动器带旁路交流接触器的控制线路

图 12-19 为常熟 CR1 系列软启动器带旁路交流接触器的控制线路。该控制线路具有软启动、软停车、紧急停车、故障保护等功能。

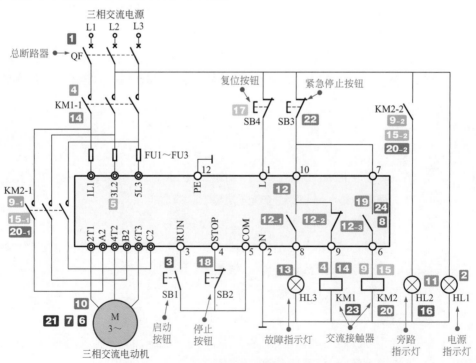

图 **12-19** 常熟 CR1 系列软启动器带旁路交流接触器的控制线路

图解

1 合上总断路器 QF，接通三相电源，为电路进入工作状态做好准备。

2 电源指示灯 HL1 点亮。

◆ 三相交流电动机的软启动过程

3 按下启动按钮 SB1，软启动器接收到启动指令。

4 交流接触器 KM1 线圈得电，其常开主触点 KM1-1 闭合。

4 → **5** 软启动器输出启动电压加到三相交流电动机上，使三相交流电动机启动，软启动器通过控制晶闸管导通角的大小，使加给三相交流电动机的电压逐渐上升。

6 随着启动电压的逐渐上升，三相交流电动机的转速逐渐提高，三相交流电动机进入软启动工作状态。

◆ 三相交流电动机的运行过程

7 当软启动器内的晶闸管全部导通时，三相交流电动机工作在额定电压下，三相交流电动机启动完成。

8 软启动器控制旁路输出继电器触点 6、7 闭合。

9 旁路交流接触器 KM2 线圈得电。

　　9₋₁ 常开主触点 KM2-1 闭合。

　　9₋₂ 常开辅助触点 KM2-2 闭合。

9₋₁ → **10** 接通三相电源，代替软启动器为三相交流电动机正常运行提供额定电压，三相交流电动机进入正常运行状态。

9₋₂ → **11** 旁路指示灯 HL2 点亮，指示三相交流电动机已进入正常运转状态。

◆ 三相交流电动机的故障控制过程

12 当三相交流电动机出现过载、过电流、过电压等故障时，软启动器控制故障输出继电器触点动作。

　　12₋₁ 故障输出继电器触点 8、10 闭合。

　　12₋₂ 故障输出继电器触点 9、10 断开。

　　12₋₃ 同时控制旁路输出继电器触点 6、7 复位断开。

12₋₁ → **13** 故障指示灯 HL3 点亮，指示三相交流电动机的运行出现故障。

12₋₂ → **14** 交流接触器 KM1 线圈失电，常开主触点 KM1-1 复位断开，切断主电路供电电源，三相交流电动机依惯性停止运转。

12₋₃ → **15** 旁路交流接触器 KM2 线圈失电。

　　15₋₁ 常开主触点 KM2-1 复位断开。

　　15₋₂ 常开辅助触点 KM2-2 复位断开。

15₋₂ → **16** 旁路指示灯 HL2 熄灭。

17 当软启动器出现故障报警时，应及时对其故障进行排除。排除故障后，按下复位按钮 SB4 复位后，即可重新启动工作。

◆ 三相交流电动机的软停车过程

18 当需要三相交流电动机停车时，按下停止按钮 SB2。

19 软启动器接收到停机指令，控制旁路输出继电器触点 6、7 复位断开。

20 旁路交流接触器 KM2 线圈失电。

20₋₁ 常开主触点 KM2-1 复位断开，切断电动机正常运行的供电电源。

20₋₂ 常开辅助触点 KM2-2 复位断开，切断 HL2 的供电电源，HL2 熄灭。

21 同时，软启动器控制晶闸管导通角的大小，使调压电路输出的电压逐渐减小。随着启动电压的逐渐减小，三相交流电动机的转速逐渐降低，直至停机。

◆ 三相交流电动机的紧急停车过程

22 当需要三相交流电动机紧急停车时，按下紧急停止按钮 SB3。

23 交流接触器 KM1、KM2 线圈同时失电，常开主触点 KM1-1、KM2-1 复位断开，切断主电路的供电电源。常开辅助触点 KM2-2 复位断开，切断旁路指示灯 HL2 的供电电源，HL2 熄灭。

24 软启动器停止工作，旁路输出继电器触点 6、7 复位断开。三相交流电动机依惯性停止运转。

十七、常熟 CR1 系列软启动器正反转控制线路

图 12-20 为常熟 CR1 系列软启动器正反转控制线路。该控制线路可控制三相交流电动机做正向和反向运转，但在控制过程中，必须在三相交流电动机完全停止后才能控制其进行反向运转。

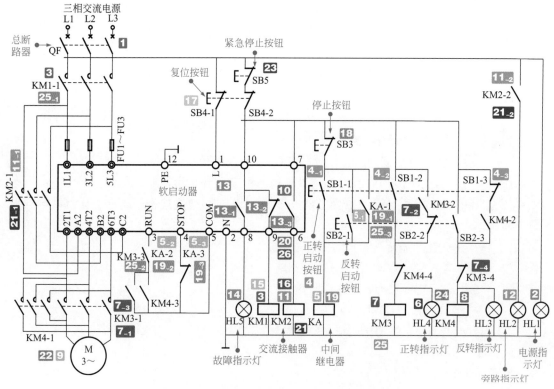

图 12-20 常熟 CR1 系列软启动器正反转控制线路

图解

1 合上总断路器 QF，接通三相电源，为电路进入工作状态做好准备。

2 电源指示灯 HL1 点亮。

3 交流接触器 KM1 线圈得电，其常开主触点 KM1-1 闭合，为三相交流电动机的启动做好准备。

◆ 三相交流电动机的正转软启动过程

4 按下启动按钮 SB1，其触点动作。

　　4-1 常开触点 SB1-1 闭合。

　　4-2 常开触点 SB1-2 闭合。

　　4-3 常闭触点 SB1-3 断开。

4-1 → **5** 中间继电器 KA 线圈得电。

　　5-1 常开触点 KA-1 闭合，实现自锁功能。

　　5-2 常开触点 KA-2 闭合，为软启动器的启动做好准备。

　　5-3 常闭触点 KA-3 断开，切断软启动器的停机电路。

4-2 → **6** 正转指示灯 HL4 点亮。

4-2 → **7** 同时正转交流接触器 KM3 线圈得电。

　　7-1 常开主触点 KM3-1 闭合，电动机接通三相电源的相序为 L1、L2、L3。

　　7-2 常开辅助触点 KM3-2 闭合，实现自锁功能。

　　7-3 常开辅助触点 KM3-3 闭合，软启动器接收到启动指令，输出启动电压加到三相交流电动机上。软启动器控制晶闸管导通角的大小，使调压电路输出的电压逐渐上升。随着启动电压的逐渐上升，三相交流电动机的转速逐渐提高，三相交流电动机进入正转软启动工作状态。

　　7-4 常闭辅助触点 KM3-4 断开，防止反转交流接触器 KM4 线圈得电。

4-3 → **8** 防止反转交流接触器 KM4 线圈得电。

9 当晶闸管调压电路中的晶闸管全部导通时，三相交流电动机工作在额定电压下。

10 软启动器控制旁路输出继电器触点 6、7 闭合。

11 旁路交流接触器 KM2 线圈得电。

　　11-1 常开主触点 KM2-1 闭合，接通三相电源，代替软启动器为三相交流电动机正常运行提供额定电压，三相交流电动机进入正常的正向运行状态。

　　11-2 常开辅助触点 KM2-2 闭合。

11-2 → **12** 旁路指示灯 HL2 点亮，指示三相交流电动机已进入正常运转状态。

◆ 三相交流电动机故障控制过程

13 当三相交流电动机出现过载、过电流、过电压等故障时，软启动器控制故障输出继电器触点动作。

　　13-1 输出继电器触点 8、10 闭合。

　　13-2 输出继电器触点 9、10 断开。

　　13-3 控制旁路输出继电器触点 6、7 复位断开。

13-1 → **14** 故障指示灯 HL5 点亮，指示三相交流电动机的运行出现故障。

13₋₂ → 15 交流接触器 KM1 线圈失电，常开主触点 KM1-1 复位断开，切断主电路供电电源，三相交流电动机依惯性停止运转。

13₋₃ → 16 旁路交流接触器 KM2 线圈失电，常开主触点 KM2-1、常开辅助触点 KM2-2 复位断开，旁路指示灯 HL2 熄灭。

17 当软启动器出现故障报警时，应及时对其故障进行排除。排除故障后，按下复位按钮 SB4 复位后，即可重新启动工作。

◆ 三相交流电动机正转软停车过程

18 当需要三相交流电动机停车时，按下停止按钮 SB3。

19 中间继电器 KA 线圈失电。

    19₋₁ 常开触点 KA-1 复位断开，解除自锁功能。

    19₋₂ 常开触点 KA-2 复位断开，切断软启动器启动电路。

    19₋₃ 常闭触点 KA-3 复位闭合，接通软启动器停机电路。

20 软启动器接收到停机指令后，控制旁路输出继电器触点 6、7 复位断开。

21 旁路交流接触器 KM2 线圈失电。

    21₋₁ 常开主触点 KM2-1 复位断开，切断三相交流电动机正常运行的供电电源。

    21₋₂ 常开辅助触点 KM2-2 复位断开，切断旁路指示灯 HL2 的供电电源，HL2 熄灭。

22 同时，软启动器控制晶闸管导通角的大小，使调压电路输出的电压逐渐减小。随着启动电压的逐渐减小，三相交流电动机的正向运转速度逐渐降低，直至停机。

◆ 三相交流电动机正转紧急停车过程

23 当需要三相交流电动机正转紧急停车时，按下紧急停止按钮 SB5。

24 正转指示灯 HL4 熄灭。

25 交流接触器 KM1 ～ KM3 和中间继电器 KA 线圈同时失电，触点全部复位。

    25₋₁ 常开主触点 KM1-1、KM2-1、KM3-1 复位断开，切断主电路的供电电源，三相交流电动机依惯性停止运转。

    25₋₂ 常开辅助触点 KM2-2 复位断开，切断旁路指示灯 HL2 的供电电源，HL2 熄灭。常开辅助触点 KM3-2 复位断开，解除自锁功能。常开辅助触点 KM3-3 复位断开，切断软启动器的启动电路。常闭辅助触点 KM3-4 复位闭合，为反转交流接触器 KM4 线圈得电做好准备。

    25₋₃ 常开触点 KA-1 复位断开，解除自锁功能。常开触点 KA-2 复位断开，常闭触点 KA-3 复位闭合，切断软启动器供电电路，接通停机电路。

26 软启动器接收到停机指令后，控制旁路输出继电器触点 6、7 复位断开。

常熟 CR1 系列软启动器的反转控制过程同正转控制过程相同，只是由反转交流接触器的常开主触点 KM4-1 将三相交流电动机接通的电源相序换接为 L3、L2、L1。

十八、鼓风机软启动控制线路

图 12-21 为鼓风机软启动控制线路。软启动器模块是控制系统中的核心电路。总断路器

QF 用于接通锅炉风机系统的供电电源。转换开关 SA1 用于选择电动机的启动方式（直接启动或软启动）。交流接触器 KM1 用于接通电动机的供电电路。直接启动交流接触器 KM2 用于电动机直接启动控制。旁路交流接触器 KM3 用于电动机启动后代替软启动器为电动机正常运转提供额定电压，降低软启动器的热损耗，延长软启动器的使用寿命，提高工作效率。软启动器用于对电动机不同的启动和停机方式进行设定和控制。

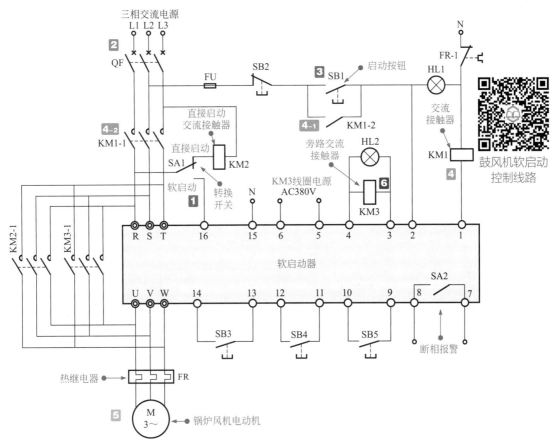

图 12-21　鼓风机软启动控制线路

图解

1 将转换开关 SA1 拨至软启动位置。

2 合上总断路器 QF，接通锅炉控制系统的供电电源。

3 按下启动按钮 SB1，其常开触点闭合。

4 交流接触器 KM1 线圈得电。

　　4-1 常开辅助触点 KM1-2 闭合，实现自锁功能。

　　4-2 常开主触点 KM1-1 闭合，接通软启动器的三相电源，软启动器根据预先设定的启动方式对锅炉风机电动机进行启动控制。

　　5 当锅炉风机电动机启动过程完成后，电动机进入全速状态。

6 由软启动器控制旁路交流接触器 KM3 线圈得电，常开主触点 KM3-1 闭合，三相电源经常开主触点 KM3-1 为锅炉风机电动机供电，为电动机正常运行提供额定电压，代替软启动器，从而降低了软启动器的损耗。

十九、采用 CMC-SX 型软启动器的电动机驱动控制线路

图 12-22 是采用 CMC-SX 型软启动器的电动机驱动控制线路。CMC-SX 型软启动器是以控制器为核心的自动控制电路，它具有对电动机的软停机控制功能；此外它还具有故障保护功能，即产生过电流、过载、欠载、过热、断相、短路、三相电流不平衡以及进行相序检测、漏电检测等微处理器保护功能。CMC-SX 型软启动器是一种新型智能化的异步电动机启动、保护装置。

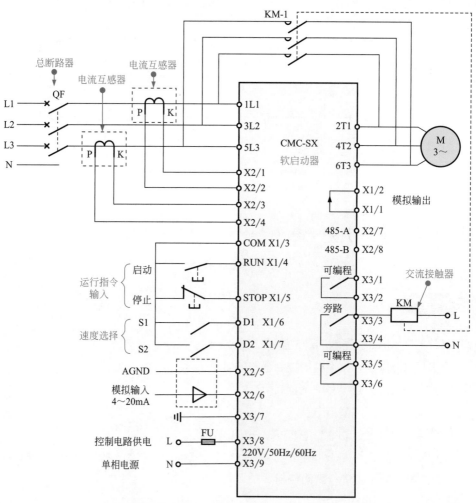

图 12-22　采用 CMC-SX 型软启动器的电动机驱动控制线路

图 12-23 是采用 CMC-SX 型软启动器的控制线路。

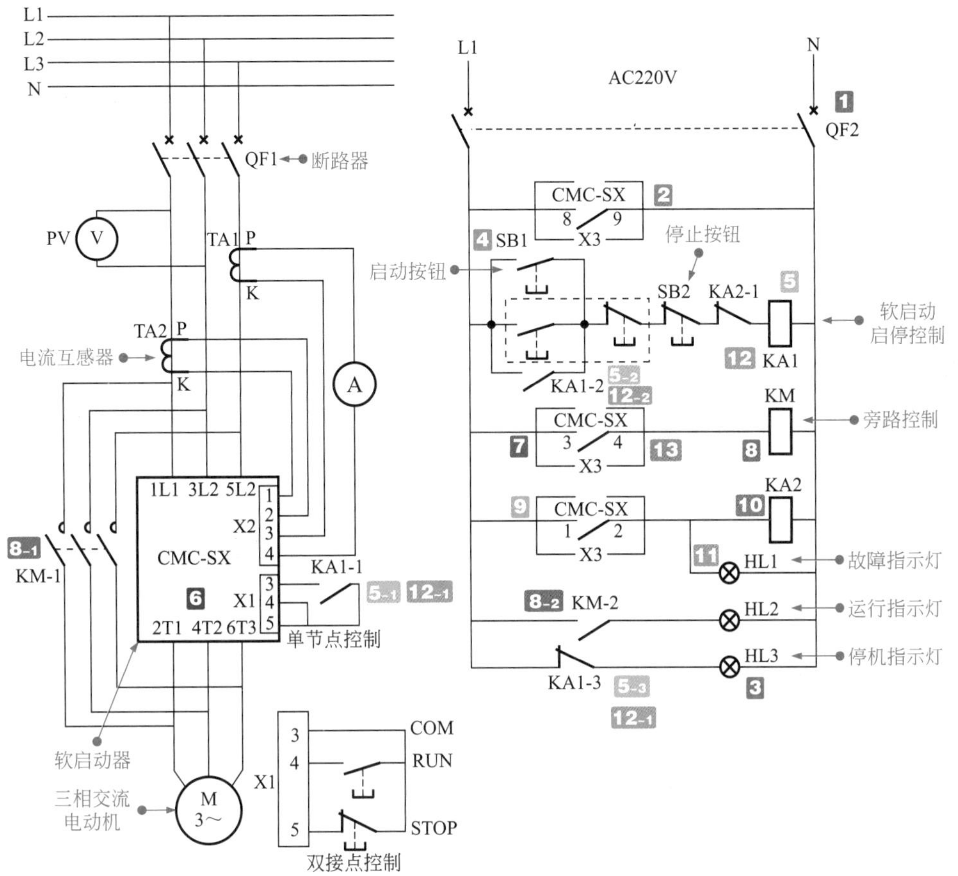

图 12-23　采用 CMC-SX 型软启动器的控制线路

图解

1 单相电源 L、N（AC220V）经断路器 QF2 为控制电路供电。

1→**2** 单相电源经断路器 QF2 后加到软启动器的 X3 的⑧脚和⑨脚上。

1→**3** 单相电源经断路器 QF2、常闭触点 KA1-3 后，为停机指示灯 HL3 供电，HL3 点亮。

4 软启动时，按下启动按钮 SB1。

5 中间继电器 KA1 线圈得电，其触点动作。

　　5₋₁ 常开触点 KA1-1 闭合，为软启动器的③脚输入软启动指令。

　　5₋₂ 常开触点 KA1-2 闭合，实现自锁功能。

　　5₋₃ 常闭触点 KA1-3 断开，停机指示灯 HL3 熄灭。

5₋₁→**6** 软启动器输出启动电流启动电动机。

7 启动过程完成后电动机达到额定转速时，软启动器内的③脚和④脚之间的开关闭合。

7→**8** 旁路接触器 KM 线圈得电。

　　8₋₁ 常开主触点 KM-1 闭合，三相电源直接为电动机供电，电动机满速运转。

　　8₋₂ 常开触点 KM-2 接通，运行指示灯 HL2 点亮。

⑨ 当运行过程中出现过载等故障时，软启动器①、②脚内的开关接通。

⑨ → ⑩ 中间继电器 KA2 线圈得电，其常闭触点 KA2-1 断开。

⑨ → ⑪ 故障指示灯 HL1 点亮。

⑩ → ⑫ 中间继电器 KA1 线圈失电，其触点复位。

　　⑫₋₁ 常开触点 KA1-1 复位断开，软启动器停机。

　　⑫₋₂ 常开触点 KA1-2 复位断开，解除自锁功能。

　　⑫₋₃ 常闭触点 KA1-3 复位闭合，停机指示灯 HL3 点亮。

⑫₋₁ → ⑬ 软启动器③、④脚内的开关断开，旁路接触器 KM 线圈失电。常开旁路触点 KM-1 断开，同时常开触点 KM-2 断开，运行指示灯 HL2 熄灭。

二十、由 ATS01N100FT 型软启动器构成的电动机启停控制线路

图 12-24 是由 ATS01N100FT 型软启动器构成的电动机启停控制线路。其中，主电路由主断路器 QF1、交流接触器主触点 KM1-1 和软启动器中的可控供电系统构成，控制电路是为软启动器输入人工指令的电路。电源经软启动器控制后为电动机供电，它所驱动的电动机功率为 0.37 ～ 11kW。

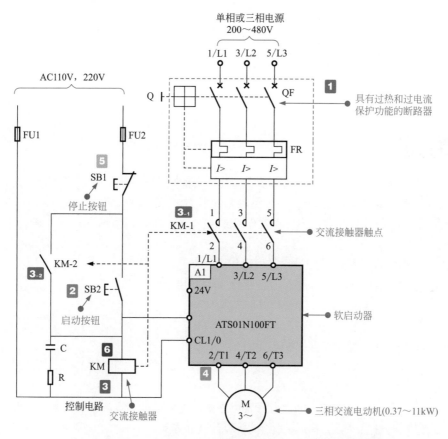

图 12-24　由 ATS01N100FT 型软启动器构成的电动机启停控制线路

1 断路器 QF 具有过热和过电流保护功能，当系统中出现过热和过电流故障时，QF 可自动跳闸进行断路保护。

2 启停控制开关设在控制电路中。需要启动时，操作启动按钮 SB2。

3 交流接触器 KM 线圈得电。

  3₋₁ 常开主触点 KM1-1 点闭合，软启动器开始平滑地启动。

  3₋₂ 常开辅助触点 KM1-2 闭合，实现自锁功能。

3₋₁ → **4** 软启动器启动完成后接通内置的旁路触点，电动机进入正常工作状态。

5 当需要电动机停机时，按下停止按钮 SB1。

6 交流接触器 KM 线圈失电，其所有触点复位，电动机停机。该电路的功率较小，所以无软制动功能。

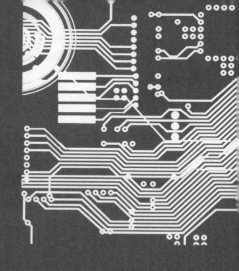

第十三章
低压供配电控制线路

一、具有过电流保护功能的低压配电控制线路

如图 13-1 所示，具有过电流保护功能的低压配电控制线路是为低压动力用电设备提供 380V 交流电源的电路。该控制线路主要是由低压输入线路、低压配电箱、输出线路等部分构成的。

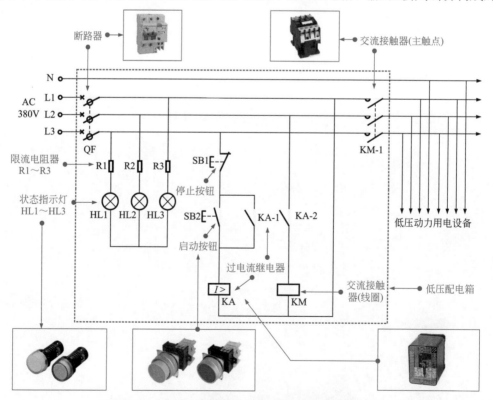

图 13-1　具有过电流保护功能的低压配电控制线路

① 低压输入线路是交流电源的接入部分。

② 低压配电箱是低压配电线路中的重要部分，其主要由带漏电保护的低压断路器 QF、启动按钮 SB2、停止按钮 SB1、过电流保护继电器 KA、交流接触器 KM、限流电阻器 R1 ~ R3、指示灯 HL1 ~ HL3 等构成。

③ 输出线路部分主要用于连接低压动力用电设备。

图 13-2 是具有过电流保护功能的低压配电控制线路的接线关系。

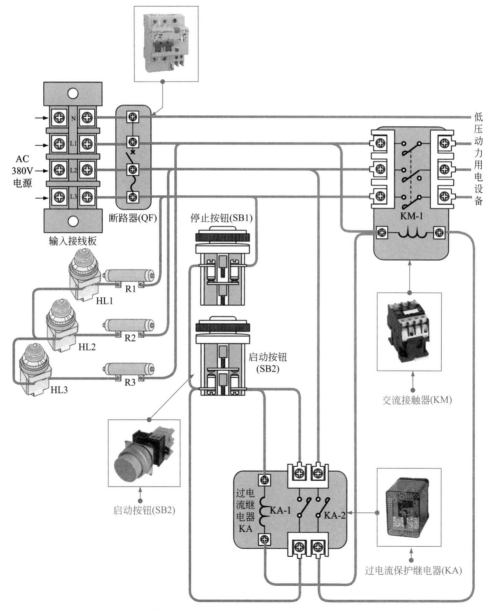

图 13-2　具有过电流保护功能的低压配电控制线路的接线关系

图 13-3 为具有过电流保护功能的低压配电控制线路的工作过程分析。

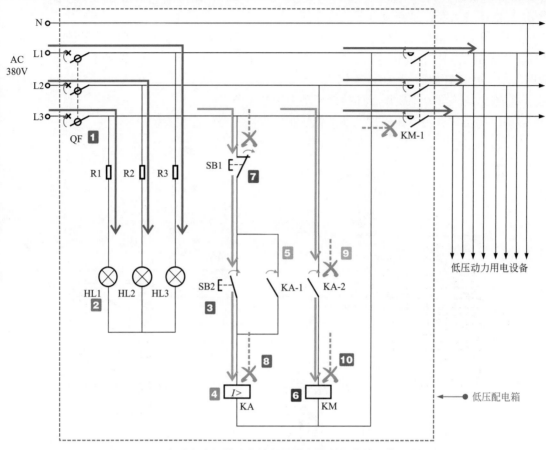

图 13-3　具有过电流保护功能的低压配电控制线路的工作过程分析

图解

1 闭合总断路器 QF，380 V 三相交流电接入线路中。

2 三相电源分别经电阻器 R1 ～ R3 为指示灯 HL1 ～ HL3 供电，指示灯全部点亮。指示灯 HL1 ～ HL3 具有缺相指示功能，任何一相电压不正常，其对应的指示灯熄灭。

3 按下启动按钮 SB2，其常开触点闭合。

4 过电流保护继电器 KA 线圈得电。

5 常开触点 KA-1 闭合，实现自锁功能。同时，常开触点 KA-2 闭合，接通交流接触器 KM 线圈供电电路。

6 交流接触器 KM 线圈得电，常开主触点 KM-1 闭合，三相电源接通，为低压用电设备接通交流 380V 电源。

7 当不需要为动力设备提供交流供电电压时，可按下停止按钮 SB1。

8 过电流保护继电器 KA 线圈失电。

9 常开触点 KA-1 复位断开，解除自锁功能。同时，常开触点 KA-2 复位断开。

10 交流接触器 KM 线圈失电，常开主触点 KM-1 复位断开，切断交流 380 V 低压供电电源。此时，该低压配电线路中的配电箱处于准备工作状态，指示灯仍点亮，为下一次启动做好准备。

二、双路互相供电方式的配电控制线路

如图 13-4 所示，双路互相供电方式的配电控制线路主要用来对低电压进行传输和分配，为低压用电设备供电。在该控制线路中，一路作为常用电源，另一路则作为备用电源，当两路电源均正常时，黄色指示灯 HL1、HL2 均点亮；若指示灯 HL1 不能正常点亮，则说明常用电源出现故障或停电，此时需要使用备用电源进行供电，使低压配电柜能够维持正常工作。

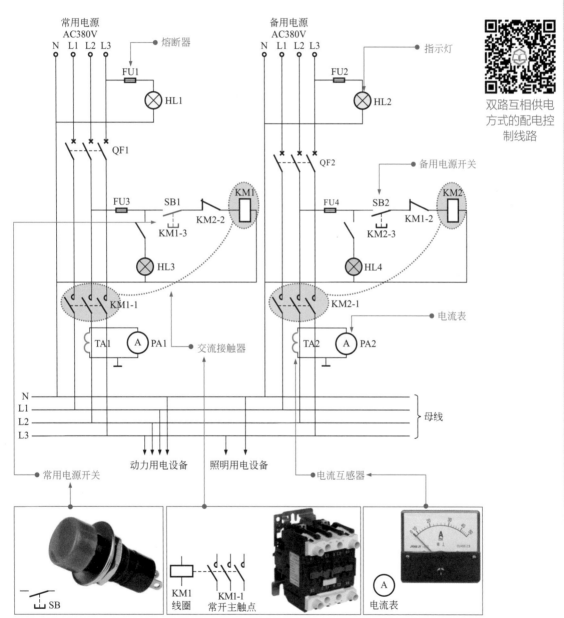

图 13-4 双路互相供电方式的配电控制线路的结构组成

图 13-5 为双路互相供电方式的配电控制线路的工作过程分析。

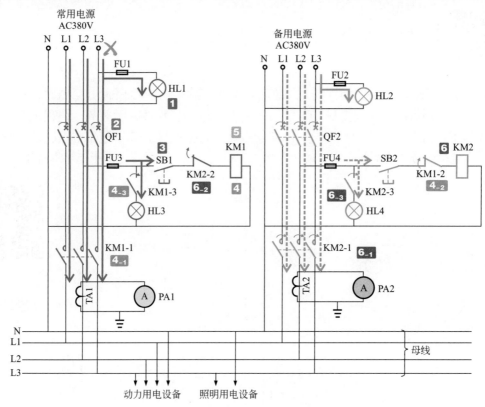

图 13-5　双路互相供电方式的配电控制线路的工作过程分析

图解

1 HL1 亮，说明常用电源正常。

2 合上断路器 QF1，接通三相电源，为电路进入工作状态做好准备。

3 按下开关 SB1，其常开触点闭合。

4 交流接触器 KM1 线圈得电。

　　4₋₁ 常开主触点 KM1-1 闭合，向母线供电。

　　4₋₂ 常闭辅助触点 KM1-2 断开，防止备用电源接通，起到联锁保护作用。

　　4₋₃ 常开辅助触点 KM1-3 闭合，红色指示灯 HL3 点亮。

常用电源供电电路正常工作时，KM1 的常闭辅助触点 KM1-2 处于断开状态，因此备用电源不能接入母线。

5 当常用电源出现故障或停电时，交流接触器 KM1 线圈失电，其常开触点、常闭触点复位。

6 此时闭合断路器 QF2、按下开关 SB2，交流接触器 KM2 线圈得电。

　　6₋₁ KM2 的常开主触点 KM2-1 接通，向母线供电。

　　6₋₂ 常闭辅助触点 KM2-2 断开，防止常用电源接通，起到联锁保护作用。

　　6₋₃ 常开辅助触点 KM2-3 接通，红色指示灯 HL4 点亮。

当常用电源恢复正常后，由于交流接触器 KM2 的常闭触点 KM2-2 处于断开状态，因此交流接触器 KM1 线圈不能得电，其常开主触点 KM1-1 不能自动闭合。此时需要断开开关 SB2 使交流接触器 KM2 线圈失电，其常开触点、常闭触点复位，为交流接触器 KM1 线圈再次工作提供条件，此时再操作 SB1 才起作用。

三、 三相双电源自动互供控制线路（一）

图 13-6 是一种三相双电源自动互供控制线路，该控制线路是由主电源和副电源两套供电系统（三相四线制）构成的。当主电源发生故障或停电时，自动切换到副电源，从而保证向负载正常供电。

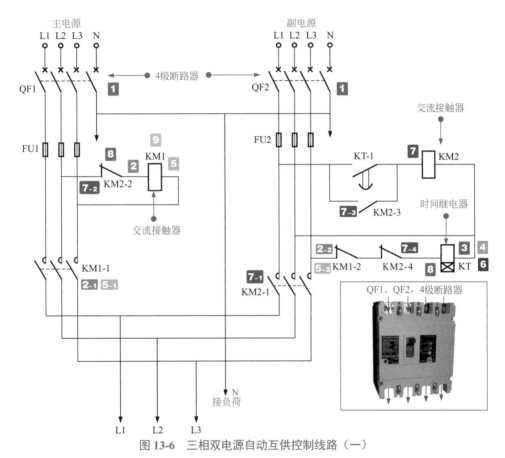

图 13-6　三相双电源自动互供控制线路（一）

图解

1 工作时，先将 4 级断路器 QF1、QF2 合闸接通。

1 → **2** 交流接触器 KM1 线圈得电。

    2-1 常开主触点 KM1-1 闭合，主电源为负载供电。

    2-2 常闭辅助触点 KM1-2 断开。

1 → **3** 时间继电器 KT 线圈与 KM1 线圈同时得电。

2-2 + **3** → **4** 时间继电器 KT 线圈又失电。

5 当主电源停电时，交流接触器 KM1 线圈失电。

5₋₁ 常开主触点 KM1-1 复位断开，切断主电源的供电。

5₋₂ 常闭辅助触点 KM1-2 复位闭合。

5₋₂ → **6** 时间继电器 KT 线圈得电，延迟 2 ～ 5s 后触点 KT-1 闭合（延迟闭合）。

6 → **7** 交流接触器 KM2 线圈得电。

7₋₁ 常开主触点 KM2-1 闭合，副电源为负载供电。

7₋₂ 常闭辅助触点 KM2-2 断开，防止 KM1 线圈得电。

7₋₃ 常开辅助触点 KM2-3 闭合，实现自锁功能。

7₋₄ 常闭辅助触点 KM2-4 断开。

7₋₄ → **8** 时间继电器 KT 线圈失电，其触点 KT-1 复位。

9 在副电源供电期间，如果出现供电失常或停电，KM2 线圈失电，使常开主触点 KM2-1 断开副电源，常闭辅助触点 KM2-2 复位闭合，又使 KM1 线圈得电，常开主触点 KM1-1 接通，电路自动切换到主电源，向负载供电。

四、三相双电源自动互供控制线路（二）

图 13-7 是另一种三相双电源自动互供控制线路。它通过对电源电压的检测进行主、副

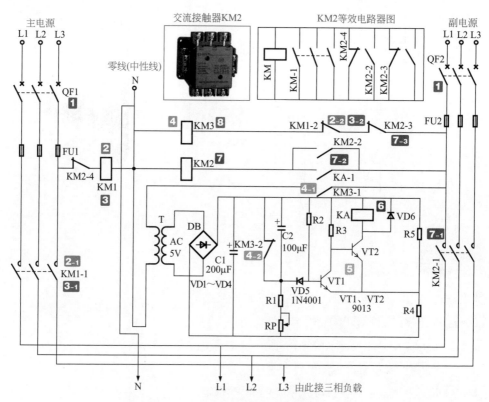

图 13-7 三相双电源自动互供控制线路（二）

电源的自动切换；当主电源或副电源发生停电故障时，可实现电源的自动变更，维持向负载供电。

主电源和副电源供电端都设有断路器 QF1、QF2。如选用具有过电流保护功能的断路器，则可省去熔断器 FU1 和 FU2。

1 电路工作时，先分别合上断路器 QF1 和 QF2。

2 交流接触器 KM1 线圈得电。

　　2₋₁ 常开主触点 KM1-1 闭合，开始由主电源为负载供电。

　　2₋₂ 常闭辅助触点 KM1-2 断开，防止 KM3 线圈得电。

3 如果在主电源供电过程中出现停电故障，则会引起 KM1 线圈失电。

　　3₋₁ 常开主触点 KM1-1 复位断开，切断主电源。

　　3₋₂ 常闭辅助触点 KM1-2 复位闭合。

3₋₂ → 4 交流接触器 KM3 线圈得电。

　　4₋₁ 常开触点 KM3-1 闭合，交流电源送入降压变压器 T 的一次绕组上，经二次绕组输出 5V 交流低压。

　　4₋₂ 常闭触点 KM3-2 断开。

4₋₁ + 4₋₂ → 5 C2 经 R1 充电，VD5 导通，VT1 的基极电压下降，待充电完成后，VT1 截止，VT2 导通。

5 → 6 使继电器 KA 线圈得电，则常开触点 KA-1 闭合。

6 → 7 交流接触器 KM2 线圈得电。

　　7₋₁ 常开主触点 KM2-1 闭合，接通副电源为负载供电。

　　7₋₂ 常开辅助触点 KM2-2 闭合自锁，KM2 处于稳定工作状态。

　　7₋₃ 常闭辅助触点 KM2-3 断开。

7₋₃ → 8 交流接触器 KM3 线圈失电，常闭触点 KM3-2 复位闭合，使 VT1 导通、VT2 截止，进而使继电器 KA 线圈失电，常开触点 KA-1 断开，不影响 KM2 的供电。

五、低压设备供配电线路

如图 13-8 所示，低压设备供配电线路是一种为低压设备供电的配电电路，6～10kV 的高压经降压器变压后变为交流低压，经开关为低压动力柜、照明设备或动力设备等提供工作电压。该控制线路主要由低压开关设备、电流互感器、电压互感器等构成。

图 13-9 为低压设备供配电线路的工作过程分析。

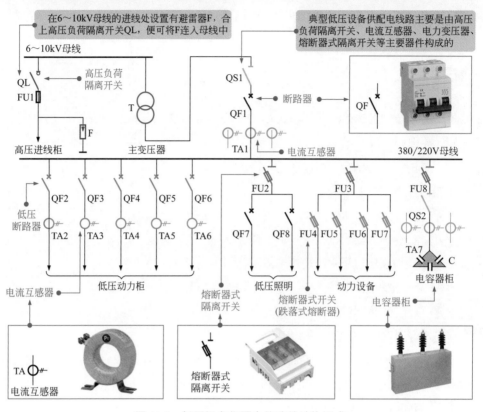

图 13-8　低压设备供配电线路的结构组成

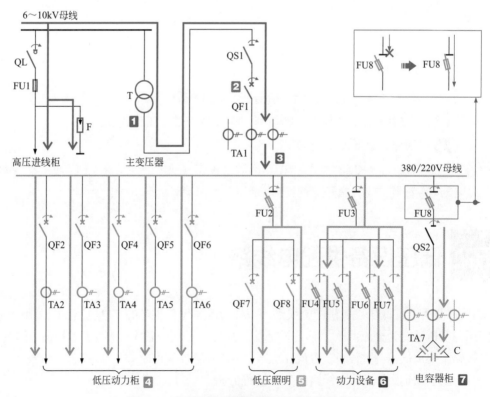

图 13-9　低压设备供配电线路的工作过程分析

1 6 ～ 10kV 高压送入电力变压器 T 的输入端。电力变压器 T 输出端输出 380/220V 低压。

2 合上隔离开关 QS1、断路器 QF1 后，380/220V 低压经隔离开关 QS1、断路器 QF1 和电流互感器 TA1 送入 380/220V 母线中。

3 380/220V 母线上接有多条支路。

3 → **4** 合上断路器 QF2 ～ QF6 后，380/220V 电压经 QF2 ～ QF6、电流互感器 TA2 ～ TA6 为低压动力柜供电。

3 → **5** 合上熔断器式隔离开关 FU2、断路器 QF7/QF8 后，380/220V 电压经 FU2、QF7/QF8 为低压照明电路供电。

3 → **6** 合上熔断器式开关 FU3 ～ FU7 后，380/220V 电压经 FU3 ～ FU7 为动力设备供电。

3 → **7** 合上熔断器式隔离开关 FU8 和隔离开关 QS2 后，380/220V 电压经 FU8、QS2 和电流互感器 TA7 为电容器柜供电。

六、 楼宇低压供配电线路

如图 13-10 所示，楼宇低压供配电线路是一种典型的低压供配电线路，一般由高压供配电

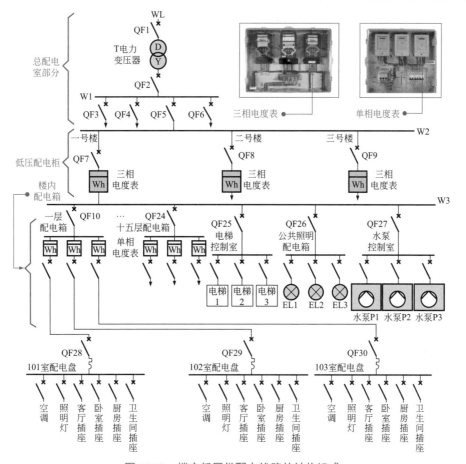

图 13-10　楼宇低压供配电线路的结构组成

电路经变压器降压后引入，经小区中的配电柜进行初步分配后，送到各个住宅楼单元中为住户供电，同时为整个楼宇内的公共照明、电梯、水泵等设备供电。

如图 13-11 所示，根据电路中各部件的功能特点和连接关系，分析和理清电气部件之间的控制和供电关系。

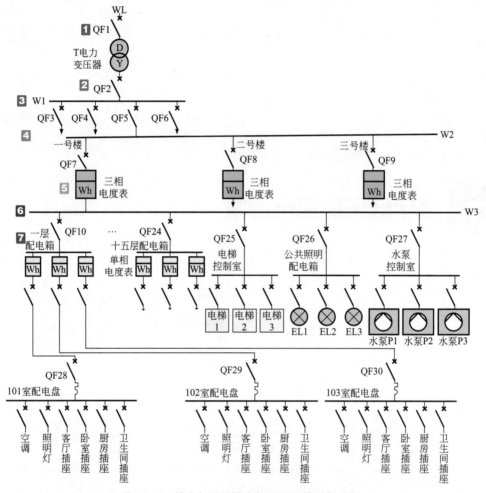

图 13-11　楼宇低压供配电线路的工作过程分析

图解

1 高压配电线路经电源进线口 WL，送入小区低压配电室的电力变压器 T 中。

2 变压器降压后输出 380/220V 电压，经小区内总断路器 QF2 送到母线 W1 上。

3 经母线 W1 后分为多条支路，每条支路可作为一个单独的低压供电线路使用。

4 其中一条支路低压加到母线 W2 上，分为 3 路分别为小区中一号楼至三号楼供电。

5 每一路上安装有一块三相电度表，用于计量每栋楼的用电总量。

6 由于每栋楼有 15 层，除住户用电外，还包括电梯用电、公共照明等用电及供水系统的水泵用电等。小区中的配电柜将供电线路送到楼内配电间后，分为 18 条支路。15 条支路分别为 15 层住户供电，另外 3 条支路分别为电梯控制室、公共照明配电箱和水泵控制室供电。

7 每条支路先经过一个支路总断路器后，再进行分配。以 1 层住户供电为例，低压电经支路总断路器 QF10 分为 3 路，分别经三块电度表由进户线送至 3 个住户室内。

七、楼层配电箱供配电线路

图 13-12 为楼层配电箱供配电线路。该配电线路中的电源引入线（380/220V 架空线）选用三相四线制，有三根相线和一根零线。进户线有三根，分别为一根相线、一根零线和一根地线。

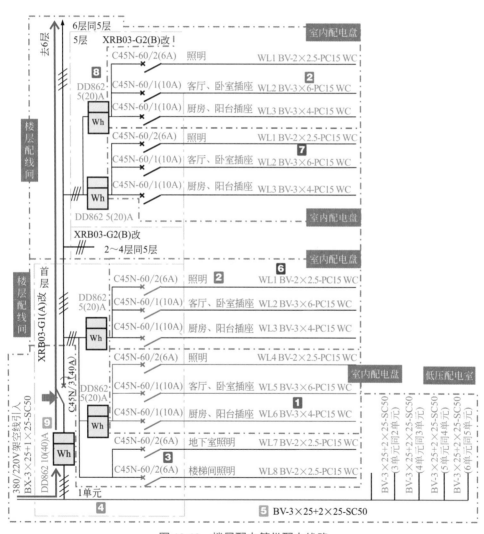

图 13-12 楼层配电箱供配电线路

 图解

1 一个楼层一个单元有两个用户，将进户线分为两条，每一条都经过一个电度表 DD862 5（20）A，经电度表后分为三路。

2 一路经断路器 C45N-60/2（6A）为照明灯供电。另外两路分别经断路器 C45N-60/1（10A）后，为客厅、卧室、厨房和阳台的插座供电。

3 此外还有一条进户线经两个断路器 C45N-60/2（6A）后，为地下室和楼梯的照明灯供电。

4 进户线规格为 BX-3×25+1×25-SC50，表示进户线为铜芯橡胶绝缘导线（BX）。其中，3 根为截面积为 25mm^2 的相线，1 根为 25mm^2 的零线，采用管径为 50mm 的焊接钢管（SC）敷设。

5 同一层楼不同单元门的线路规格为 BV-3×25+2×25-SC50，表示该线路为铜芯塑料绝缘导线（BV）。其中，3 根为截面积为 25mm^2 的相线，2 根为 25mm^2 的零线，采用管径为 50mm 的焊接钢管（SC）穿管敷设。

6 某一用户照明线路的规格为 WL1 BV-2×2.5-PC15 WC，表示该线路的编号为 WL1，线材类型为铜芯塑料绝缘导线（BV），采用 2 根截面积为 2.5mm^2 的导线，采用管径为 15mm 的硬塑料导管（PC15）暗敷设在墙内（WC）。

7 某客厅、卧室插座线路的规格为 WL2 BV-3×6-PC15 WC，表示该线路的编号为 WL2，线材类型为铜芯塑料绝缘导线（BV），采用 3 根截面积为 6mm^2 的导线，采用管径为 15mm 的硬塑料导管（PC15）暗敷设在墙内（WC）。

8 每户使用独立的电度表，电度表规格为 DD862 5（20）A，第一个字母 D 表示电度表，第二个字母 D 表示为单相，862 表示设计型号，5（20）A 表示额定电流为 5～20A。

9 住宅楼设有一块总电度表，规格标识为 DD862 10（40）A，10（40）A 表示额定电流为 10～40A。

八、家庭配电盘供配电线路

家庭配电盘供配电线路是一种常见的低压供配电线路，结构简单，所用低压电器部件的数量和类型较少，分析过程比较简单。图 13-13 为家庭配电盘供配电线路。

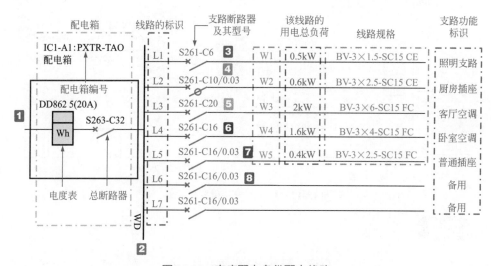

图 13-13　家庭配电盘供配电线路

图解

1 进户线经电度表和总断路器后，分成 7 条支路为不同的电气设备提供供电需求。

2 配电箱引出线送至室内配电盘中，线路 WD 为低压配电电路标识。

3 L1 支路经不带漏电保护断路器（S261-C6）为照明供电。

4 L2 支路经带漏电保护断路器（S261-C10）为厨房插座供电。

5 L3 支路经不带漏电保护断路器（S261-C20）为客厅空调供电。

6 L4 支路经不带漏电保护断路器（S261-C16）为卧室空调供电。

7 L5 支路经不带漏电保护断路器（S261-C16）为普通插座供电。

8 L6 和 L7 支路分别经不带漏电保护断路器（S261-C16）为备用供电。

九、三相三线式电源供电控制线路

图 13-14 为三相三线式电源供电控制线路。高压（6600V 或 10000V）经柱上变压器变压（由变压器引出三根相线）送入工厂中，为工厂中的电气设备供电。每根相线之间的电压为 380 V，因此工厂中额定电压为 380 V 的电气设备可直接接在相线上。这种供电方式多用在电能的传输系统中。

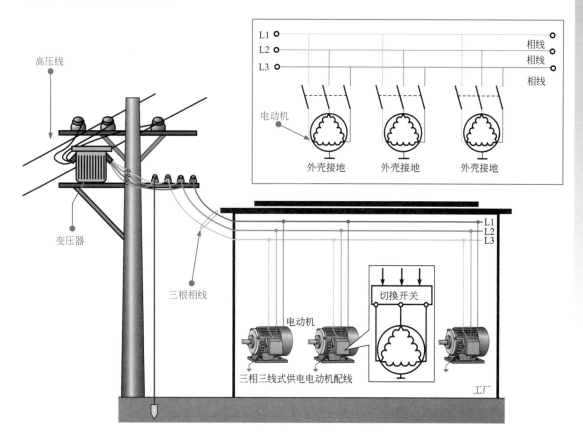

图 13-14　三相三线式电源供电控制线路

三相四线式电源供电控制线路

图 13-15 为三相四线式电源供电控制线路。三相四线式交流电路是指由变压器引出四根线的供电方式。其中，三根为相线，另一根为零线（零线接电动机三相绕组的中点）。电气设备接零线工作时，电流经过电气设备做功，没有做功的电流可经零线回到电厂，对电气设备起到保护作用。

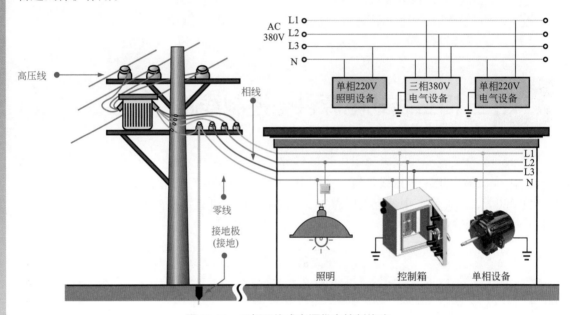

图 13-15　三相四线式电源供电控制线路

 提示

在三相四线式供电方式中，在三相负载不平衡和低压电网的零线过长且阻抗过大时，零线将有零序电流通过。对于过长的低压电网，由于环境恶化、导线老化、受潮等因素，导线的漏电电流通过零线形成闭合回路，致使零线带有一定的电位，这对安全运行十分不利。在零线断线的特殊情况下，单相设备和所有保护接零的设备会产生危险电压，这是不允许的。

 三相五线式电源供电控制线路

图 13-16 为三相五线式电源供电控制线路。在三相五线式供电系统中，把零线的两个作用分开，即一根线作为工作零线（N），另一根线作为保护零线（PE 或地线），增加的地线（PE）与大地相连，起到保护作用。所谓的保护零线也就是接地线。

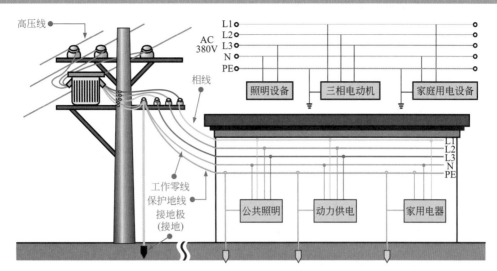

图 13-16　三相五线式电源供电控制线路

　　采用三相五线式供电方式时，用电设备上所连接的工作零线N和保护地线PE是分别敷设的。工作零线上的电压不能传递到用电设备的外壳上，这样消除了设备产生危险电压的隐患。

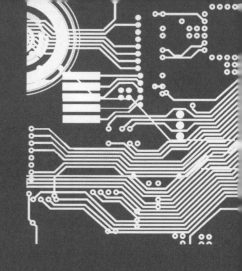

第十四章
高压供配电控制线路

一、10kV 高压配电柜控制线路

图 14-1 为 10kV 高压配电柜控制线路。

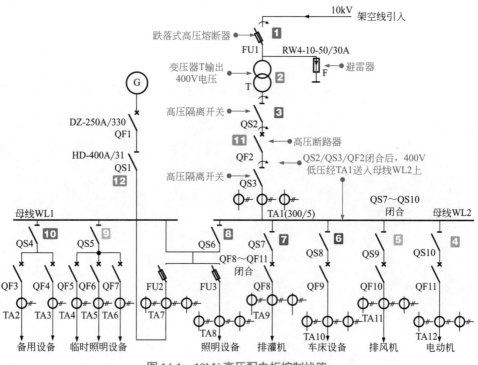

图 14-1　10kV 高压配电柜控制线路

图解

1 合上跌落式高压熔断器 FU1，10 kV 高压经架空线送入电力变压器 T 的输入端。

2 电力变压器 T 输出端输出 400 V（三相 380 V）的低压。

3 先合上隔离开关 QS2、QS3，再闭合断路器 QF2，400 V 低压经 QS2、QF2、QS3 以及电流互感器 TA1 送入母线 WL2 上。母线 WL2 上连接了多支路。

3 → 4 合上隔离开关 QS10 和断路器 QF11 后，400 V 低压经 QS10、QF11 和电流互感器 TA12 为电动机进行供电。

3 → 5 合上隔离开关 QS9 和断路器 QF10 后，400 V 低压经 QS9、QF10 和电流互感器 TA11 为排风机进行供电。

3 → 6 合上隔离开关 QS8 和断路器 QF9 后，400 V 低压经 QS8、QF9 和电流互感器 TA10 为车床设备进行供电。

3 → 7 合上隔离开关 QS7 和断路器 QF8 后，400 V 低压经 QS7、QF8 和电流互感器 TA9 为排灌机设备进行供电。

3 → 8 合上隔离开关 QS6 后，母线 WL2 与母线 WL1 连接。

3 → 9 合上隔离开关 QS5 后，为临时照明设备供电。

3 → 10 合上隔离开关 QS4 后，为备用设备供电。

11 当高压架空供电线路故障停电时，断开高压断路器 QF2，再断开高压隔离开关 QS3、QS2。

12 闭合隔离开关 QS1，再闭合高压断路器 QF1，接通发电机，为母线提供电能。

提示

在高压供配电控制线路中，将电气设备由一种状态转换到另一状态，或改变系统的运行方式时，所需要的一系列操作称为倒闸。例如，拉开或合上线路中的断路器和隔离开关；切除或投入某些继电保护装置和自动装置；拆开或装设临时接地线；拉开或合上直流操作回路等。

倒闸操作能够直接改变电气设备的运行状态或方式，是电气设备操作中非常重要和关键的一项操作。若操作不当或失误，可能导致严重的设备损坏、人员伤亡等事故，因此进行倒闸操作时必须严格按照安全规范要求进行。

倒闸操作必须严格按照规范的操作顺序执行。例如，停电拉闸操作按照拉开断路器（开关）→负荷侧隔离开关（刀闸）→电源侧隔离开关（刀闸）的顺序依次执行。

送电合闸的顺序与拉闸顺序相反，即按照合上电源侧隔离开关（刀闸）→负荷侧隔离开关（刀闸）→断路器（开关）的顺序进行，如图 14-2 所示。严禁带负荷（在未断开断路器情况下）拉合隔离开关（刀闸）。

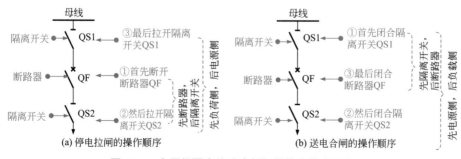

图 14-2 高压供配电线路中倒闸操作的基本要求

二、高低压变换控制线路（10kV/380V）

高低压变换控制线路的主要器件是变压器，它可以将三相 10kV 的高压变成三相 380V 的低压，为电气设备供电。图 14-3 是典型的高低压变换控制线路电路结构。

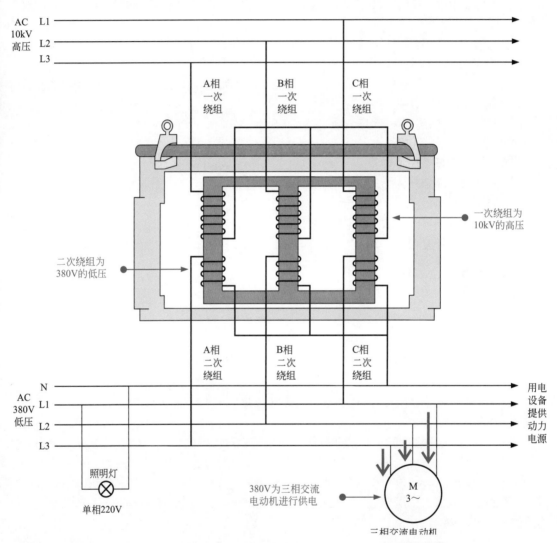

图 14-3　典型的高低压变换控制线路（10kV/380V）的电路结构

三、35kV 高压变配电控制线路

35kV 高压变配电控制线路主要是由 35 kV 电源进线控制电路、35 kV/10 kV 降压变换电路和高低压输出分配电路三个部分构成的。

图 14-4 为 35kV 高压变配电控制线路的电路结构。

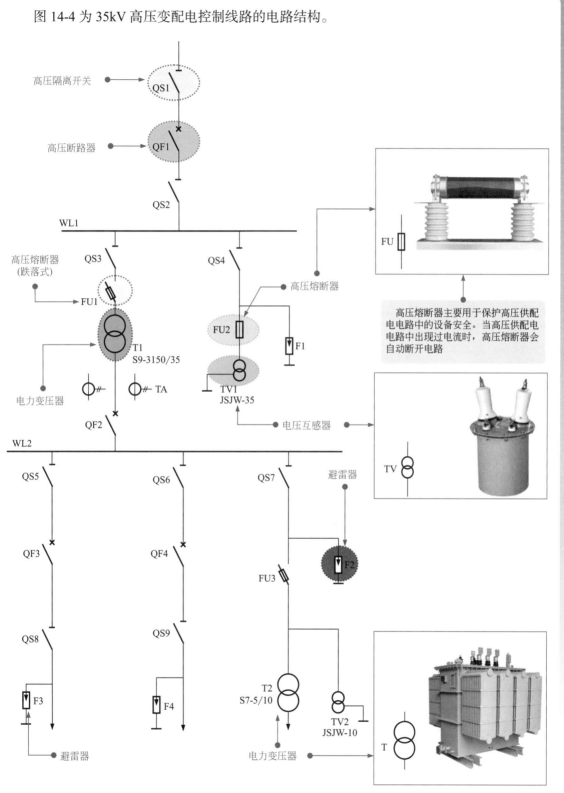

高压隔离开关

高压断路器

高压熔断器
(跌落式)

FU

高压熔断器主要用于保护高压供配
电电路中的设备安全。当高压供配电
电路中出现过电流时，高压熔断器会
自动断开电路

电力变压器

高压熔断器

电压互感器

避雷器

图 14-4 35kV 高压变配电控制线路的电路结构

图 14-5 为 35kV 高压变配电控制线路的连接关系。

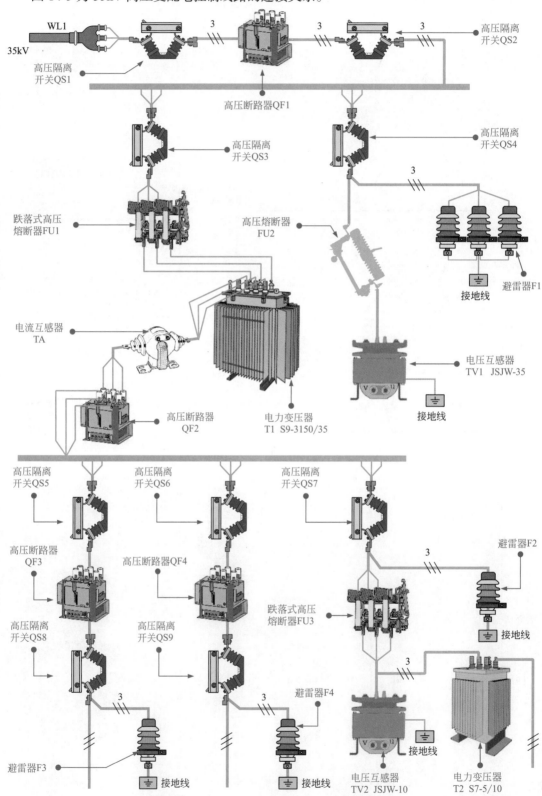

图 14-5　35kV 高压变配电控制线路的连接关系

图 14-6 为 35kV 高压变配电控制线路的工作过程分析。

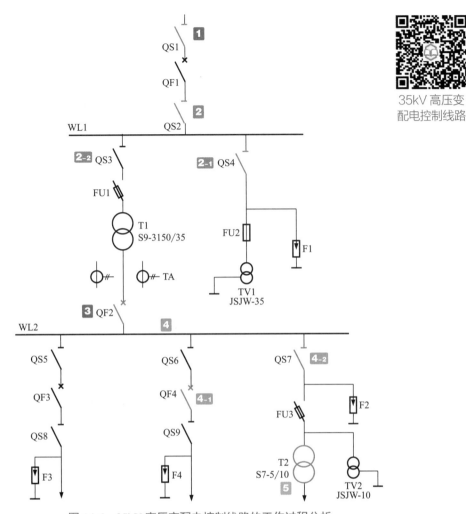

35kV 高压变
配电控制线路

图 14-6　35kV 高压变配电控制线路的工作过程分析

图解

1 35kV 电源电压经高压架空线路引入后，送至高压变电所供配电电路中。

2 根据高压配电电路倒闸操作要求，先闭合电源侧隔离开关、负荷侧隔离开关，再闭合断路器，依次闭合高压隔离开关 QS1、高压隔离开关 QS2、高压断路器 QF1 后，35kV 电压加到母线 WL1 上，为母线 WL1 提供 35kV 电压。35kV 电压经母线 WL1 后分为两路。

2-1 一路经高压隔离开关 QS4 后，连接高压熔断器 FU2、电压互感器 TV1 及避雷器 F1 等高压设备。

2-2 一路经高压隔离开关 QS3、高压跌落式熔断器 FU1 后，送至电力变压器 T1。

2-2 → 3 变压器 T1 将 35kV 电压降为 10kV，再经电流互感器 TA、高压断路器 QF2 后加到 WL2 母线上。

4 10kV 电压加到母线 WL2 后分为三条支路。

4-1 第一条支路和第二条支路相同，均经高压隔离开关、高压断路器后送出，并在电路中安装避雷器。

4-2 第三条支路首先经高压隔离开关 QS7、高压跌落式熔断器 FU3，送至电力变压器 T2 上，经变压器 T2 降压为 0.4 kV 电压后输出。

4-2 → 5 在变压器 T2 前部安装有电压互感器 TV2，由电压互感器测量配电电路中的电压。

四、楼宇变电柜高压开关设备控制线路

楼宇变电柜高压开关设备控制线路常应用在高层住宅小区或办公楼中。其中，变电柜内部采用多个高压开关设备对线路的通断进行控制，从而为高层的各个楼层进行供电。

图 14-7 为楼宇变电柜高压开关设备控制线路。

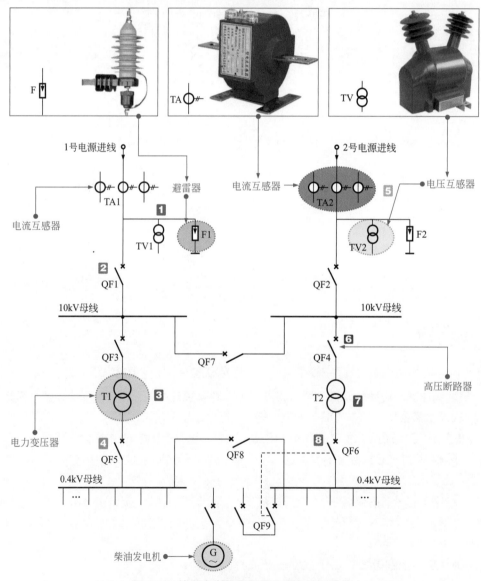

图 14-7　楼宇变电柜高压开关设备控制线路

图解

1 10kV 高压经电流互感器 TA1 送入，在进线处安装有电压互感器 TV1 和避雷器 F1。

2 合上高压断路器 QF1 和 QF3，10kV 高压经母线后送入电力变压器 T1 的输入端。

3 电力变压器 T1 输出端输出 0.4kV 低压。

3 → **4** 合上低压断路器 QF5 后，0.4kV 低压为用电设备供电。

5 10kV 高压经电流互感器 TA2 送入，在进线处安装有电压互感器 TV2 和避雷器 F2。

6 合上高压断路器 QF2 和 QF4，10kV 高压经母线后送入电力变压器 T2 的输入端。

7 电力变压器 T2 输出端输出 0.4kV 低压。

7 → **8** 合上低压断路器 QF6 后，0.4kV 低压为用电设备供电。

提示

当 1 号电源线路中的电力变压器 T1 出现故障后，1 号电源线路停止工作。合上低压断路器 QF8，由 2 号电源线路输出的 0.4kV 电压便会经 QF8 为 1 号电源线路中的负载设备供电，以使负载设备维持正常工作。此外，在该线路中还设有柴油发电机 G，在两路电源线路均出现故障后，可启动柴油发电机临时供电。

五、具有备用电源的 10kV 变配电柜控制线路

图 14-8 是具有备用电源的 10kV 变配电柜控制线路。该控制线路主要是由电源进线电路、高压配电柜以及备用电源进线电路等构成的，是企业供电系统中的主要电路。

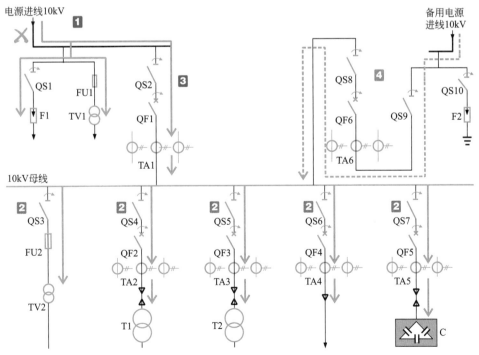

图 14-8 具有备用电源的 10kV 变配电柜控制线路

1 10kV 电源送入配电柜中，经开关和电流检测变压器后送到母线上，再从母线引出，为各条支路进行供电。

2 在每条分支供电电路中，都设有控制供电的开关（高压隔离开关），可单独进行控制。

3 当主电源电路出现故障后，可先断开 QF1 和拉开 QS2，再合上高压隔离开关 QS8 和 QS9 以及高压断路器 QF6。

4 备用电源的 10kV 高压经 TA6 为母线继续供电，确保高压配电柜能够继续工作。

 六、 具有备用电源的高压变电所控制线路

图 14-9 为具有备用电源的高压变电所控制线路。

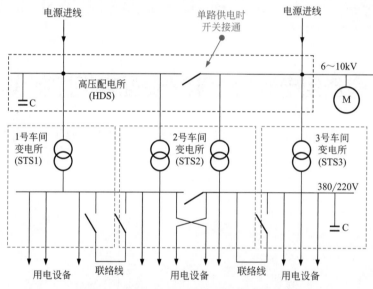

图 14-9　具有备用电源的高压变电所控制线路

高压配电所接收 6 ~ 10 kV 的电源进线，经车间变电所降压为 380/220 V 电压。该系统有两路独立的供电线路，当一路有故障时，另一路可正常为设备供电。

 七、 矿井高压开关设备控制线路

矿井高压开关设备控制线路是一种应用在工矿企业等工作环境下的高压供配电线路，使用高压隔离开关、高压断路器等对线路的通断进行控制。母线可以将电源分为多路，为各设备提供工作电压。

矿井高压开关设备控制线路如图 14-10 所示。该控制线路主要是由 35～110kV 供电和控制电路、6～10kV 供电和控制电路以及低压控制电路等构成的。在该控制线路中，高压隔离开关 QS1～QS28、高压断路器 QF1～QF19、避雷器 F1～F4、电压互感器 TV1～TV4、电力变压器 T1～T5、电抗器 L1/L2 等为深井高压开关设备控制的核心元件。

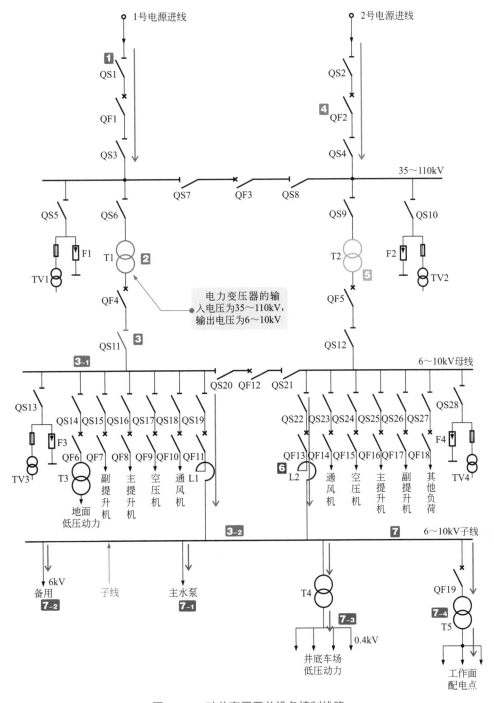

图 14-10　矿井高压开关设备控制线路

1 在 1 号电源进线中，先合上高压隔离开关 QS1 和 QS3 及高压断路器 QF1，再合上高压隔离开关 QS6，35 ~ 110kV 电源电压送入电力变压器 T1 的输入端。

2 由电力变压器 T1 的输出端输出 6 ~ 10kV 的高压。

3 先合上高压隔离开关 QS11，再合上高压断路器 QF4，6 ~ 10kV 高压送入 6 ~ 10kV 母线中。

3-1 经母线后分为多路，分别为主副提升机、通风机、空压机、变压器和避雷器等设备供电，每个分支中都设有控制开关（变压隔离开关），以便于进行供电控制。

3-2 另一路经高压隔离开关 QS19、高压断路器 QF11 及电抗器 L1 后送入井下主变电所中。

4 在 2 号电源进线中，先合上高压隔离开关 QS2 和 QS4 及高压断路器 QF2，再合上高压隔离开关 QS9，35 ~ 110kV 电源电压送入电力变压器 T2 的输入端。

5 由电力变压器 T2 的输出端输出 6 ~ 10kV 的高压，合上高压隔离开关 QS12 和高压断路器 QF5 后，6 ~ 10kV 高压送入 6 ~ 10kV 母线中。该母线的电源分配方式与 1 号电源的分配方式相同。

5 → **6** 高压电源经高压隔离开关 QS22、高压断路器 QF13 及电抗器 L2 后，为井下主变电所供电。

3-2 + **6** → **7** 由 6 ~ 10kV 母线送来的高压送入 6 ~ 10kV 子线中，再由子线对主水泵和低压设备供电。

7-1 一路直接为主水泵供电。

7-2 一路作为备用电源。

7-3 一路经电力变压器 T4 后变为 0.4kV（380V）低压，为低压动力设备供电。

7-4 一路经高压断路器 QF19 和电力变压器 T5 后变为 0.69kV 低压，为开采区低压负荷设备供电。

八、 35kV 变电站高压开关设备控制线路

图 14-11 为 35kV 变电站高压开关设备控制线路，该控制线路主要是由 35kV 供电电路、双路降压控制电路和多路输出控制电路构成的。在该控制路中，高压隔离开关 QS1 ~ QS17、高压断路器 QF1 ~ QF7、避雷器 F1 ~ F7、电压互感器 TV1 ~ TV3、电流互感器 TA1 ~ TA6、电力变压器 T1 ~ T3 为 35 kV 变电站高压开关设备控制的核心元件。

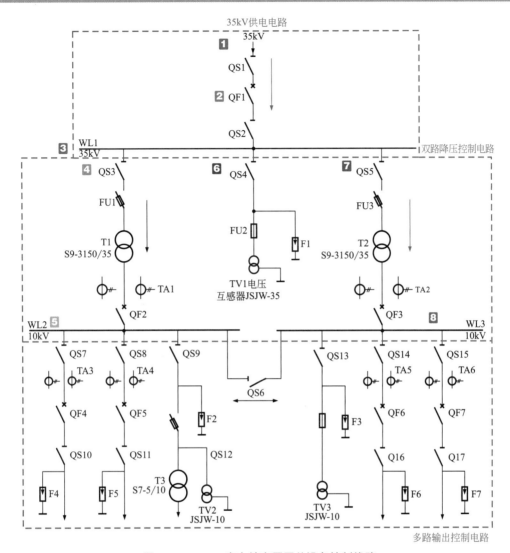

图 14-11　35kV 变电站高压开关设备控制线路

图解

1 35kV 电源电压经高压架空线路引入后，送至电路中。

2 先闭合高压隔离开关 QS1、QS2，再闭合高压断路器 QF1 后，35 kV 电源电压加到母线 WL1 上，为母线 WL1 提供 35 kV 电压。

3 经母线 WL1 后，该电压分为三路。

4 第一路经高压隔离开关 QS3、高压跌落式熔断器 FU1 后送至电力变压器 T1。

5 变压器 T1 将 35 kV 高压降为 10 kV，再经电流互感器 TA1、高压断路器 QF2 后加到 WL2 母线上。

6 第二路经高压隔离开关 QS4 后，连接高压熔断器 FU2、电压互感器 TV1 以及避雷器 F1 等高压设备。

7 第三路经高压隔离开关 QS5、高压跌落式熔断器 FU3 后送至电力变压器 T2。

8 变压器 T2 将 35 kV 高压降为 10 kV，再经电流互感器 TA2、高压断路器 QF3 后加到 WL3 母线上。

九、高低压配电开关设备控制线路

图 14-12 为高低压配电开关设备控制线路。该控制线路主要是由进线和变压电路、低压配电线路等构成的。在该控制线路中，高压负荷隔离开关 QL、隔离开关 QS1/QS2、熔断器 FU1、电力变压器 T、避雷器 F、断路器 QF1 ～ QF8、熔断器式隔离开关 FU2 ～ FU8 以及电流互感器 TA1 ～ TA7 等为低压配电开关设备控制的核心元件。

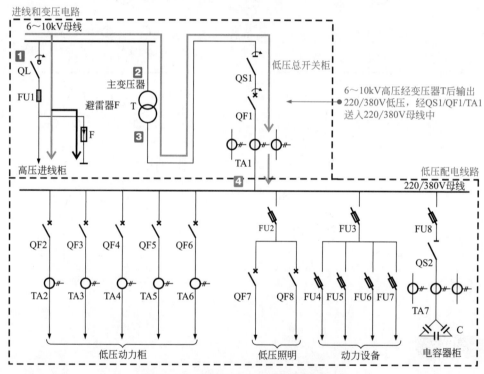

图 14-12　高低压配电开关设备控制线路

1 在 6 ～ 10 kV 母线的进线处设置有避雷器 F，合上高压负荷隔离开关 QL，便可将 F 连入母线中。

2 6 ～ 10 kV 高压送入电力变压器 T 的输入端。

3 电力变压器 T 输出端输出 220/380 V 低压。

4 合上隔离开关 QS1、断路器 QF1 后，220/380 V 低压经 QS1、QF1 和电流互感器 TA1 送入 220/380 V 母线中。

十、变配电室控制线路

1. 变配电室控制线路

典型变配电室控制线路的结构如图 14-13 所示。该控制线路主要是由高压电能计量变压器、断路器、真空断路器、计量变压器、电流互感器、高压三相变压器、高压单相变压器、高压补偿电容器等部件组成的。

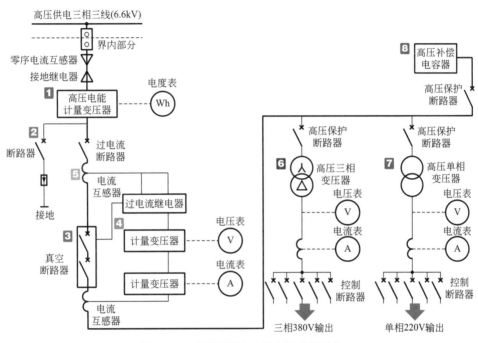

图 14-13　典型变配电室控制线路的结构

1 三相三线高压首先经高压电能计量变压器送入，该变压器主要功能是驱动电度表测量用电量。电度表通常设置在面板上，便于相关工作人员观察记录。

2 线路中的过电流断路器是具有过电流保护功能的开关装置，开关装置可以人工操作。过电流断路器的内部或外部设有过载检测装置，当电路发生短路故障时，过电流断路器自动断路以保护用电设备（它相当于普通电子产品中带熔丝的切换开关）。

3 真空断路器相当于变配电室的总电源开关，切断此开关可以进行高压设备的检测检修。

4 计量变压器用来连接指示电压和指示电流的表头，以便相关工作人员观察变电系统的工作电压和工作电流。

5 电流互感器是检测高压线中流过电流大小的装置，它可以不接触高压线而检测出电路中的电流，以便在电流过大时进行报警和保护。电流互感器通过电磁感应的方式检测高压线路中流过的电流大小。

6 高压三相变压器是将输入高压（7000V 以上）变成三相 380V 电压的变压器，通常为工业设备的动力供电。该变电系统中使用了两台高压三相 380 V 输出的变压器，分成两组输出。一组用电系统中出现故障，不会影响另一组用电系统。

7 高压单相变压器是将高压变成单相 220 V 输出电源的变压器，通常为照明和普通家庭供电。

8 高压补偿电容器是一种耐高压的大型金属壳电容器。它有三个端子，内有三个电容器，外壳接地三个端子分别接在高压三相线路上，并与负载并联，通过电容移相的作用进行补偿，可以提高供电效率。

图 14-13 更多地反映供电系统电气图的组成和主要功能。对于电气信号的流程和原理更多地从电气连接图中进行识读。

2. 供配电线路连接关系

图 14-14 为变配电室控制线路的连接关系。

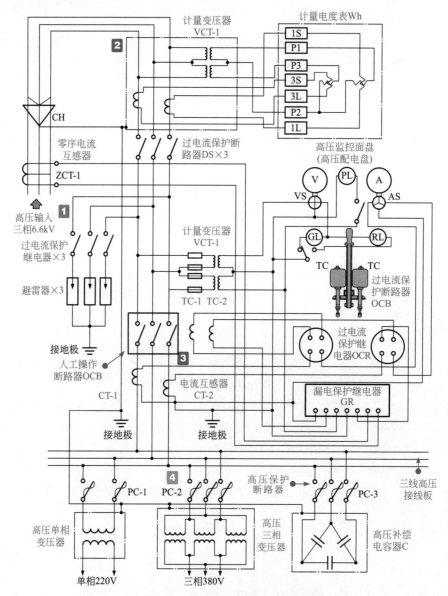

图 14-14　变配电室控制线路的连接关系

图解

1 高压三相 6.6 kV 电源输入后，首先经过零序电流互感器（ZCT-1），检测在负载端是否有漏电故障发生。零序电流互感器的输出送到漏电保护继电器，如果有漏电故障发生，继电器会将过电流保护断路器的开关切断进行保护。

2 接着电源送入计量变压器（VCT-1）中。计量变压器（VCT-1）的检测端接电度表，用于计量所有负载（含变配电设备）的用电量。电源经计量变压器（VCT-1）后送到过电流保护继电器，当过电流时熔断。

3 人工操作断路器（OCB）中设有电磁线圈（TC-1 和 TC-2），在人工操作断路器的输出线路中设有 2 个电流互感器（CT-1、CT-2）。电流互感器（CT-1 和 CT-2）设在交流三相电路中的两条线路中进行电流检测，它们的输出也送到漏电保护继电器中；同时送到过电流保护继电器中，经过电流保护继电器为人工操作断路器中的电磁线圈（TC-1 和 TC-2）提供驱动信号，使人工操作断路器自动断电保护。

4 最后，三相高压加到高压接线板（高压母线）上。高压接线板通常由扁铜带或粗铜线制成，便于设备的连接。电源从高压接线板分别送到高压单相变压器、高压三相变压器和高压补偿电容器中。在变压器电源的输入端和高压补偿电容器的输入端分别设有高压保护继电器（PC-1、PC-2 和 PC-3），进行过电流保护。高压单相变压器的输出为单相 220V，高压三相变压器的输出为三相 380V。单相 220V 可作为照明用电，三相 380V 可作为动力用电，也可送往住宅为楼内单元供电。单相变压器和三相变压器的数量可以根据需要增减。

十一、一次变压供电控制线路

一次变压供电控制线路是指电源电压只经过一次电压变换后，就直接为工厂、企业或居民区提供电能的线路，如图 14-15 所示。

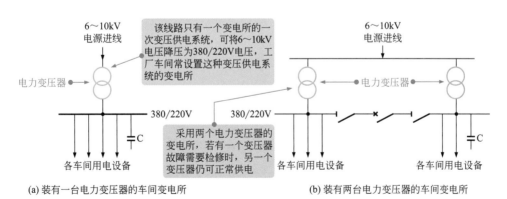

图 14-15　一次变压供电控制线路

高压配电所的一次变压供电控制线路有两路独立的供电线路，且采用单母线分段接线形式。当一路有故障时，可由另一路为设备供电，如图 14-16 所示。

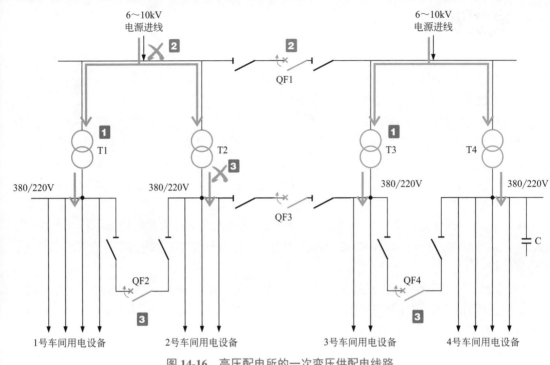

图 14-16　高压配电所的一次变压供配电线路

1 一次变压供电线路的两路独立线路分别送入 6 ～ 10kV 的电压，其中一路分别经电力变压器 T1、T2 降压为 380/220V 电压，为 1 号车间和 2 号车间内的用电设备供电；另一路分别经电力变压器 T3、T4 降压为 380/220V 电压，为 3 号车间和 4 号车间内的用电设备供电。

2 当有一路供电线路出现故障时，便可将配电所中的高压断路器 QF1 闭合。例如，当左侧供电线路出现故障时，闭合高压断路器 QF1，可由右侧供电线路为四条支路供电。

3 同样，当车间变电所中某一台电力变压器出现故障时，可将高压断路器 QF2 或 QF3 或 QF4 闭合，用另一台电力变压器为该路设备供电。

十二、二次变压供电控制线路

二次变压供电控制线路是指电压经过两次电压变换后，再为后级电路提供电能的电路，大型工厂和某些电力负荷较大的中型工厂，一般都采用具有总降压变电所的二次变压供电系统。

高压配电所的二次变压供电控制线路至少拥有一个总降压变电所和若干个车间变电所，电源进线为 35 ～ 110kV，经总降压变电所输出 6 ～ 10kV 高压，再由车间变电所降压为 380/220V，如图 14-17 所示。

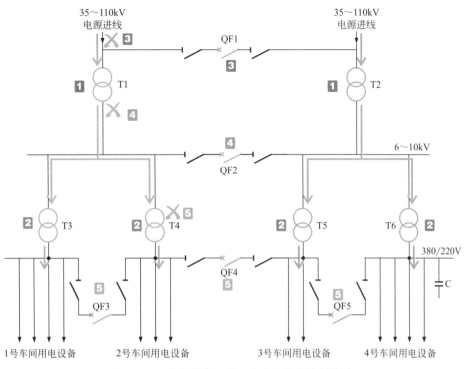

图 14-17　高压配电所的二次变压供电控制线路

1 二次变压供电线路的两路独立线路分别送入 35 ～ 110kV 的电源电压，分别经总降压变压器 T1、T2 降压为 6 ～ 10kV 高压。

2 其中一路分别经电力变压器 T3、T4 降压为 380/220V 电压，为 1 号车间和 2 号车间内的用电设备供电；另一路分别经电力变压器 T5、T6 降压为 380/220V 电压，为 3 号车间和 4 号车间内的用电设备供电。

3 当有一路供电线路出现故障时，便可将配电所中的高压断路器 QF1 闭合。例如，当左侧供电线路出现故障时，闭合高压断路器 QF1，可由右侧供电线路为整个电路供电。

4 同样，当电力变压器 T1 出现故障时，闭合高压断路器 QF2，可由电力变压器 T2 为后级电路供电。

5 当电力变压器 T4 出现故障时，闭合高压断路器 QF3 或 QF4，可用其他电力变压器为该支路后级电路供电。

十三、10kV 工厂变电所供配电控制线路

10kV 工厂变电所供配电控制线路是一种由工厂将高压输电线送来的高压进行降压和分配的电路。该控制线路分为高压和低压两部分，10 kV 高压经车间内的变电所后变为低压，为用电设备供电。

图 14-18 为 10kV 工厂变电所供配电控制线路。

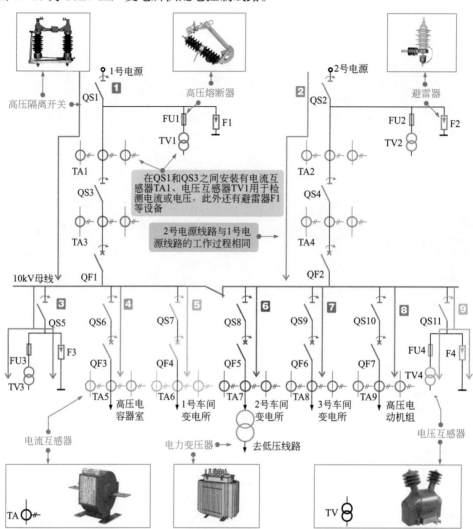

图 14-18 10kV 工厂变电所供配电控制线路

1 1 号电源 10kV 供电线路经高压隔离开关 QS1 和 QS3 送入（在 QS1 和 QS3 之间安装有电流互感器 TA1、电压互感器 TV1 检测电流或电压，此外还有避雷器 F1 等设备），再经电流互感器 TA3 和高压断路器 QF1 送入 10kV 母线中。

2 2 号电源 10kV 供电线路经高压隔离开关 QS2 和 QS4 送入（在 QS2 和 QS4 之间安装有电流互感器 TA2、电压互感器 TV2 及避雷器 F2 等设备），再经电流互感器 TA4 和高压断路器 QF2 送入 10kV 母线中。在使用过程中，选择一路 10kV 供电线路供电即可。

10kV 电压送入母线后被分为以下多路。

3 一路经高压隔离开关 QS5 后，连接电压互感器 TV3 及避雷器 F3 等设备。

4 一路经高压隔离开关 QS6、高压断路器 QF3 和电流互感器 TA5 后送入高压电容器室，用于接高压补偿电容。

5 一路经高压隔离开关 QS7、高压断路器 QF4 和电流互感器 TA6 后送入 1 号车间变电室中，供 1 号车间使用。

6 一路经高压隔离开关 QS8、高压断路器 QF5 和电流互感器 TA7 后送入 2 号车间变电所，供 2 号车间使用。

7 一路经高压隔离开关 QS9、高压断路器 QF6 和电流互感器 TA8 后送入 3 号车间变电所，供 3 号车间使用。

8 一路经高压隔离开关 QS10、高压断路器 QF7 和电流互感器 TA9 后送入高压电动机组，为高压电动机供电。

9 一路经高压隔离开关 QS11 后，连接电压互感器 TV4 及避雷器 F4 等设备。

十四、35kV 工厂变电所供配电控制线路

35kV 工厂变电所供配电控制线路适用于城市内高压电力传输，可将 35kV 高压经变压器后变为 10kV 电压，并送往各个车间的 10kV 变电室中，提供车间动力、照明及电气设备用电；再将 10kV 电压降到 0.4kV（380V）后，送往办公室、食堂、宿舍等公共用电场所。

图 14-19 为 35kV 工厂变电所供配电控制线路。

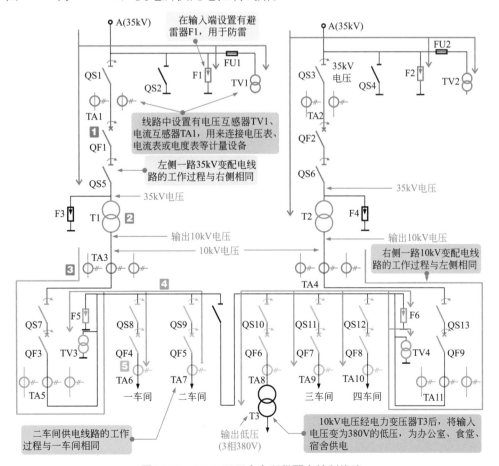

图 14-19　35kV 工厂变电所供配电控制线路

1 35kV 经高压断路器 QF1 和高压隔离开关 QS5 后，送入电力变压器 T1 的 35kV 输入端。

2 电力变压器 T1 的输出端输出 10kV 的电压。

3 由电力变压器 T1 输出的 10kV 电压经电流互感器 TA3 后送入后级电路中。

4 经高压隔离开关 QS7、高压断路器 QF3 和电流互感器 TA5 后送入车间。

5 一车间供电线路经高压隔离开关 QS8 和高压断路器 QF4 后，送入一车间下一级的 10kV 变电室中。

 十五、总降压变电所供配电控制线路

总降压变电所供配电控制线路是高压供配电系统的重要组成部分，可实现将电力系统中的 35 ~ 110kV 电源电压降为 6 ~ 10kV 高压配电电压供给后级配电线路，如图 14-20 所示。

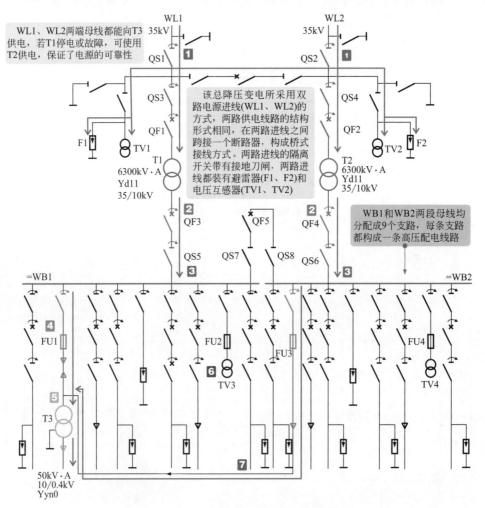

图 14-20　总降压变电所供配电控制线路

1 35kV 电源高压经架空线路引入，分别经高压隔离开关 QS1 ~ QS4、高压断路器 QF1、QF2 后，送入两台容量为 6300kV·A 的电力变压器 T1 和 T2 中。

2 电力变压器 T1 和 T2 将 35kV 电源高压降为 10kV。

3 10kV 电压再分别经高压断路器 QF3、QF4 和高压隔离器 QS5、QS6 后，送到两段母线 WB1、WB2 上。

4 WB1 母线的一条支路经高压隔离开关、高压熔断器 FU1 后，接入 50kV·A 的电力变压器 T3 中。

5 T3 将母线 WB1 送来的 10kV 高压降为 0.4kV 电压，为后级电路或低压用电设备供电。

6 其他各支路分别经高压隔离开关、高压断路器后作为电路的输出或连接电压互感器。

7 母线 WB2 也经高压隔离开关和高压熔断器 FU3 后加到 50kV·A 的电力变压器上。

十六、工厂高压供配电控制线路

工厂高压供配电控制线路是一种为工厂车间供电的配线系统，设置有多个高压开关设备（如高压断路器、高压隔离开关等）控制电路的通断，为车间的用电设备供电。

图 14-21 为工厂高压供配电控制线路。

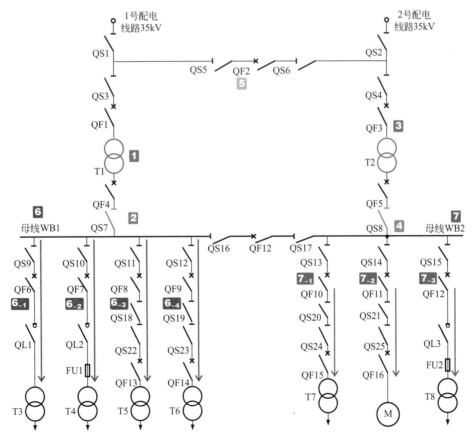

图 14-21　工厂高压供配电控制线路

1 在 1 号配电线路中，35kV 高压经高压隔离开关 QS1 和 QS3、高压断路器 QF1 送入电力变压器 T1 的输入端。

1 → **2** 电力变压器 T1 降压后输出 6kV 高压，经高压断路器 QF4 和高压隔离开关 QS7 送到 6kV 母线 WB1 上。

3 2 号配电线路与 1 号电路结构相同，35kV 高压经高压隔离开关 QS2 和 QS4、高压断路器 QF3 送入电力变压器 T2 的输入端。

3 → **4** 电力变压器 T2 降压后输出 6kV 高压，经高压断路器 QF5 和高压隔离开关 QS8 送入 6kV 母线 WB2 上。

5 当 1 号配电线路或 2 号配电线路中有一路出现故障、电力变压器 T1 或 T2 出现故障时，便可以闭合高压隔离开关 QS5/QS6/QS16/QS17、高压断路器 QF2/QF12，使电路互相供电，保证电路稳定。

2 → **6** 6kV 母线 WB1 分为多路，为各车间供电。

　　6₋₁ 一路经 QS9、QF6 和 QL1 送入 T3 的输入端，T3 输出端输出的电压为金工车间供电。

　　6₋₂ 一路经 QS10、QF7、QL2 和 FU1 送入电力变压器 T4 的输入端，T4 输出端输出的电压为铸件清理车间供电。

　　6₋₃ 一路经 QS11、QF8、QS18、QS22、QF13 送入电力变压器 T5 的输入端，T5 输出端输出的电压为铸钢车间供电。

　　6₋₄ 一路经 QS12、QF9、QS19、QS23、QF14 送入电力变压器 T6 的输入端，T6 输出端输出的电压为铸铁车间供电。

4 → **7** 6kV 母线 WB2 也分为多路，为各车间供电。

　　7₋₁ 一路经 QS13、QF10、QS20、QS24、QF15 送入电力变压器 T7 的输入端，T7 输出端输出的电压为水压机车间供电。

　　7₋₂ 一路经 QS14、QF11、QS21、QS25、QF16 为煤气站电动机供电。

　　7₋₃ 一路经 QS15、QF12、QL3 和 FU2 送入电力变压器 T8 的输入端，T8 输出端输出的电压为冷处理和热处理车间供电。

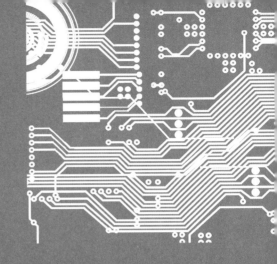

第十五章
照明控制线路

、声光双控延迟照明控制线路

声光双控延迟照明控制线路是指通过声波传感器和光敏器件控制照明灯的电路。白天光照较强，即使有声音，照明灯也不亮；当夜晚降临或光照较弱时，可通过声音控制照明灯点亮，并可以实现延时一段时间后自动熄灭的功能。

图 15-1 为声光双控延迟照明控制线路，该控制线路中总断路器 QF、桥式整流电器 VD1 ～ VD4、晶闸管 VS、晶体管 VT1 ～ VT3、光敏电阻器 RG、传声器 BM 为核心元件。

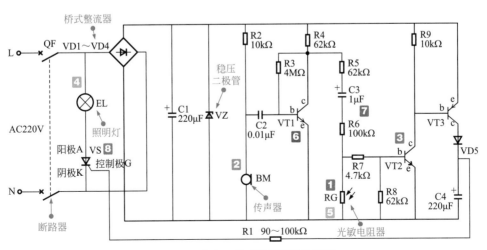

图 15-1　声光双控延迟照明控制线路

 **图解**

1 白天光照强度比较强时，光敏电阻器 RG 的阻值较小。

2 当传声器有声音信号输入时，该信号经晶体管 VT1 放大后，再经 R5、C3、R6 以及光敏电阻器 RG 直接到地。

3 使晶体管 VT2 的基极锁定在低电平状态，VT2 无法导通。

4 晶体管 VT3 和晶闸管 VS 也处于截止状态，照明灯 EL 不亮。

5 当夜晚光线比较弱时，光敏电阻器 RG 的阻值增大。

6 当传声器接收到声音信号时，该信号加到晶体管 VT1 的基极上。

7 经晶体管 VT1 的集电极放大后输出，经 R5、C3、R6、R7 后，送到晶体管 VT2 和 VT3 的基极上。

8 晶体管 VT2 导通和 VT3 导通，使二极管 VD5 和晶闸管 VS 导通，照明灯 EL 被点亮。

 二、光控路灯照明控制线路

马路上的照明灯常采用光控方式，白天时路灯处于熄灭状态，起到节能省电的作用；夜晚光线较弱时，路灯则自动点亮，为马路进行照明。

图 15-2 是典型的光控路灯照明控制线路。总断路器 QF、桥式整流器 VD1 ～ VD4、滤波电容器 C1、双 D 触发器 IC（CD4013）、光敏电阻器 RG1 和 RG2、晶体管 VT、继电器 KA 为光控路灯照明控制线路的核心元件。

光控路灯照明
控制线路

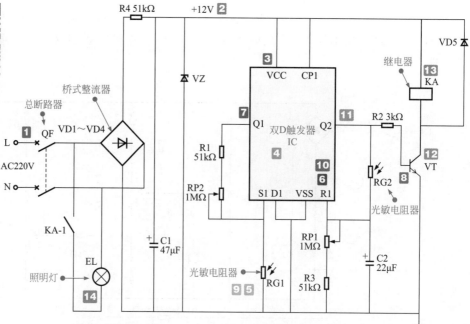

图 15-2 典型的光控路灯照明控制线路

1 合上总断路器 QF，接通交流市电电源，为电路进入工作状态做好准备。

2 交流 220 V 市电电压经桥式整流器 VD1 ～ VD4 整流、电阻器 R4 降压、滤波电容器 C1 滤波以及稳压二极管 VZ 稳压后，变为 12 V 左右的直流电压。

3 12 V 直流电压为双 D 触发器 IC 的 VCC 端提供工作电压。

4 双 D 触发器 IC 的 CP1 端接电源、D1 端为低电平时，则 S1 端、R1 端、Q1 端和 Q2 端的电平状态会相互影响，其电平变化的规律如表 15-1 所示。

表 15-1　双 D 触发器 IC 关键引脚的电平状态（D1 端为低电平、CP1 端接电源时）

R1 端	S1 端	Q2 端	Q1 端
高电平（H）	低电平（L）	低电平（L）	高电平（H）
低电平（L）	高电平（H）	高电平（H）	低电平（L）
高电平（H）	高电平（H）	高电平（H）	高电平（H）

5 白天光线强度较强时，光敏电阻器 RG1 和 RG2 处于低阻状态。

6 双 D 触发器 IC 的 R1 端处于高电平状态，S1 端处于低电平状态。

7 根据表 15-1 可知，此时 Q1 端为高电平，Q2 端输出低电平。

8 晶体管 VT 基极为低电平，VT 处于截止状态，继电器 KA 线圈未得电，照明灯 EL 不亮。

9 夜晚光线强度较弱时，光敏电阻器 RG1 和 RG2 的阻值变大。

10 双 D 触发器 IC 的 R1 端处于低电平状态，S1 端处于高电平状态。

11 根据表 15-1 可知，此时 Q1 端为低电平，Q2 端输出高电平。

12 晶体管 VT 基极为高电平，VT 处于导通状态。

13 晶体管 VT 导通后，其集电极和发射极有电流流过，继电器 KA 线圈得电，常开触点 KA-1 闭合。

14 照明灯 EL 接通 220 V 市电电源，EL 开始点亮。

 三、走廊照明灯延迟控制线路

图 15-3 为走廊照明灯延迟控制线路。该控制线路中的电源总开关 QS、不闭锁的联动开关 SA（灯启动开关）、晶体管 VT、继电器 KA、电容器 C1 ～ C3、电阻器 R1 ～ R3、照明灯 EL 等为照明灯控制的核心部件。

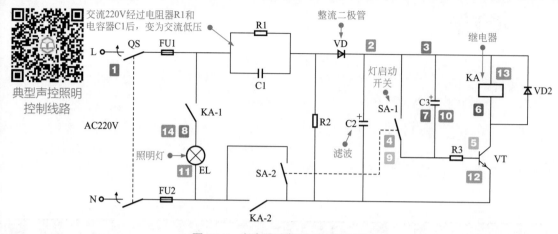

图 15-3　走廊照明灯延迟控制线路

图 解

1 合上电源开关 QS，接通单相电源，为电路进入工作状态做好准备。

2 交流 220 V 电压经电阻器 R1 和电容器 C1 降压、整流二极管 VD 整流、滤波电容器 C1 滤波后变为直流电压。

3 直流电压为控制电路和延时电路中的元器件供电。

4 当需要点亮照明灯 EL 时，按下联动开关 SA，触点 SA-1 和 SA-2 同时闭合。

5 直流电压经触点 SA-1 送到晶体管 VT 的基极，VT 导通。

6 直流电压经继电器 KA 线圈、晶体管 VT、SA-2 形成回路，继电器 KA 线圈得电，常开触点 KA-1、KA-2 闭合。

7 延时电路中的电容器 C3 开始充电，其负极升高至与正极等电位。

8 常开触点 KA-1 闭合后，接通照明灯 EL 的供电电源，照明灯 EL 点亮。

9 手离开联动开关 SA 后，开关立即复位断开。

10 电容器 C3 开始放电，维持晶体管 VT 的导通状态。

11 继电器 KA 线圈依然得电，其常开触点继续闭合，照明灯 EL 延时点亮。

12 当电容器 C3 放电完毕时，晶体管 VT 的基极电流为零，则 VT 截止。

13 继电器 KA 线圈失电，常开触点 KA-1、KA-2 复位断开。

14 切断照明灯 EL 供电电源，照明灯 EL 熄灭。

四、声控照明控制线路

声控照明控制线路是指利用声音感应器件和晶闸管对照明灯的供电进行控制，利用电解电容器的充放电特性实现延时的作用。

图 15-4 为典型的声控照明控制线路。该控制线路主要由声音感应器件、控制电路和照明灯等构成，通过声音和控制电路控制照明灯具的点亮和延时自动熄灭。

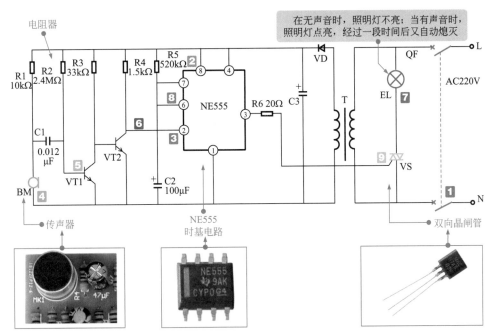

图 15-4　典型的声控照明控制线路

图解

1 合上总断路器 QF，接通交流市电电源。电压经变压器 T 降压、整流二极管 VD 整流、滤波电容器 C3 滤波后变为直流电压。

2 直流电压为 NE555 时基电路的⑧脚提供工作电压。

3 无声音时，NE555 时基电路的②脚为高电平、③脚输出低电平，双向晶闸管 VS 处于截止状态。

4 有声音时，传声器 BM 将声音信号转换为电信号。

5 该电信号经电容器 C1 送往晶体管 VT1 的基极，由 VT1 对信号进行放大；再经 VT1 的集电极送往晶体管 VT2 的基极，使 VT2 输出放大后的音频信号。

6 晶体管 VT2 将放大后的音频信号加到 NE555 时基电路的②脚，此时 NE555 时基电路受到信号的作用，③脚输出高电平，双向晶闸管 VS 导通。

7 交流 220V 市电电压为照明灯 EL 供电，EL 开始点亮。

8 当声音停止后，晶体管 VT1 和 VT2 无信号输出，但电容器 C2 的充电使 NE555 时基电路⑥脚的电压逐渐升高。

9 当电压升高到一定值后（8 V 以上，2/3 的供电电压），NE555 时基电路内部复位，由③脚输出低电平，双向晶闸管 VS 截止，照明灯 EL 熄灭。

五、蔬菜大棚照明控制线路

图 15-5 为蔬菜大棚照明控制线路。该控制线路主要由配电箱控制电路、控制开关、

熔断器及照明灯具等构成。该控制线路主要用于蔬菜大棚内部的照明。

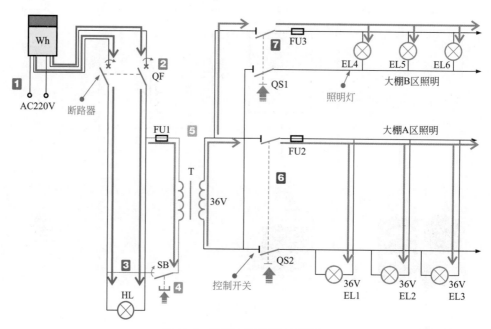

图 15-5　蔬菜大棚照明控制线路

图解

1 闭合总断路器 QF，220V 交流电源接入电路中。

2 交流 220V 电压首先经电度表 Wh、总断路器 QF 后为指示灯 HL 供电。

3 HL 点亮，表明交流供电电压正常。

4 闭合操作开关 SB，交流 220V 电源电压经熔断器 FU1 后加到电源变压器 T 二次绕组上。

5 经电源变压器 T 降为 36V 交流低压后输出，为两个相同结构的支路（蔬菜大棚中 A 区和 B 区）供电。

6 闭合开关 QS2，交流 36V 电源电压经熔断器 FU2 为照明灯 EL1 ～ EL3 供电，照明灯点亮。

7 闭合开关 QS1，交流 36V 电源电压经熔断器 FU3 为照明灯 EL4 ～ EL6 供电，照明灯点亮。

 六、 应急照明灯控制线路

应急照明灯控制线路是指在市电断电时自动为应急照明灯供电的控制电路。当市电供电正常时，向应急照明灯自动控制线路中的蓄电池充电；当市电停止供电时，蓄电池为应急照明灯供电，应急照明灯点亮，进行应急照明。

图 15-6 为典型的应急照明灯控制线路。

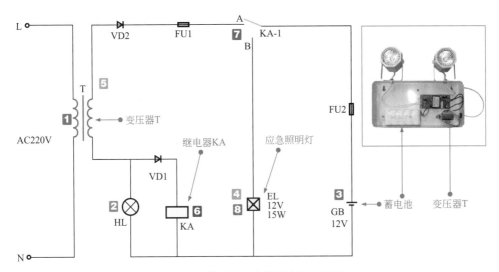

图 15-6　典型的应急照明灯控制线路

 图解

1 交流 220V 电压经变压器 T 降压后输出交流低压，再经整流二极管 VD1、VD2 变为直流电压，为后级电路供电。

2 在正常状态下，待机指示灯 HL 点亮，继电器 KA 线圈得电，触点 KA-1 与 A 点接通。

3 在触点 KA-1 与 A 点接通时，为蓄电池 GB 充电。

4 应急照明灯 EL 供电电路无法形成回路，应急照明灯 EL 不亮。

5 交流 220V 电源失电，变压器 T 二次侧无输出电压。

6 后级电路无供电，待机指示灯 HL 熄灭，继电器 KA 线圈失电。

7 继电器 KA 线圈失电，触点 KA-1 动作，触点 KA-1 与 A 点断开，并与 B 点接通。

8 蓄电池 GB 经熔断器 FU2、触点 KA-1 与 B 点为应急照明灯 EL 供电，应急照明灯 EL 点亮。

 七、 **景观照明控制线路**

景观照明控制线路是指应用在观赏景点或广告牌上，或者应用在比较显著的位置上，设置用来观赏或提示功能的公共用电电路。

图 15-7 为典型的景观照明控制线路。从图中可以看到，该控制线路主要由景观照明灯和控制电路（由各种电子元器件按照一定的控制关系连接）构成。

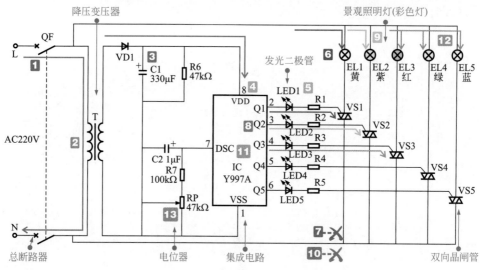

图 15-7 典型的景观照明控制线路

图解

1 合上总断路器 QF，接通交流 220V 市电电源。

2 交流 220V 市电电压经变压器 T 变压后变为交流低压。

3 交流低压再经整流二极管 VD1 整流、滤波电容器 C1 滤波后变为直流电压。

4 直流电压加到 IC（Y997A）的⑧脚提供工作电压。

5 IC 的⑧脚有供电电压后，内部电路开始工作，②脚首先输出高电平脉冲信号，使 LED1 点亮。

6 同时，高电平信号经电阻器 R1 后，加到双向晶闸管 VS1 的控制极上，VS1 导通，彩色灯 EL1（黄色）点亮。

7 此时，IC 的③脚～⑥脚分别输出低电平脉冲信号，相对应的外接晶闸管处于截止状态，LED 和彩色灯不亮。

8 经一段时间后，IC 的③脚输出高电平脉冲信号，彩色灯 LED2 点亮。

9 同时，高电平信号经电阻器 R2 后，加到双向晶闸管 VS2 的控制极上，VS2 导通，彩色灯 EL2（紫色）点亮。

10 此时，IC 的②脚和③脚输出高电平脉冲信号，有两组 LED 彩色灯被点亮，④脚～⑥脚分别输出低电平脉冲信号，相对应的外接晶闸管处于截止状态，LED 彩色灯不亮。

11 依次类推，当 IC 的输出端②脚～⑥脚输出高电平脉冲信号时，LED 和彩色灯便会被点亮。

12 由于 IC 的②脚～⑥脚输出脉冲的间隔和持续时间不同，双向晶闸管触发的时间也不同，因而 5 个彩色灯便会按驱动脉冲的规律发光和熄灭。

13 IC 内的振荡频率取决于⑦脚外的时间常数电路，微调电位器 RP 的阻值可改变振荡频率。

八、夜间自动 LED 广告牌装饰灯控制线路

夜间自动 LED 广告牌装饰灯控制线路可用于小区庭院、马路景观照明及装饰照明的控制，通过逻辑门电路控制不同颜色的 LED 广告灯有规律地亮、灭，起到广告警示的作用。

图 15-8 为典型的夜间自动 LED 广告牌装饰灯控制线路。

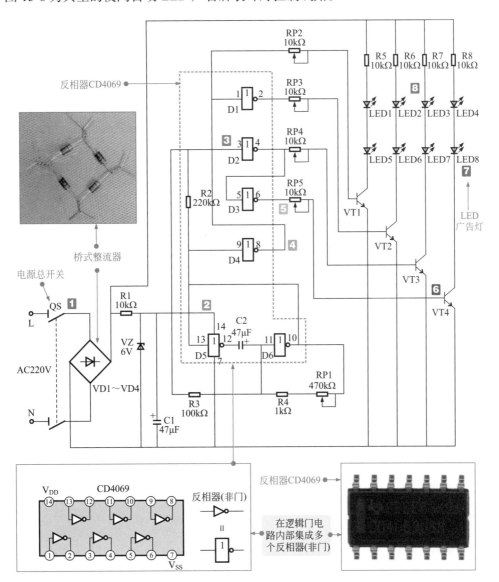

图 15-8 典型的夜间自动 LED 广告牌装饰灯控制线路

1 合上电源总开关 QS，接通交流 220V 市电电源，交流 220V 市电电压经桥式整流器 VD1 ～ VD4 整流后输出直流电压，为显示电路供电。

2 整流器输出的直流电压经电阻器 R1 降压、稳压二极管 VZ 稳压、滤波电容器 C1 滤波产生 6V 直流电压，为六非门电路 CD4069 提供工作电压（⑭脚送入）。

3 六非门电路 CD4069 工作后，D5 与 D6 两个非门（反相放大器）与电容器、电阻器构成脉冲振荡电路，由⑩脚和⑬脚输出低频振荡信号，低频振荡脉冲加到 CD4069 的⑨脚，经电阻器 R2 后加到③脚。

4 ⑨脚输入的振荡信号经反相后由⑧脚输出，再送入①脚中。

5 六非门电路 CD4069 的⑤脚输入振荡信号后，经反相后由⑥脚输出，输出的振荡信号与④脚输出的振荡信号相反。

6 振荡信号经可变电阻器 RP5 后送往驱动晶体管 VT4 的基极，使晶体管 VT4 工作在开关状态下，从而交替导通。

7 振荡信号为高电平时 VT4 导通，发光二极管 LED4 和 LED8 便会发光；振荡信号为低电平时 VT4 截止，发光二极管 LED4 和 LED8 便会熄灭。

8 此时，LED3 和 LED7、LED4 和 LED8 在振荡信号的作用下便会交替点亮和熄灭。

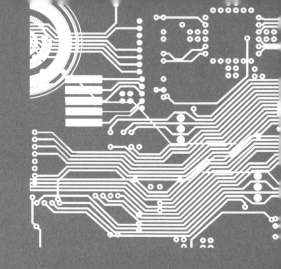

第十六章
电气安全控制线路

一、电动机缺相报警控制线路

图 16-1 是一种电动机缺相报警控制线路。该控制线路主要由电源总开关 QS、熔断器 FU1 ～ FU3、热继电器 FR、启动按钮 SB1、停止按钮 SB2、交流接触器 KM、电容器 C1 ～ C3、二极管 VD、继电器 KA 以及报警器等构成，用于在电源缺相时进行检测和报警。

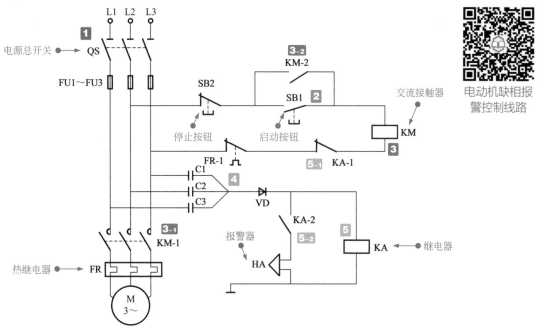

图 16-1　电动机缺相报警控制线路

1 合上电源总开关 QS，接通三相电源，为电路进入工作状态做好准备。

2 按下启动按钮 SB1，其内部常开触点闭合。

3 交流接触器 KM 线圈得电。

3₋₁ 常开主触点 KM-1 闭合，接通电动机电源，电动机启动运转。

3₋₂ 常开辅助触点 KM-2 闭合，实现自锁功能。

4 当电源供电出现缺相故障时，三个电容器（C1 ～ C3）的公共端电压不为 0，该电压再经整流二极管 VD 后输出直流电压。

5 VD 输出的直流电压使继电器 KA 线圈得电。

5₋₁ 常闭触点 KA-1 断开，交流接触器 KM 线圈失电，其相应触点复位，切断电动机电源实现保护。

5₋₂ 常开触点 KA-2 闭合，报警器得电开始报警。

图 16-2 为电动机缺相报警控制线路的接线关系。

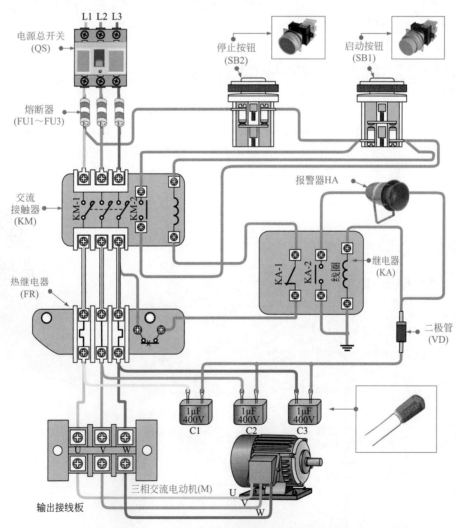

图 16-2 电动机缺相报警控制线路的接线关系

相线防反接控制线路

电源供电系统中相线防反接控制线路是保证安全用电的电路。图 16-3 是典型家用电器设备相线防反接控制线路。

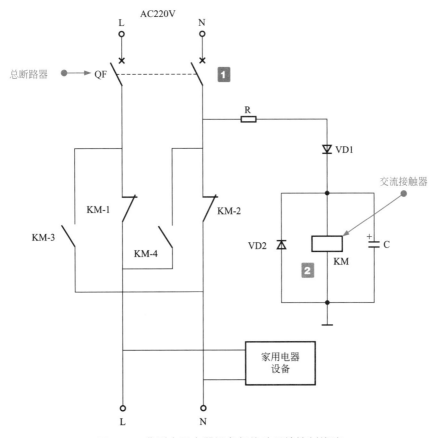

图 16-3 典型家用电器设备相线防反接控制线路

1 当电源供电系统正常供电时，L 为相线，N 为零线。闭合总断路器 QF 后，交流接触器 KM 接在零线与地线之间，其电压差很小，因而接触器 KM 不会动作，L、N 线直接为家用电器设备供电。

2 如果供电系统中的线路接反，L 接到零线，N 接到相线，则交流接触器 KM 线圈得电吸合，其常闭触点 KM-1、KM-2 断开，常开触点 KM-3、KM-4 闭合。输入的 L、N 端反接到家用电器的 N、L 端，实现正常相序供电。

图 16-4 是典型家用电器设备相线防反接控制线路的接线关系。

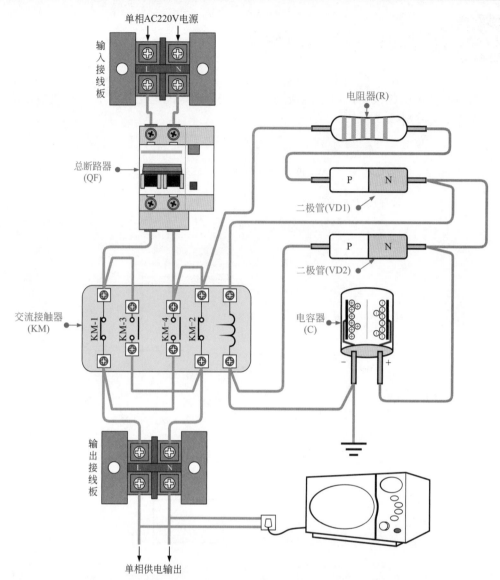

单相AC220V电源

输入接线板

总断路器 (QF)

电阻器(R)

二极管(VD1)

二极管(VD2)

交流接触器 (KM)

KM-1 KM-3 KM-4 KM-2

电容器 (C)

输出接线板

单相供电输出

图 16-4 典型家用电器设备相线防反接控制线路的接线关系

三、漏电保护控制线路

图 16-5 为典型漏电保护控制线路。从图中可见，它主要由测试电路、保护电路、控制电路和检测电路等构成。

在该控制线路中，漏电保护器 QF、电流互感器 TA、单向晶闸管 VS、试验按钮 SB、桥式整流器 VD1 ～ VD4 等为核心部件。

漏电保护器内部由线圈和触点构成。当电路中出现漏电现象时，漏电保护器的线圈便会动作，断开供电电源。

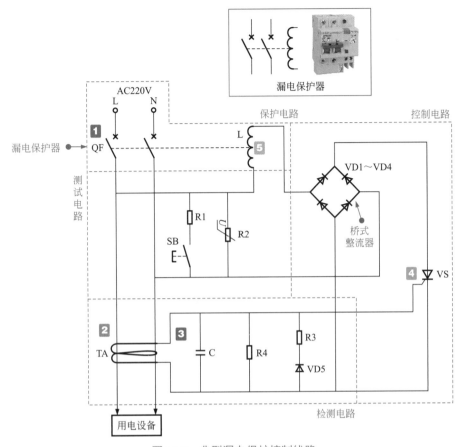

图 16-5　典型漏电保护控制线路

 图解

1 合上漏电保护器 QF，接通单相电源，为电路进入工作状态做好准备。

2 当无漏电现象时，供电电源 L、N 的电流平衡，电流互感器 TA 的线圈没有感应电动势。单向晶闸管 VS 控制极无电压，则 VS 截止，漏电保护器 QF 的线圈 L 无电流通过，其内部触点不动作，保持单相电源供电。

3 当出现漏电现象时，供电电源 L、N 的电流不平衡，电流互感器 TA 的线圈产生感应电动势。

4 感应的电动势经检测电路后加到单向晶闸管 VS 控制极，触发 VS 导通。

5 漏电保护器 QF 的线圈 L 中有电流通过，其内部触点断开，切断单相电源，实现漏电保护。

四、交流电源的断相检测及保护控制线路

交流电源的断相检测及保护控制线路是由断相检测电路、控制器和继电器等器件构成的，

对供电电源进行检测和保护，进而实现对整个用电设备的实时监控和用电保护。

图 16-6 为典型的交流电源的断相检测及保护控制线路。图中所示的断相检测及保护电路由电容器星形连接构成。该控制线路利用电容器星形连接的特点，通过检测三相电的平衡状态判断是否有断相现象产生；再利用三相不平衡产生的电压差转换成控制信号，控制继电器切断三相供电电源，达到保护的目的。

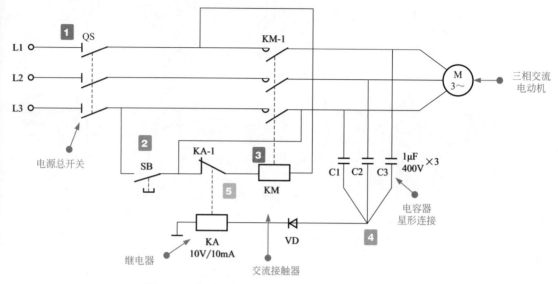

图 16-6　典型的交流电源的断相检测及保护控制线路

1 接通电源总开关 QS，接通三相电源，为电路进入工作状态做好准备。

2 按下启动按钮 SB，其常开触点闭合。

3 交流接触器 KM 线圈得电，其常开触点 KM-1 闭合，且实现交流接触器 KM 自锁，并为三相交流电动机供电，电动机开始运转。

4 如线路出现断相故障，致使三相供电不平衡，电容器星形连接点对地就会产生电压。

5 该电压经二极管 VD 后，使继电器 KA 线圈得电，其常闭触点 KA-1 断开，同时切断接触器 KM 的供电。由 KM 的常开触点切断三相电源，停止向三相交流电动机的供电，从而实现断相保护。

五、三相交流电源的相序校正控制线路

图 16-7 为三相交流电源的相序校正控制线路。这是由 J-K 主从触发器构成的三相电相序校正电路，该电路适用于不允许电源相序更变、不可逆序运转的机电设备中（如水泵设备，只允许电动机正向运转，不能反向运转）。采用该电路，当电网的相序发生变化时，相序检测电路输出的控制信号控制相序开关电路，使其输出的相序保持恒定不变。如与三相交流电动机对应连接，则可确保电动机转向正确。

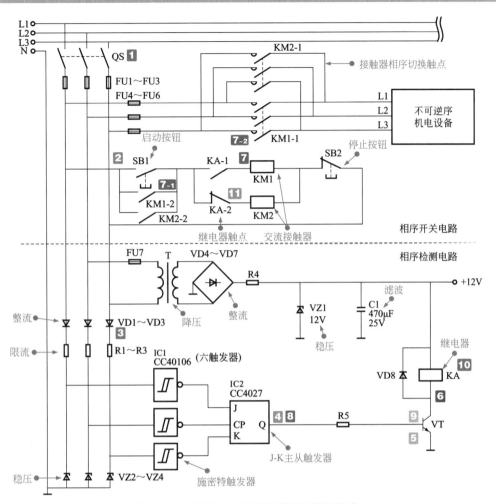

图 16-7　三相交流电源的相序校正控制线路

在相序开关电路中，SB1 为启动开关，SB2 为停止开关；KM1 和 KM2 为接触器，各有四组常开触点，其中一组为自锁触点，另外三组控制相序切换。

在相序检测电路中，变压器 T 与桥式整流器 VD4 ～ VD7、稳压二极管 VZ1 和电容器 C1 构成直流电压的整流、滤波、稳压电路，为继电器 KA 提供工作电压，对相序开关电路中的开关触点进行控制。而继电器 KA 的控制信号则来自触发器 IC1 和 IC2 构成的控制电路。

图解

1 三相电经电源开关 QS、熔断器 FU1 ～ FU3 后，送入电路中。

1 → **2** 送入电路中的电源电压一路经交流接触器 KM1 和 KM2 进行相序切换后，为不可逆序机电设备提供恒定相序供电电压。

1 → **3** 另一路经 VD1 ～ VD3 整流、R1 ～ R3 限流、VZ2 ～ VZ4 稳压后，为相序检测电路提供相序信号。其中继电器 KA 的工作电压，是由 L2 和 L3 两相电压经过降压、整流、滤波、稳压后生成的 +12 V 直流电压。

4 当三相电输入的是正相序三相电时，经施密特触发器 IC1 反相整形后的方波，依次滞后 120° 相位角，分别送入双 J-K 主从触发器 IC2 的 J、CP、K 端。在 J-K 触发器的时钟 CP 上升沿来到时，J 端为高电平、K 端为低电平，Q 端输出高电平。

5 该信号经 R5 加到晶体管 VT 的基极，使 VT 导通。

6 继电器 KA 线圈得电吸合，常开触点 KA-1 闭合，常闭触点 KA-2 断开。

7 此时，按下启动按钮 SB1，交流接触器 KM1 线圈得电吸合。

7₋₁ 常开辅助触点 KM1-2 闭合，实现自锁功能。

7₋₁ 常开主触点 KM1-1 闭合，将输入的正相序三相交流电直接送入不可逆序的机电设备，以供使用。

8 当输入的三相电源相序不正常（或出现逆相序情况）时，三相电压经 IC1 整形后输出信号的相位顺序失常，CP 端有上升沿信号时，K 端为高电平、J 端为低电平，则 Q 端输出低电平。

9 该信号经 R5 加到晶体管 VT 的基极，使 VT 截止。

10 继电器 KA 线圈失电，常开触点 KA-1 断开，常闭触点 KA-2 闭合。

11 此时，按下启动按钮 SB1，交流接触器 KM2 线圈得电吸合，其常开辅助触点 KM2-2 闭合自锁，常开主触点 KM2-1 闭合，将输入的逆相序三相交流电自动换相，切换为正相序，然后送入不可逆序的机电设备，以供使用。

六、交流 220V 电源的过电压、欠电压保护控制线路

图 16-8 为典型交流 220V 电源的过电压、欠电压保护控制线路。

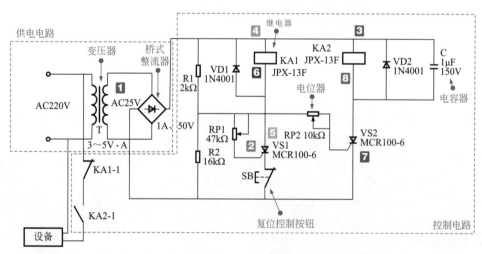

图 16-8　典型交流 220V 电源的过电压、欠电压保护控制线路

◆ 正常工作状态

1 交流 220V 电压由变压器 T 降压后，经桥式整流器整流、电阻器 R1 与 R2 分压，为电位器 RP1、RP2 及晶闸管 VS1、VS2 提供电压。

2 市电电压在 170 ～ 240 V 之间时，晶闸管 VS1 截止，晶闸管 VS2 导通。

3 继电器 KA2 线圈得电，常开触点 KA2-1 接通，负载设备接通电源启动工作。

4 此时继电器 KA1 仍处于释放状态，常闭触点 KA1-1 仍处于接通状态。

◆ 过电压工作状态

5 当市电电压高于 240 V 时，RP1 两端的电压降升高，VS1 导通。

6 继电器 KA1 线圈得电，常闭触点 KA1-1 断开，切断供电电路的供电电源，起到过电压保护作用。

◆ 欠电压工作状态

7 当市电电压低于 170 V 时，晶闸管 VS2 的触发极电压过低而截止。

8 继电器 KA2 线圈失电，常开触点 KA2-1 断开，切断供电电路的供电电压，起到欠电压保护作用。

经电路分析，电路功能可简单理解为：当市电电压正常时，晶闸管 VS2 导通，继电器 KA2 触点动作，接通负载的供电电压；当市电电压过高时，晶闸管 VS1 导通，继电器 KA1 触点动作，切断负载的供电电压，起到过电压保护作用；当市电电压过低时，晶闸管 VS2 截止，继电器 KA2 触点复位，断开负载的供电电压，起到欠电压保护作用。

七、三相供电电源的过电流保护控制线路

图 16-9 为典型的三相供电电源的过电流保护控制线路。

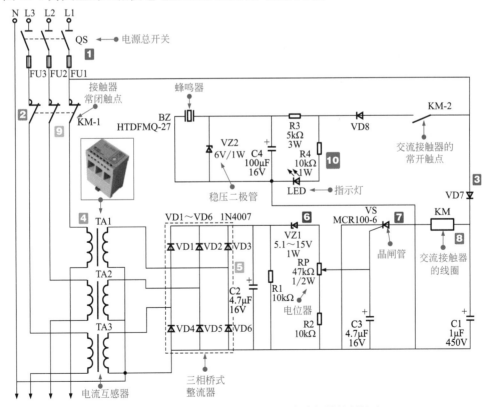

图 16-9 典型的三相供电电源的过电流保护控制线路

 图解

◆ 过电流检测电路的工作状态

1 合上电源总开关 QS，L1 ～ L3 端提供 380 V 供电电压。

2 经交流接触器常闭主触点 KM-1 进入电流互感器 TA1 ～ TA3 为过电流检测电路供电。

3 其中相线 L1 提供 220V，220V 电压经二极管 VD7 进行半波整流、电容器 C1 滤波后，为接触器 KM 供电。

4 电流互感器对 380V 供电电压进行检测。

5 检测值经三相桥式整流电路 VD1 ～ VD6 和电容器 C2 整流滤波。

6 将整流滤波后的电压加到稳压二极管 VZ1 的阴极上，当负载电流未超过设定值时，稳压二极管 VZ1 截止，对后级电路没有作用；当负载电流超过设定值时，稳压二极管 VZ1 导通。

7 给晶闸管 VS 送去触发信号，使其导通。

8 交流接触器 KM 线圈得电动作，并会切断三相电源。

◆ 过电流保护状态

9 接触器 KM 线圈得电后，常闭主触点 KM-1 断开，切断供电电路。此时，接触器 KM 的常开触点 KM-2 接通。

10 相线 L1 提供的 220V 电压经 VD8 半波整流后，使指示灯 LED 发光、蜂鸣器 BZ 鸣响，提示线路处于过电流保护状态。

八、单相供电系统相线的检测和校正控制线路

图 16-10 为单相供电系统相线的检测和校正控制线路。该控制线路主要由继电器、晶体管、电容器、电阻器和二极管等元器件构成。

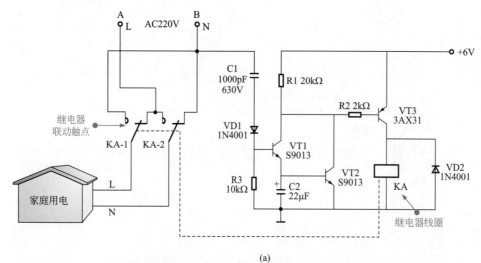

(a)

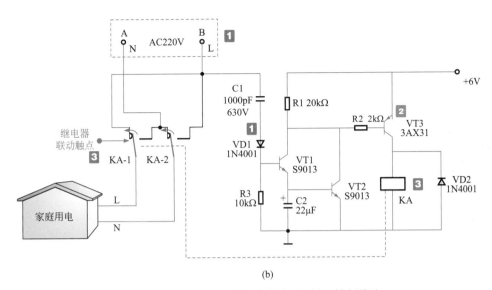

图 16-10　单相供电系统相线的检测和校正控制线路

1 当进线线路相线接错时线路的 A 端连接零线（N），B 端连接相线（L）[图 16-10(b)]，校正电路中的二极管 VD1 导通。

2 晶体管 VT1~VT3 也都导通。

3 继电器 KA 动作，其联动触点改变工作状态，常开触点接通、常闭触点断开。相线（L）和零线（N）经常开触点 KA-1 后供家庭用电的线路极性不变。

提示

在图 16-10 中，相线（L）与零线（N）可任意接在 A、B 两端，由晶体管的导通与断开控制继电器 KA 线圈的供电，进而控制触点动作，实现单相校正保护。由于该电路具有自动识别、自动校正相线（L）与零线（N）的功能，也就是说无论输入端的线路是如何连接的，经过该电路后，输出端的相线（L）、零线（N）位置不变。

九、单相供电电源的过电流保护控制线路

过电流保护控制线路可对流过负载的电流进行检测，一旦检测出超过额定值的负载电流，就会自动启动切断负载的供电电路。

图 16-11 为典型的单相供电电源的过电流保护控制线路。该控制线路由交流 220V 供电，由接触器、电流互感器、可变电阻器、稳压二极管、整流二极管、晶体管、晶闸管、电解电容器等组成。

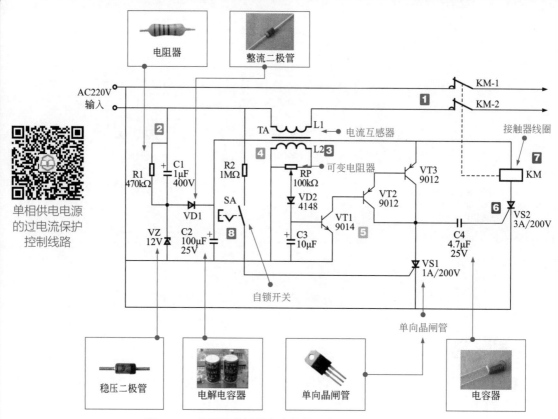

图 **16-11** 典型的单相供电电源的过电流保护控制线路

图 解

◆ 正常工作状态

1 交流 220V 电压经电流互感器 TA 的一次绕组 L1、接触器常闭触点 KM-1 和 KM-2 为负载供电。

2 串联在供电电路中的检测电路，由 R1 和 C1 降压、稳压二极管 VZ 稳压、二极管 VD1 半波整流、电容器 C2 滤波后得到 12V 直流电压，为控制电路供电。

3 当电路中电流正常时，电流互感器 TA 的二次绕组 L2 感应电压较小，晶体管 VT1 截止，后级电路不工作，KM 不动作。

◆ 过电流时的工作状态

4 当负载电流过大时，电流互感器 TA 的二次绕组 L2 产生感应电压升高。

5 经过整流二极管 VD2 半波整流和电容器 C3 滤波后，使晶体管 VT1～VT3 相继导通。

6 当晶体管 VT1～VT3 导通后，为单向晶闸管 VS2 送入触发信号，使 VS2 导通。

7 接触器 KM 线圈得电工作，其常闭触点 KM-1 和 KM-2 断开，切断负载的供电电路，起到保护作用。

8 当线路进入电流保护状态，在排除故障因素后，按下开关 SA，可使接触器 KM 失电复位，恢复供电。

十、 单相供电电源的漏电保护控制线路

图 16-12 为典型的单相供电电源的漏电保护控制线路。该控制线路由继电器及其控制触点、桥式整流器、单向晶闸管、电流互感器、热敏电阻器、二极管、电容器等构成。

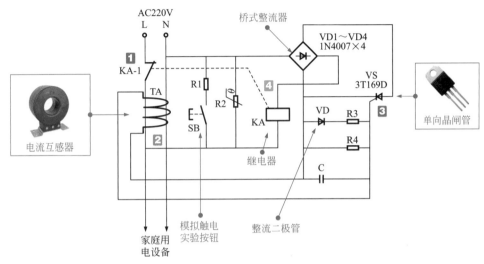

图 16-12　典型的单相供电电源的漏电保护控制线路

图解

1 在无漏电的情况下，也就是没有人触电时，电源供电电路中 L、N 的电流平衡，电流互感器 TA 的电流为零，继电线圈 KA 无电流，常闭触点 KA-1 不动作，漏电保护电路正常运转。

2 当线路中发生触电或漏电事故时，电流互感器 TA 中检测到相线和零线之间的电流不平衡，产生感应电动势。

3 感应电动势触发单向晶闸管 VS 并使之导通。

4 VS 导通后，继电器 KA 线圈有直流电流流过，产生磁通吸引衔铁，带动脱扣装置，使常闭触点 KA-1 断开，断开供电电路，从而达到安全保护的目的。

十一、 三相电断相保护控制线路

三相电断相保护控制线路是由中间继电器和交流接触器构成的。该控制电路可用于动力配电箱中，对小功率用户进行系统配电。掌握三相电断相保护控制线路的识读，对于设计、安装、改造和维修线路会有所帮助。

图 16-13 为典型的三相电断相保护控制线路。

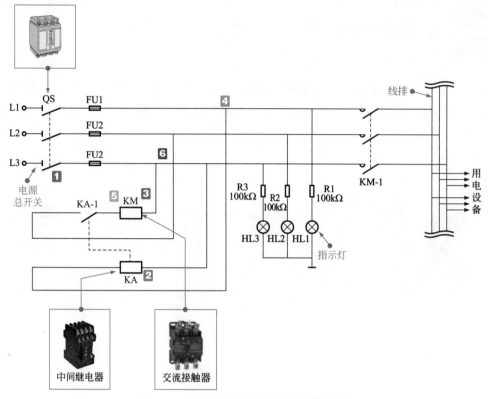

图 16-13　典型的三相电断相保护控制线路

图解

1 闭合电源总开关 QS，三相电源接入电路中。

2 中间继电器 KA 线圈得电，其常开触点 KA-1 闭合。

3 常开触点 KA-1 闭合后，交流接触器 KM 线圈得电，其常开主触点 KM-1 闭合，接通三相电源，并送至用户中。

4 若 L1 相断相，则中间继电器 KA 线圈失电，常开触点 KA-1 复位断开。

4 →**5** 交流接触器 KM 线圈失电，常开主触点 KM-1 断开，切断电源，进行保护。

6 若 L2 或 L3 相断相，则直接引起接触器 KM 线圈失电，常开主触点 KM-1 断开以进行保护。

十二、电源零线断路报警和保护控制线路

　　图 16-14 是一种用于检测电源零线断路报警和保护控制线路。在三相四线制供电系统中，常要用三相之一与零线组合成单相 220V 供电电路。而在实际应用中，常因为变压器的接地零线断路，使中性线输出变为相线，则原来的 220V 电压变成两相线之间的 380V 电压，这样会使用户的电器产品发生烧毁故障。电源零线断路报警和保护控制线路用于对这种情况进行检测和报警、保护控制。

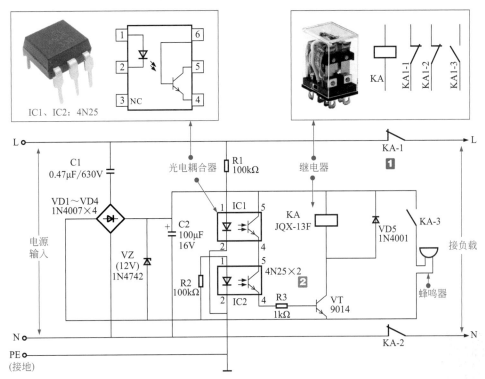

图 16-14　电源零线断路报警和保护控制线路

图解

1 当输入端为正常单相电源时，输入端为 L、N 或是 N、L，两个光电耦合器 IC1、IC2 中只有一组导通，由于两光电耦合器中光敏晶体管为串联结构，晶体管 VT 的基极都为低电平，继电器 KA 不动作，电路正常供电。

2 如果输入电源 L、N 都变成 380V 相线，两个光电耦合器 IC1、IC2 都导通，使晶体管 VT 的基极电压升高，VT 导通，则继电器 KA 动作，其常开触点 KA-3 闭合，则蜂鸣器发出声响警报；同时常闭触点 KA-1、KA-2 断开，停止对负载供电，以进行保护。

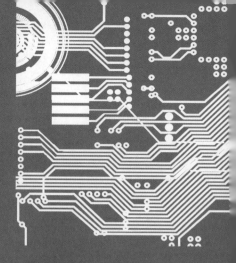

第十七章
指示、检测、遥控线路

一、光控防盗报警控制线路

图 17-1 是一种光控防盗报警控制线路，它是由光检测电路、语音芯片 HFC5209 和扬声器的驱动电路等部分构成的。光敏电阻器 RG 可设置在需要防护的箱柜内。

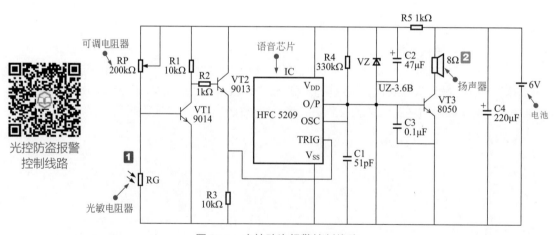

图 17-1　光控防盗报警控制线路

图解

1 当箱门处于关闭状态时无光照，光敏电阻器的阻值很大，VT1 处于正偏而导通，VT2 则截止，IC 芯片的触发端（TRIG）为低电平，电路不动作，处于监控等待状态。

2 当箱门被非法打开（偷盗情况）时，有光照到光敏电阻器上，光敏电阻器的阻值下降，

VT1 截止，VT2 导通，IC 芯片的触发端为高电平，语音芯片被触发，输出报警的语音信号，经 VT3 驱动扬声器发声。

　　标准 COB 黑膏软封装式的语音合成报警集成电路内储有"请简短留言""抓贼啊"等警告语音信号。

二、煤气泄漏检测和语音报警控制线路

　　图 17-2 为煤气泄漏检测和语音报警控制线路，它是由可燃性气体检测传感器 QM-N10 和语音芯片 KD9561 等电路组成的。

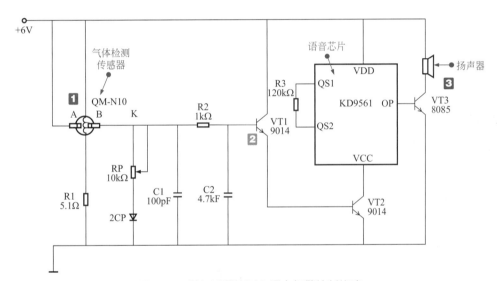

图 17-2　煤气泄漏检测和语音报警控制线路

 图解

1 当煤气浓度增加时，传感器 QM-N10 中 A、B 电极之间的电阻降低。

2 K 点的电压会升高，升高的电压经 R2 加到 VT1 上，使 VT1 导通。

3 VT1 导通使 VT2 导通，从而接通了语音芯片的供电，于是语音芯片输出报警音响，驱动 VT3 使扬声器发声。

三、振动检测和报警控制线路

　　图 17-3 为振动检测和报警控制线路。该振动检测和报警控制线路采用的 XDZ-01 型振动传感器作为检测振动波信号的检测器件，它能够直接感知外界的振动波信号并将其转换为电信号，对报警电路进行控制。

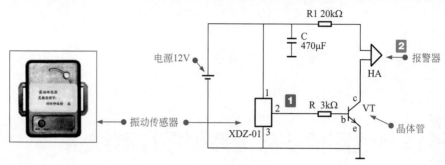

图 17-3　振动检测和报警控制线路

 图 解

1 无振动时，振动传感器 XDZ-01 的②脚输出低电平，晶体管 VT 截止，报警器 HA 无报警声。

2 当振动传感器 XDZ-01 感受到振动或冲击作用时，其②脚输出高电平，经电阻器 R 加到晶体管 VT 的基极 b，此时 VT 的基极 b 电压高于发射极 e 电压，晶体管 VT 导通，驱动报警器 HA 发出报警提示声。

四、火灾报警控制线路

图 17-4 为一种火灾报警控制线路。该控制线路主要由供电电路、火灾检测电路、驱动控制电路以及报警器等组成。气敏电阻器 VR、驱动晶体管 VT、驱动 IC（TWH8778）是火灾报警控制线路的核心元件。

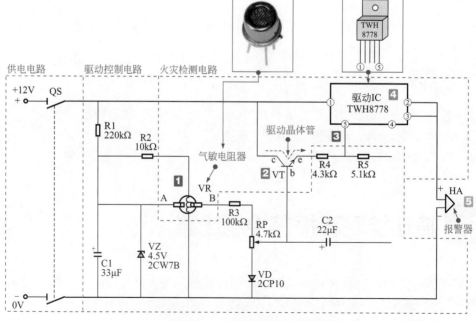

图 17-4　火灾报警控制线路

图解

1️⃣ 当发生火灾时，气敏传感器检测到烟雾。

2️⃣ 气敏传感器 A、B 两点间的电阻值变小，电导率升高，为驱动晶体管 VT 的基极提供工作电压。

3️⃣ 驱动晶体管 VT 的集电极和发射极导通，为驱动 IC（TWH8778）的⑤脚提供工作电压。

4️⃣ 驱动 IC（TWH8778）内部开关导通。

5️⃣ 驱动 IC 的②脚和③脚输出直流电压为报警器供电，报警器发出报警信号。

知识链接

● 气敏电阻器：气敏电阻器又称为气敏传感器，是一种新型半导体元件。气敏电阻器是利用金属氧化物半导体表面吸收某种气体分子（烟雾）时，会发生氧化反应或还原反应而使电阻值改变的特性而制成的。

● 驱动 IC（TWH8778）：TWH8778 属于高速集成电子开关，可用于各种自动控制电路中，在定时器、报警器等实际电路中的应用比较广泛。TWH8778 芯片①脚为输入端，②脚和③脚为输出端，⑤脚为控制端。

五、缺水报警控制线路

缺水报警控制线路是一种检测储水池中是否缺水的报警电路，在储水池中的水量较少时，水泵会自动向储水池中注水，同时通过报警器进行报警。

图 17-5 是一种典型的缺水报警控制线路。在该控制线路中，继电器 KA1 ～ KA4、交流接触器 KM、桥式整流器 UR1/UR2、液位检测传感器 BL1 ～ BL4 以及报警器 HA 为核心元件。

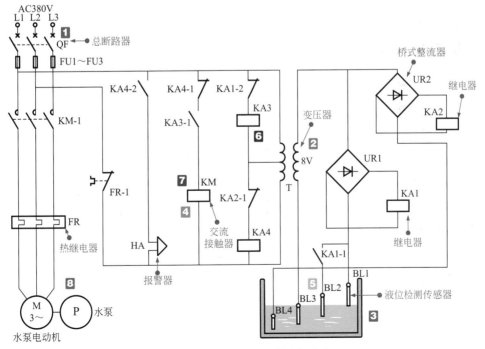

图 17-5　典型的缺水报警控制线路

 图 解

1 闭合总断路器 QF，接通电路电源，为电路进入工作状态做好准备。

2 电源经变压器降压降为交流 8V 电压，为储水池中液位检测传感器及相关外围电路供电。

3 当水位较高时（高于 BL1 或 BL2 状态时），储水池中液位检测传感器 BL1 和 BL2 之间和 BL1 和 BL3 之间形成回路。继电器 KA1、KA2 线圈得电，其常开触点闭合、常闭触点断开。

4 交流接触器 KM 线圈不得电，电动机不运转。

5 当水位低于 BL2 时，电极 BL1 和 BL3 之间无电流流过，继电器 KA1 线圈失电，其触点全部复位。

6 继电器 KA3 线圈得电，其常开触点 KA3-1 闭合。

7 交流接触器 KM 线圈得电，其常开主触点 KM-1 闭合。

8 电动机接通三相电源启动运转，带动水泵向储水池注水。

六、电动机防盗报警控制线路

图 17-6 为一种典型的电动机防盗报警控制线路。在该控制线路中，继电器 KA、交流接触器 KM、启动按钮 SB1、停止按钮 SB2、变压器 T、报警器 HA 是核心元件。

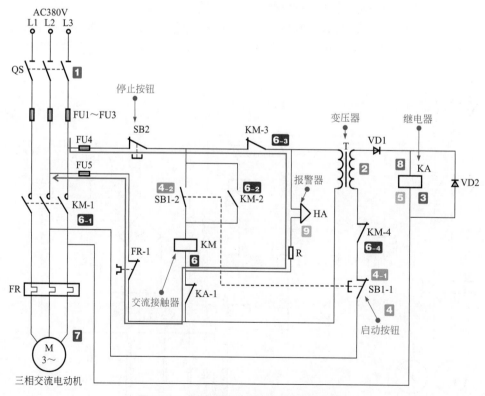

图 17-6　典型的电动机防盗报警控制线路

◆ 停机状态

1 接通电源总开关 QS，三相电源开始供电。在不启动电动机时，SB2、KM-3、FR-1 均闭合。L2、L3 为变压器 T 供电。

2 变压器 T 的二次侧、闭合的 KM-4 触点、闭合的 SB1-1 触点与电动机定子绕组形成回路，因而有电压输出。

2 → **3** 变压器 T 二次侧输出的电压使继电器 KA 线圈得电，其常闭触点 KA-1 断开，切断接触器 KM 和报警器的电源，进入警戒状态。

◆ 启动状态

4 按下启动按钮 SB1，其触点动作。

　　4₋₁ 常闭触点 SB1-1 断开。

　　4₋₂ 常开触点 SB1-2 闭合。

4₋₁ → **5** 继电器 KA 线圈失电，其常闭触点 KA-1 复位闭合。

4₋₂ + **5** → **6** 交流接触器 KM 线圈得电。

　　6₋₁ 常开主触点 KM-1 闭合，电动机接通三相电源启动运转。

　　6₋₂ 常开辅助触点 KM-2 闭合，实现自锁功能。

　　6₋₃ 常闭辅助触点 KM-3 断开，防止报警器工作。

　　6₋₄ 常闭辅助触点 KM-4 断开，防止继电器 KA 线圈得电。

◆ 防盗报警状态

7 在电动机停机状态，如果电动机被盗，变压器二次绕组则会断路。

8 继电器 KA 线圈失电，其常闭触点 KA-1 复位闭合。

9 报警器与 R、KA-1、FR-1、SB2、KM-3 构成回路，接入 L2、L3 供电电源，报警器发出报警声。

 七、湿度检测和报警控制线路

图 17-7 为一种湿度检测和报警控制线路。在该控制线路中，电源总开关 QS、变压器 T、湿敏电阻器 RS、NE555 时基电路和报警器 HA 为核心元件。

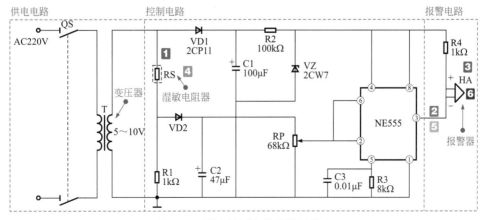

图 17-7 湿度检测和报警控制线路

1 在湿度较小的环境下，湿敏电阻器 RS 的阻值较大。

2 此时 NE555 的②脚和⑥脚电压较低（低于电源供电的 1/6），控制 NE555 的③脚输出高电平。

3 报警器两端均为高电平而无法导通，此时无报警声发出。

4 随着环境湿度变化，湿敏电阻器 RS 阻值越来越小。

5 NE555 的②脚和⑥脚电压较高，控制 NE555 的③脚输出低电平。

6 报警器上端为高电平、下端为低电平，形成电压差，构成通路，报警器开始报警。

八、市电故障报警控制线路

图 17-8 是一种典型的市电故障报警控制线路。在该控制线路中，电源总开关 QS、桥式整流电路 VD1 ~ VD4、光电耦合器 IC、驱动晶体管 VT、晶闸管 VS、发光二极管 LED、蜂鸣器 BZ、停止报警按钮 SB 为核心元件。

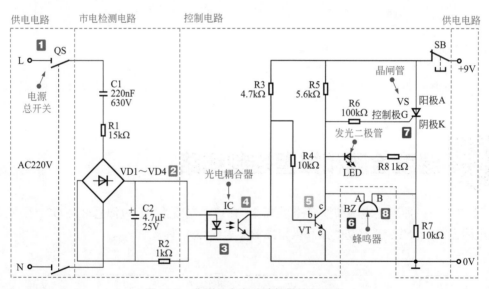

图 17-8　典型的市电故障报警控制线路

1 合上电源总开关 QS，接通市电电源，为电路进入工作状态做好准备。

2 市电 220 V 交流电压经桥式整流电路 VD1 ~ VD4 整流、滤波电容器 C2 滤波后，变为直流电压。

3 整流、滤波后的直流电压为光电耦合器 IC 内部的发光二极管供电，使内部的光敏晶体管导通。

4 当供电电路发生停电故障时，整流电路输出电压为 0，IC 内的发光二极管停止发光，光敏晶体管截止。

5 晶体管 VT 的基极电压升高，于是 VT 导通。

5→**6** VT 导通后，其集电极电压降低，使蜂鸣器 A 端接地。

5→**7** VT 导通后，为晶闸管 VS 的 G 极提供触发信号，使晶闸管 VS 导通。

8 VS 导通后，蜂鸣器 B 端接电源，于是蜂鸣器开始报警。

九、土壤湿度检测控制线路

湿度检测控制线路的功能是利用湿敏电阻器对土壤湿度进行检测并采用指示灯进行提示，使种植者可以随时根据该检测设备的提醒采取相应的措施。

图 17-9 为典型的土壤湿度检测控制线路。该控制线路由电池 GB、电路开关 SA、晶体管 VT1/VT2、三端稳压器、可变电阻器 RP、湿度电阻器 MS 和发光二极管 LED1/LED2 等构成。

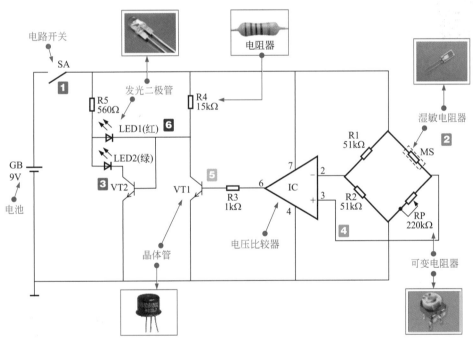

图 17-9　典型的土壤湿度检测控制线路

图解

◆ 湿度正常状态

1 闭合电路开关 SA。

2 9V 电源为检测电路供电。湿度正常时，湿敏电阻器 MS 的阻值大于可变电阻器 RP 的阻值。

3 此时，电压比较器 IC 的③脚电压低于②脚、IC 的⑥脚输出低电平，使晶体管 VT1 截止、VT2 导通，发光二极管 LED2 点亮。

◆ 湿度过大状态

4 当土壤的湿度过大时，湿敏电阻器 MS 的阻值减小，则 IC 的③脚电压上升。

5 电压比较器 IC 的⑥脚输出高电平，使晶体管 VT1 导通、VT2 截止。

6 发光二极管 LED1 点亮、LED2 熄灭，提示农户应当适当减小大棚内的湿度。

十、菌类培养室湿度检测控制线路

图 17-10 为典型的菌类培养室湿度检测控制线路。该控制线路由电池进行供电，由金属检测探头、可变电阻器 RP1/RP2、晶体管 VT1 ～ VT6、发光二极管 LED1/LED2、集成电路（IC NE555）和扬声器等构成，利用扬声器和指示灯发出警报指示。

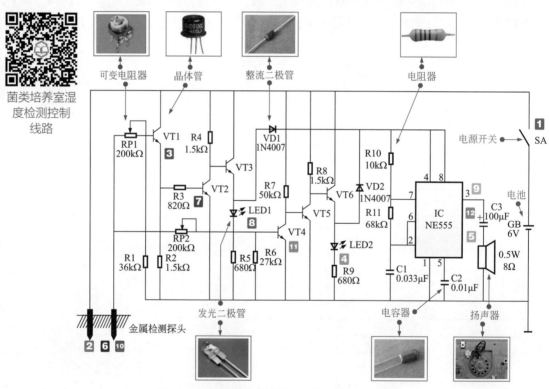

图 17-10 典型的菌类培养室湿度检测控制线路

图解

◆ 湿度过大的状态

1 闭合电源开关 SA。

2 当培植菌类的环境湿度过大时，两探头之间的电阻减小。

3 晶体管 VT1、VT2 和 VT4 导通。

4 晶体管 VT5 截止，晶体管 VT6 导通使发光二极管 LED2 发光，指示湿度过大。

5 二极管 VD2 导通，集成电路芯片 NE555 的④脚和⑧脚电压上升，于是③脚输出报警信号，扬声器发出警报声。

◆ 湿度过小的状态

6 当土壤过干时，两探头之间的阻值增大几乎断路。

7 晶体管 VT1 和 VT2 截止。

8 晶体管 VT3 导通，发光二极管 LED1 发光，指示湿度过小。

9 二极管 VD1 导通，集成电路芯片 NE555 的④脚和⑧脚电压上升，于是③脚输出报警信号，同时扬声器发出警报声。

◆ 湿度适宜的状态

10 当土壤湿度适宜时，两探头之间阻抗中等。

11 晶体管 VT4 截止、VT1 导通。

12 晶体管 VT3、VT6 截止，NE555 的④脚和⑧脚为低电平，NE555 无动作，则扬声器无声。

十一、畜牧产仔报警控制线路

畜牧产仔报警控制线路是感应到有新生命的产生而发出警报，对养殖户进行提醒。

图 17-11 为一种畜牧产仔报警控制线路。该控制线路由电池供电，由信号产生电路发射信号和信号接收电路接收信号并发出警报。整个控制线路由感应器、与非门集成电路、无线遥控发射电路、无线遥控接收电路、音乐集成电路、晶体管和扬声器等构成。

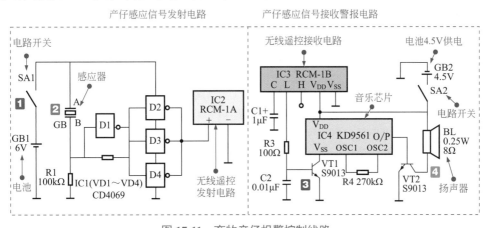

图 17-11 畜牧产仔报警控制线路

1 当畜牧场中动物产仔，而养殖户不能在现场看守时，将感应端的开关 SA1 和警报器端的开关 SA2 同时接通。

2 当感应器 GB 感应到有新的动物产生时，GB 有感应信号输出并经反相器放大后，将信号送入无线遥控发射电路 IC2 的输入端，使无线遥控发射电路发出信号。

3 无线遥控接收电路接收到信号后，输出信号使晶体管 VT1 导通，并输入到音乐集成电路 IC4 中。

4 由音乐芯片的 O/P 端输出的音乐信号经晶体管 VT2 放大后驱动扬声器，扬声器 BL 发出报警声音作为提醒。

十二、粮库湿度检测和报警控制线路

图 17-12 为粮库湿度检测和报警控制线路。该控制线路主要是由电容式湿度传感器 C_S、555 时基振荡电路 IC、倍压整流电路 VD1/VD2 及湿度指示发光二极管 LED 等构成的。

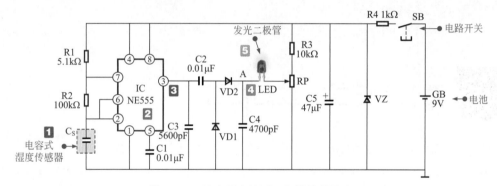

图 17-12 粮库湿度检测和报警控制线路

1 在电路中，电容式湿度传感器用于监测粮食的湿度变化。当粮食受潮，湿度增大时，该电容器的电容量减小，其充放电时间变短，引起时基振荡电路 IC 的②、⑥脚外接的时间常数变小。

2 时间常数变小，则 IC 内部振荡器的谐振频率升高。

3 当 IC 的③脚输出的频率升高时，该振荡信号经耦合电容器 C2 后，由倍压整流电路 VD1、VD2 整流为直流电压。

4 频率的升高引起 A 点直流电压的升高，当发光二极管左侧电压高于右侧电压时，发光二极管发光指示粮食的湿度较大。

5 若该电路用于监测储藏粮食湿度的情况，则当发光二极管发光时，应对粮库实施通风措施，否则湿度过大，粮食容易变质。

十三、井下氧浓度检测和报警控制线路

图 17-13 为井下氧浓度检测和报警控制线路。该控制线路可用于井下作业的环境中，检测空气中的氧浓度。

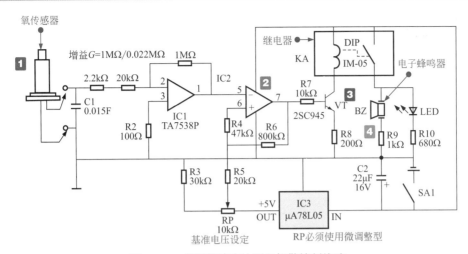

图 17-13 井下氧浓度检测和报警控制线路

 图解

1 电路中的氧传感器将检测结果变成直流电压。

2 经电路放大器 IC1 和电压比较器 IC2 处理后，驱动晶体管 VT。

3 再由 VT 驱动继电器 KA。

4 继电器动作后触点闭合，蜂鸣器 BZ 发声，提醒氧浓度过低，引起人们的注意。

十四、水池水位检测控制线路

图 17-14 是一种通过对水池水位的检测自动控制供水的电路。三相电源经断路器 QF 和交流接触器 KM 主触点 KM-1 为泵水电动机供电，泵水电动机旋转为水池供水。

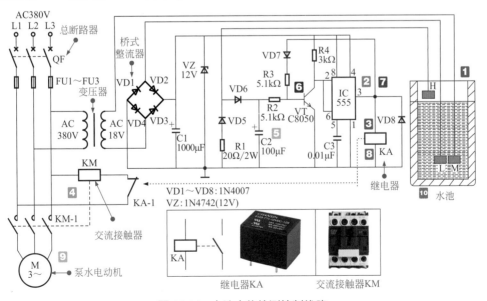

图 17-14 水池水位检测控制线路

1 在水池中设有水位电极，M 为主电极，L 为低水位电极，H 为高水位电极。当水池中无水或低水位时，控制电路中 H 电极悬空，晶体管 VT 处于截止状态。

2 IC 的②、⑥脚为高电平，③脚输出低电平。

3 继电器 KA 线圈不动作，常闭触点 KA-1 保持闭合。

4 接触器 KM 线圈得电，主触点 KM-1 闭合，电动机通电进行灌水。

5 当水池中的水位升高到高水位时，高水位电极 H 与主电极 M 接通，H 电极与交流 18V 电源相连，经 VD5、VD6 倍压整流为 C2 充电。

6 晶体管 VT 因基极电位升高而导通，使 IC 的②、⑥脚电平降低。

7 于是触发器 IC 的③脚输出高电平。

8 继电器 KA 线圈得电动作，使常闭触点 KA-1 断开。

9 接触器 KM 线圈失电，主触点 KM-1 复位断开，电动机断电停止灌水。

10 当水池中的水位低至 L 电极以下时，使 L 电极与 M 电极断开，切断了控制电路的电源，继电器失电复位，泵水电动机再次通电进行灌水。如此反复，可实现自动检测和控制。

十五、油箱液面检测和报警控制线路

图 17-15 是一种油箱液面检测和报警控制线路，常用于汽车和摩托车中进行油量检测和提示。

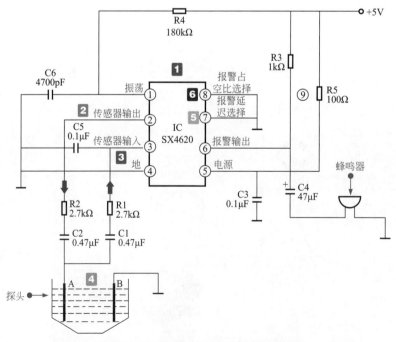

图 17-15　油箱液面检测和报警控制线路

1 电路的核心是 IC（SX4620）芯片，该芯片①脚内设振荡电路，外接 *RC* 时间常数电路，这可以产生 50Hz、100Hz 和 200Hz 的脉冲信号。

2 工作时，由振荡器产生的 50Hz 脉冲，经放大后由 IC 的②脚输出，经 RC 电路送到液面探头（传感器）。

3 同时由 IC 的③脚检测由液面探头返回的信号，根据返回信号的衰减程度来判断液面位置。

4 如果探头露在液面之外，会使衰减量达到某一阈值。于是芯片经过一段延迟后，输出报警信号，以指示液面变化（油量不足），报警输出去驱动蜂鸣器。

5 IC 芯片的⑦脚为报警延迟选择，接地则延迟 10.24s；⑦脚接高电平，则延迟 20.48s。

6 IC 芯片的⑧脚为传感器极性和输出占空比选择，接地则输出占空比为 1/64，其次③脚电压高于 V_S(阈值) 作为报警条件；若⑧脚接高电平，则输出占空比为 50%，且报警条件是③脚电压低于 V_S。

十六、光电防盗报警控制线路

图 17-16 是具有锁定功能的物体检测和光电防盗报警控制线路。

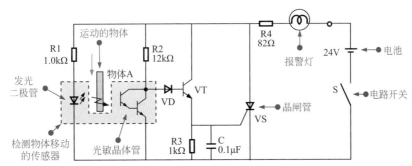

图 **17-16**　具有锁定功能的物体检测和光电防盗报警控制线路

如果有人入侵到光电检测的空间，则光被遮挡，于是光敏晶体管截止，其集电极电压上升，使 VD、VT 都导通，VS 也被触发而导通，报警灯则发光。只有将开关 S 断开一下，才能解除报警状态。

十七、断线防盗报警控制线路

图 17-17 为一种简易的断线防盗报警控制线路，该控制线路主要是由供电电路、报警器语音芯片、扬声器等部分构成的。

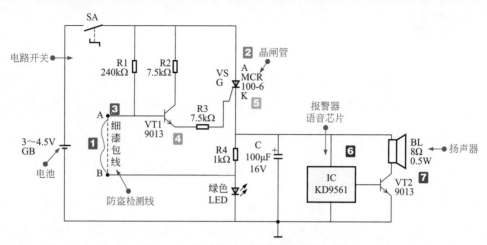

图 17-17　简易的断线防盗报警控制线路

图解

1 在正常状态时，防盗检测线接在 A、B 之间。在此状态下，晶体管 VT1 的基极电压比较低，因而 VT1 处于截止状态。

2 晶闸管 VS 无触发信号也处于截止状态，报警器无电源处于待机状态。

3 当有人非法进入警戒区域时，防盗检测线被碰断。

4 A 点电压升高，使晶体管 VT1 导通。

5 VT1 导通为晶闸管 VS 的栅极提供了触发信号，则 VS 导通。

6 VS 导通后，报警器语音芯片 IC 得电发出语音报警信号。

7 语音报警信号经晶体管 VT2 驱动扬声器，同时使绿色 LED 发光。

十八、 555 红外发射控制线路

图 17-18 为由 555 时基电路组成的单通道非编码式红外发射控制线路。

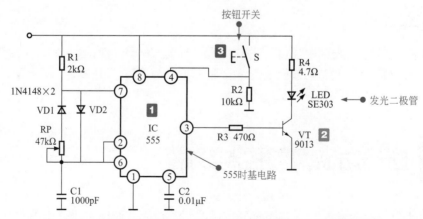

图 17-18　由 555 时基电路组成的单通道非编码式红外发射控制线路

1 电路中的 555 时基电路构成多谐振荡器，由于在充放电回路中设置了隔离二极管 VD1、VD2，所以充放电回路可独立调整，使电路输出的脉冲占空比达到 1/10，这有助于提高红外发光二极管的峰值电流，增大发射功率。

2 555 的③脚输出的脉冲信号经 R3 加到晶体管 VT 的基极，由 VT 驱动红外发光二极管 LED 工作。

3 只要按动一次按钮开关 S，电路便可向外发射红外线（作用距离为 5 ~ 8m）。

十九、M50560 红外发射控制线路

图 17-19 是一个用 M50560 遥控发射用集成电路组成的单通非编码式红外发射控制线路。

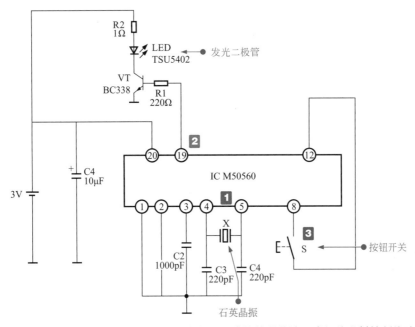

图 **17-19**　用 **M50560** 遥控发射用集成电路组成的单通非编码式红外发射控制线路

1 在 M50560 的④、⑤脚接有 C3、C4 及石英晶振 X，它们和内部电路组成时钟振荡器，可产生 456kHz 的脉冲信号，经 12 分频后成为 38kHz、占空比为 1/3 的红外载波信号。

2 M50560 的⑲脚为调制信号的输出端，经晶体管 VT 驱动红外发光二极管 LED 工作。

3 S 为发射控制键，只要按动 S，便可向外发射调制的红外光。

二十、编码式红外发射控制线路

图 17-20 为编码式红外发射控制线路。该控制线路由红外遥控键盘矩阵电路、M50110P 红外遥控发射集成电路及放大驱动电路三部分组成。

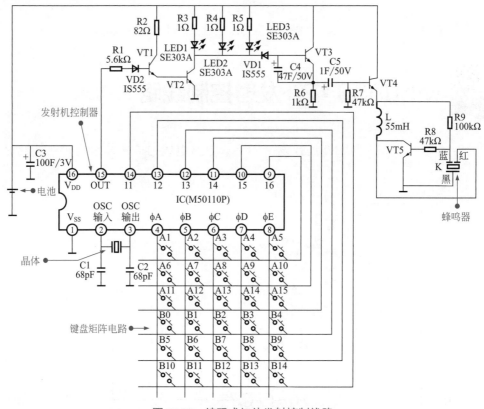

图 17-20　编码式红外发射控制线路

图 17-20 的核心电路是 IC（M50110P）红外遥控发射集成电路。其④～⑭脚外接键盘矩阵电路，即人工指令输入电路。操作按键后，IC 的⑮脚输出遥控指令信号，经 VT1、VT2 放大后驱动红外发光二极管 LED1～LED3 发射出红外光遥控信号。

K 为蜂鸣器，VT3、VT4 为蜂鸣器驱动晶体管。发射信号时蜂鸣器有信号的鸣声，以提示信号已发射出去。

图 17-21 为红外遥控发射集成电路 IC（M50110P）的内部结构。遥控编码、调制、输出放大和人工指令输入电流都集成在其中。键寻址扫描信号产生电路，产生多个不同时序的脉冲信号，经键盘矩阵电路后送到键输入编码器，由振荡电路产生调制载波。调制后的信号经放大后由

⑮脚输出。

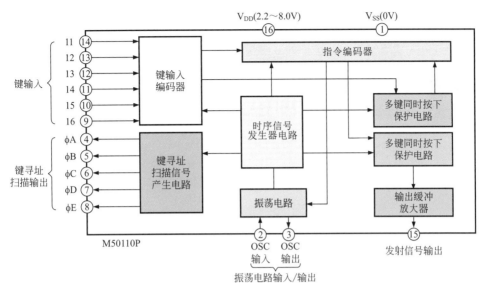

图 17-21 红外遥控发射集成电路 IC（M50110P）的内部结构

二十一、红外遥控接收控制线路

图 17-22 为一种红外遥控接收控制线路，该控制线路电路主要是由运算放大器 IC1 和锁相环集成电路 IC2 组成的。

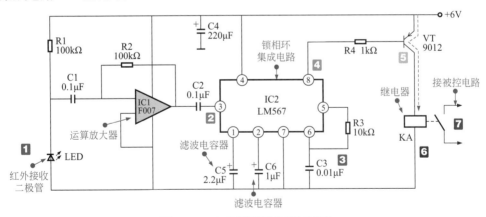

图 17-22 红外遥控接收控制线路

1 由红外发射电路发射出的红外光信号由红外接收二极管 LED 接收，并转变为电脉冲信号。

2 电脉冲信号经 IC1 集成运算放大器进行放大，并输入到锁相环集成电路 IC2。

3 锁相环集成电路由 R3 和 C3 组成具有固定频率的振荡器，其频率与发射电路的频率相同。

4 由于 IC1 输出信号的振荡频率与锁相环集成电路 IC2 的振荡频率相同，IC2 的⑧脚输出低电平。

5 IC2 的⑧脚输出的低电平使晶体管 VT 导通。

6 继电器 KA 吸合，其触点可作为开关去控制被控负载。

7 没有红外光信号发射时，IC2 的⑧脚为高电平，VT 处于截止状态，继电器不动作。

二十二、微型遥控发射控制线路

图 17-23 是微型遥控发射控制线路。该控制线路输出控制信号的种类较少，电路结构也比较简单。

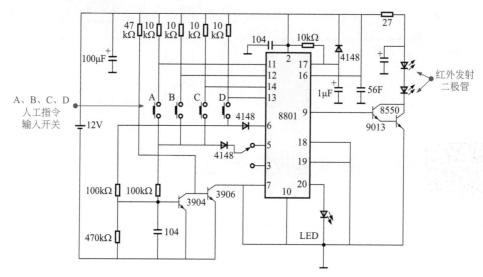

图 17-23　微型遥控发射控制线路

图 17-24 是微型遥控接收控制线路。

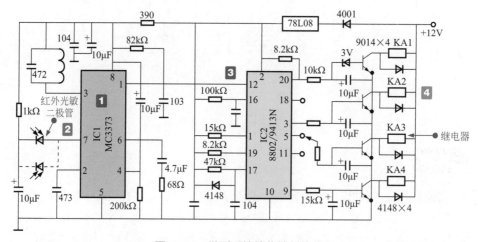

图 17-24　微型遥控接收控制线路

1 遥控信号的接收、放大和滤波整形电路采用 MC3373 集成电路。

2 红外光敏二极管接收遥控发射器发来的控制信号由 IC1 的⑦脚输入。

3 IC1 的⑦脚输入的信号在集成电路中经自动增益控制放大器放大后，再经选频、滤波和整形由①脚输出控制脉冲，并将脉冲信号送到控制集成电路 IC2 的⑫脚，IC2 的⑳、③、⑤、⑪、⑨脚输出控制信号经驱动晶体管控制继电器 KA1 ～ KA4。

4 由继电器控制其他部分。该电路可用在很多产品中。

二十三、多功能遥控发射和接收控制线路

图 17-25 是多功能遥控发射控制线路。

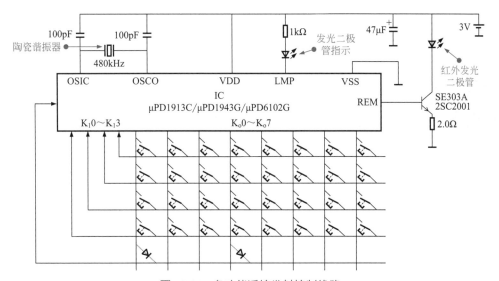

图 **17-25** 多功能遥控发射控制线路

μPD1913C 是产生遥控发射信号的集成电路，它将振荡、编码和调制电路集成在其中。IC 外接陶瓷谐振器，操作键盘为 IC 提供人工指令信号。LMP 端外接发光二极管指示工作状态；REM 端输出遥控信号，该信号经晶体管驱动红外发光二极管发射出遥控信号。

图 17-26 是红外遥控接收控制线路。

红外光敏二极管 PH302 将接收的信号电流送入 μPC1373H，经放大整形后由 OUT 端输出，然后送到微处理器 MPU。MPU 根据内存的程序输出各种控制指令（D0 ～ D3，B0 ～ B3）。

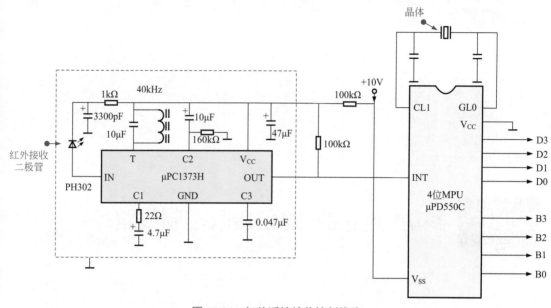

图 17-26 红外遥控接收控制线路

二十四、高灵敏度遥控控制线路

图 17-27 是使用 SE303A 红外发光二极管的遥控发射控制线路。图 17-28 是使用 PH302 红外光敏二极管的遥控接收控制线路。PH302 是与 SE303A 相对应的，即 PH302 的光谱灵敏度与 SE303A 发光的频谱相对应，使遥控灵敏度最好。

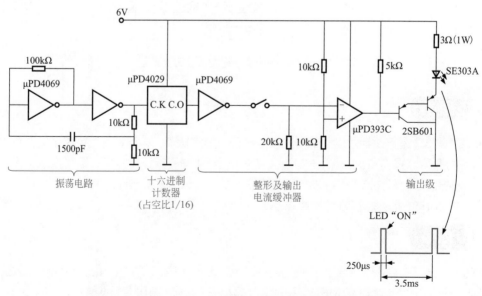

图 17-27 使用 SE303A 红外发光二极管的遥控发射控制线路

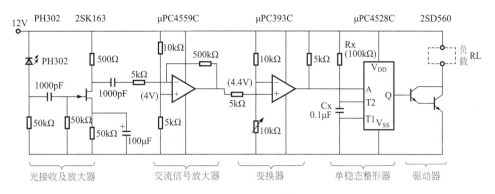

图 17-28　使用 PH302 红外光敏二极管的遥控接收控制线路

二十五、超声波遥控发射控制线路

图 17-29 为一种简单的超声波遥控发射控制线路，其主要作为超声波遥控开关电路的发射部分。

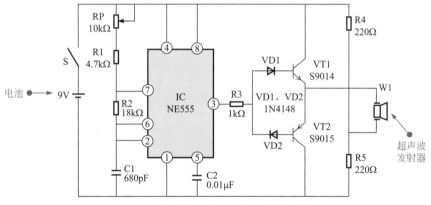

图 17-29　简单的超声波遥控发射控制线路

 图解

当按动开关 S 时，电池为电路中各元器件供电，IC 开始工作。由 IC 输出的振荡信号经 VT1 和 VT2 放大后，驱动超声波发射头 W1 发出超声波信号。